城市水系统碳减排与碳中和的原理、技术与案例

邹启贤　邱　勇　李　冰　编著

中国建筑工业出版社

图书在版编目（CIP）数据

城市水系统碳减排与碳中和的原理、技术与案例 /
邹启贤，邱勇，李冰编著. — 北京：中国建筑工业出版
社，2022.9

ISBN 978-7-112-27750-6

Ⅰ．①城… Ⅱ．①邹… ②邱… ③李… Ⅲ．①城市供
水系统－二氧化碳－节能减排－研究－中国 Ⅳ.
①TU991.92②X511

中国版本图书馆 CIP 数据核字(2022)第 147275 号

本书总结了国内外碳中和及水务系统碳减排等相关的文献资料，对城市水系统
近远期的碳中和技术进行了研究，提供了南方某水务集团的碳中和案例。上篇是理
论篇，包括第 1～5 章，介绍了碳中和的基础知识、城市水系统概述、城市水系统
碳减排技术、城市水系统碳减排案例、城市水系统碳排放强度评估等。下篇是实践
篇，包括第 6～10 章，介绍了南方某水务系统碳排放审计与评估、南方某水务系统
碳减排模拟与评估、城市水系统碳中和原理与方法、城市水系统碳中和技术评估方
法、南方某水务系统碳中和技术评估与路径分析等。

本书可供城市水务系统的工程技术人员、运行管理人员、高等学校研究生等
参考。

责任编辑：于　莉
责任校对：刘梦然

城市水系统碳减排与碳中和的原理、技术与案例

邹启贤　邱　勇　李　冰　编著

*

中国建筑工业出版社出版、发行（北京海淀三里河路 9 号）

各地新华书店、建筑书店经销

北京红光制版公司制版

河北鹏润印刷有限公司印刷

*

开本：787 毫米×1092 毫米　1/16　印张：15¼　字数：379 千字

2022 年 9 月第一版　　2022 年 9 月第一次印刷

定价：**59.00** 元

ISBN 978-7-112-27750-6

(39711)

本 书 编 委 会

编著人员：邹启贤　邱　勇　李　冰

参编人员：马雪研　田宇心　刘雪洁　黄大伟　吴蓓蓓

　　　　　刘淑珍　王浩泽　田　拓　黎洪元　杨瑞利

　　　　　李一璇　熊　晔　陈实武　王　郁　张蕴倩

　　　　　陈树俊　彭苏苏　荆　晶

序　　一

近年来，世界各地极端气候现象频发，气候变化对人类社会构成的巨大威胁逐步显现。人类活动导致大气中温室气体浓度不断升高，是推动全球气候变暖的主要原因。《联合国气候变化公约》近两百个缔约方达成的《巴黎协定》呼吁各国加强自主贡献承诺，并提出将本世纪全球升温幅度控制在 2℃以内，努力争取控制在 1.5℃控制。气候变化既是跨越国界的全球性挑战，也是世界向低碳可持续发展转型的必然选择。

我国始终高度重视应对气候变化，实施积极应对气候变化国家战略，主动履行应对气候变化的大国担当。2020 年 9 月，习近平总书记在第七十五届联合国大会上宣布我国"将提高国家自主贡献力度，采取更加有力的政策和措施，力争 2030 年前实现碳达峰，2060 年前实现碳中和"，这是既是党中央经过深思熟虑作出的重大战略决策，也是我国经济实现低碳转型的一场硬仗，是推进生态文明建设、推动构建人类命运共同体的迫切需要。

实现"双碳"目标之路任重道远。目前，我国生态环境保护形势依然严峻，全面绿色转型的基础仍然薄弱，与发达国家基本解决环境污染后再行开展碳排放控制的路径不同，我国需要同时兼顾生态环境治理和应对气候变化两大战略任务，在遵循生态环境内在规律的基础上，实现"减污降碳协同增效"。

2022 年 6 月，生态环境部印发的《减污降碳协同增效实施方案》明确提出，推进水环境治理环节的碳排放协同控制，增强污染防治与碳排放治理的协调性，实现环境效益、气候效益、经济效益多赢。"十三五"以来，我国全面开展污染防治攻坚战，成功推动了我国水环境质量显著改善。在碳达峰碳中和这场硬仗中，水环境治理再次成为减污降碳的关键领域之一，加快推进"减污降碳协同增效"对水环境治理提出了新的更高层次的要求。

二氧化碳及其他温室气体排放贯穿城市水系统的多个环节，城市水系统"减污降碳协同增效"具有巨大空间，如何实现城市水系统碳中和值得深入研究。水务企业作为重要的城市公共服务行业，承担着城市公共污水处理、保障城市用水安全、水资源可持续利用以及落实水系统碳减排的多重责任。为了在企业层面实现"双碳"目标，首先要开展水务企业针对性的碳排放强度评估，以支持企业微观决策和技术优选。其次，对供水系统压力管理、排水系统碳源利用、绿色屋顶等新兴水处理技术进行碳减排评价。最后，结合企业摸底评估和长期发展战略，制定碳中和远景路径规划，明确减排节点与达峰峰值，推动水务企业低碳转型发展，探索企业碳中和之路。

《城市水系统碳减排与碳中和的原理、技术与案例》这本书是解决上述问题和需求的一种尝试。本书系统梳理了城市水系统已有理论、技术和案例，总结了"碳排放核算—碳减排评估—碳中和路径"的城市水系统碳减排及碳中和策略。进一步地，本书以南方某水务集团为例，进行了碳排放核算评估，提出了"开源、节流"的碳减排思路，并系统规划了案例企业的碳中和技术路径，以支持城市水系统实现"减污降碳、协同增效"。

相信本书能够为城市水系统的碳减排、碳中和的理论研究和实务工作提供有益参考和借鉴。

生态环境部应对气候变化司司长

序　二

　　2020年12月，习近平总书记在第七十五届联合国大会上作出碳达峰、碳中和的郑重承诺，并将"双碳"目标纳入生态文明建设整体布局，要求社会各行各业积极减污降碳协同增效，促进经济社会的全面绿色转型发展。实现碳达峰、碳中和，已成为国家推动经济社会绿色转型的重大战略决策。水务行业作为经济发展与民生保障最基础的产业，也肩负着提质增效、减污降碳的重要使命和紧迫挑战。

　　以实现"双碳"目标为引领，深圳环境水务集团紧跟国家战略布局，积极探索水务产业低碳绿色发展路径。邹启贤同志作为集团运营管理中心主任，深耕水务行业多年，在城市供排水生产全流程低碳管理方面颇有心得。他凝聚多年来在运营管理、技术研发、产品供给的低碳实践经验，与清华大学团队联合编写了《城市水系统碳减排与碳中和的原理、技术与案例》。从碳中和的原理方法到碳排放的审计评估，从减碳技术路径分析到转型升级建议，从国内外水务企业的减碳战略思路到创新实践案例，本书深入分析总结了碳减排与碳中和在水务行业的行动路线与发展蓝图，既有战略层面的认识论，也有战术层面的方法论；既有立足当下的实践，也有放眼长远的谋划。特别是深圳环境水务集团近年来以数字化转型为抓手深挖碳减排潜力，通过构建智慧管控一体化平台，推动精准曝气、最优投药、光伏发电、脱氮除磷工艺等一系列低碳节能技术的研发与应用，是水务企业践行低碳创新发展最贴近生产一线的实践，必将对"双碳"背景下水务企业加快绿色低碳转型提供有益借鉴。

　　"十四五"时期是碳达峰的关键期、窗口期，我国生态文明建设进入了以降碳为重点战略方向、推动减污降碳协同增效、实现生态环境质量改善由量变到质变的关键时期。这项庞大的系统工程需要社会各界的参与和支持，而水务企业必然是其中一支特殊而又不可替代的力量。展望未来，深圳环境水务集团将坚持从可持续发展的高度谋划碳达峰、碳中和目标路径，充分发挥专业优势，集中资源要素，致力于绿色低碳科技研发和新技术推广，坚定不移地走生态化优先、绿色低碳的高质量发展道路，为推动"双碳"目标任务的稳步实现贡献智慧和力量。

深圳环境水务集团党委书记、董事长

前　言

我国正处在工业化、城市化的快速发展进程中，资源环境约束与经济发展增长的矛盾日益突出。2020 年 9 月 22 日，习近平主席在第七十五届联合国大会一般性辩论上提出，中国将采取更加有力的政策和措施，二氧化碳排放争取于 2030 年达到峰值、努力争取 2060 年前实现碳中和。这是中国首次给出碳中和时间表。碳中和既是国家承诺，也是社会各方面的目标和责任。为了支持低碳经济发展、实现全社会碳中和，碳减排与碳中和目标需要具体落实到区域和行业的具体社会与生产活动中。

联合国数据显示，全球污水处理碳排放量大约占全球碳排放量的 2%，印度、中国、美国和印度尼西亚污水处理行业 N_2O 和 CH_4 的排放量占世界污水处理行业排放量总和的 50%。从全球平均水平看，污水处理行业是排名前十的 N_2O 和 CH_4 排放产业。因此，我们需要开展城市水系统的全面碳减排工作。

城市水系统包括污水处理单元、污泥处理单元、供水单元和管网单元。城市水系统的直接碳排放主要来自于处理过程的生化反应，占总排放量的 60% 以上；间接碳排放主要是机械设备的电能消耗和污水/污泥处理单元运行的药剂消耗所对应的碳排放。城市水系统实现碳中和的主要途径是"节流"和"开源"。"节流"是指优化处理顺序和工艺流程，实现耗能最小化，以保持污水处理过程的低碳运行。"开源"指充分利用和回用水中蕴含的能量和资源，以补偿水处理过程的电力和资源消耗。

城市水系统具有高度复杂性和强耦合特征。如何计算整个系统碳排放？如何评估技术的碳减排潜力？如何优化系统工艺以实现碳中和？目前这仍然是一系列具有挑战性的问题。为了研究城市水系统如何实现碳中和的问题，本书做了如下尝试：首先，系统调研了国内外碳中和及城市水系统碳减排等相关的最新文献资料，提出了适用于水务行业碳中和的系统方法学；其次，综合资料调研、问卷调研、模型模拟等方法，提出了适用于现阶段现有技术升级及未来新技术应用的近远期碳中和技术路径；最后，以南方某水务集团为案例，开展了碳排放评估、碳中和路径规划的应用研究。

本书的第 1～5 章侧重理论和方法，介绍了碳中和的基础知识、城市水系统概述、城市水系统碳减排技术、城市水系统碳减排案例、城市水系统碳排放强度评估等。本书的第 6～10 章侧重方案和实践，介绍了国内外的碳中和发展战略、水务系统低碳技术与评估、南方某水务系统的碳排放审计结果、情景模拟与优化、碳中和路径等。

本书第 1 章由邹启贤、邱勇、李冰、马雪研完成；第 2 章由李冰、刘淑珍、邹启贤完成；第 3 章由李冰、马雪研、黄大伟、王浩泽完成；第 4 章由李冰、黄大伟、王浩泽完成；第 5 章由李冰、马雪研、吴蓓蓓完成；第 6 章由李冰、刘雪洁、马雪研完成；第 7 章由邱勇、李冰、田宇心、田拓完成；第 8 章由李冰、马雪研、田拓完成；第 9 章由邱勇、刘雪洁、马雪研完成；第10章由邱勇、邹启贤、马雪研完成。邱勇和李冰对全书进行了通稿和修订。

感谢南方某水务集团运营管理中心支持碳减排评估研究和问卷调研工作，感谢出版社编辑为本书出版所付出的努力。

限于编者水平和时间仓促，书中难免有错误遗漏，敬请各位读者批评指正。

目　　录

上篇　理　论　篇

上篇 理 论 篇

第1章 碳中和的基础知识

1.1 碳中和的基本概念

1.1.1 全球气候变化

温室效应引起全球变暖，从而对生态系统产生巨大影响。全球变暖已经造成热浪、暴雨、北极冰盖融化、干旱、海平面上升等诸多问题。如果海平面继续上升，大批海滨城市的面积将会减少甚至消失。目前我们所面临的这些威胁，已经影响到人类的生存和发展，而这仅仅是因为全球平均气温升高了1℃左右。

越来越多的研究表明，如果不能有效控制二氧化碳等温室气体的排放，那么到21世纪末，最大升温幅度可能会达到3~4℃。这对于全球的气候系统和生态系统的影响是灾难性的，可能引起生态系统的紊乱甚至崩溃。以人为例，人本身就是一个生命系统，正常体温37℃，如果体温上涨3~4℃即为高烧，导致免疫系统和生命功能出现紊乱。

历史上曾经出现过多次全球气候的周期性变暖，主要是自然因素造成的。从历史的温度记录看，冰河时期全球的平均温度比现在约低6℃；恐龙时期的天气较热，平均温度比现在约高4℃。有研究发现，在恐龙时期的北极，有鳄鱼等典型的热带动物存在。

最近的全球变暖趋势，主要原因是人类的生产、生活等行为向大气中过量排放了具有温室效应的气体污染物（即温室气体）。全球平均温度上升的最大驱动力是温室气体，二氧化碳就是最典型的温室气体。"碳"既指排放到大气中的二氧化碳等温室气体，也指石油、煤炭、木材等由碳元素构成的自然资源。"碳"耗用得越多，导致向大气排放的"二氧化碳"也越多，温室效应就越强烈。在最近二百多年的历史进程中，特别是工业革命以来，累计的二氧化碳排放量与全球平均温度的升温呈现出非常强的正相关性。

气候中和（Climate Neutrality）是指人类活动对气候系统没有净影响的状态。要达到气候中和的状态，需要减少向大气排放温室气体，并积极从大气环境中吸收和去除温室气体，以实现温室气体的净零排放（即碳中和）。另外，还需要考虑人类活动的区域或局地生物地球物理效应，例如人类活动可影响地表反照率或局地气候等。为了减缓气候变暖，科学家们普遍认为要控制排放到大气层中的二氧化碳以及其他温室气体。

碳排放是全球性问题，碳减排需要全世界所有国家的共同协调。过去几十年间，全球在碳减排协调推进上有三个里程碑事件：1992年的《联合国气候变化框架公约》是目前为止应对气候变化的一个基础性法律文件，1997年签署的《京都议定书》明确"共同但有区别的责任"，2015 年签署的《巴黎协定》促使许多国家提出了碳达峰、碳中和的目标。研究证明，为了使全球升温的风险可控，未来温控目标的安全线是全球升温幅度不超过 2℃，最好是不超过 1.5℃。这也是 2015 年《巴黎协定》里全球达成的一个基本共识。

1.1.2 碳中和的概念

《巴黎协定》认为，很多发展中国家仍处于经济发展和工业化的过程中，碳排放还会增加。"碳达峰"是指全球或某区域向大气排放温室气体的强度达到峰值后不再增加。碳达峰之后希望实现碳减排，目标是在 21 世纪下半叶降低排放量，最后实现向大气中排放二氧化碳的数量与清除量基本平衡。

"碳中和"（Carbon Neutrality）是指企业、团体或个人在一定时间内，直接或间接产生的温室气体排放总量，通过植树造林、节能减排等形式，抵消自身产生的二氧化碳排放，实现二氧化碳的"零排放"。简单地说，就是让二氧化碳排放量"收支相抵"。二氧化碳净排放水平接近于零时的状态，称为近零碳排放（Near-zero Carbon Emissions）。在规定时期内人为移除和抵消全部排入大气的温室气体时，称为净零碳排放（Net-zero Carbon Emissions）或碳中和。碳中和愿景就是促进个人和机构在特殊时期的净零碳排放。

从二氧化碳年排放量看，我国已经是世界第一大碳排放国，占到全世界的 1/4。2020 年 9 月，习近平主席提出中国将争取在 2030 年前实现碳达峰、2060 年前实现碳中和。提出和实施"双碳"目标是我国对全球气候变化治理的重要贡献。"碳达峰、碳中和"不仅是我国社会经济发展的新要求，也是政府、企业和公民的具体责任。

1.1.3 碳中和的意义

实现碳中和是国家层面的顶层设计，是国家经济长期健康可持续发展的必要条件。根据国家政策，"十四五"期间，单位国内生产总值能耗和二氧化碳排放量分别降低 13.5%、18%。到 2030 年，中国单位国内生产总值二氧化碳排放量将比 2005 年下降 65%以上，非化石能源占一次能源消费比重将达到 25%左右。为了积极实施应对气候变化国家战略，需要采取一系列有力的政策和措施，比如调整产业结构、优化能源结构、提高能效和节能、推进碳市场建设、增加森林碳汇等。为实现碳中和，我国经济增速可能在短期内出现阵痛，这主要体现在环境政策约束对资源配置方案的倒逼作用上。但长期来看，实现碳中和会加速推动我国经济结构转型，高能耗、高污染产能将被逐步淘汰，高新产业占经济的比重会持续提升。

实施碳中和需要充分发挥市场机制的调节作用，促进二氧化碳的减排。全球已经有 61 个国家启动了碳减排的激励机制，其中 31 个国家采用碳市场机制，其余 30 个国家采用碳税机制。2021 年 5 月 26 日，我国生态环境部正式宣布全国碳市场在 2021 年 6 月底上线交易。实际上，我国早在 2011 年就开始在 7 个城市逐步试点了碳排放交易市场，已经历了一段较长时间的摸索和积累。全国碳市场分三步走：第一步，从电力系统开始推进，电力工业覆盖中国二氧化碳排放量的 35%；第二步，引入建材行业的水泥和有色金属行业的电解铝，使行业覆盖的二氧化碳排放量达到 47%；第三步，引入化工、建材、石化等八个高排放行业，使行业覆盖全国二氧化碳排放量的 70%。未来，还可能将碳市场从生产领域扩展到生活领域，在日常生活中逐步引入个人碳足迹的概念和碳市场的实际应用，使其覆盖我们生产生活的方方面面。

1.2 碳中和的国家层面战略

碳中和已成为世界各国追求的共同目标和共同价值观。初步统计，截至 2020 年 10 月，已有 126 个国家提出了 21 世纪碳中和的目标。根据表 1-1，不丹由于森林覆盖率比较高（达到 72%），产生的温室气体均可被自然碳汇抵消，已经实现碳中和。其余地区碳中和实现目标年跨度从 2035 年到 2060 年，如芬兰为 2035 年；奥地利和冰岛为 2040 年；瑞典为 2045 年；德国、英国、法国、韩国、加拿大等国家为 2050 年；中国为 2060 年等。这些承诺碳中和目标的国家中，有 40 个国家的人均国内生产总值（GDP）高于世界平均值，这些国家的总碳排放量超过全球排放总量的 48%，覆盖全球近一半人口，国土面积占全球的 42%，经济总量占全球的 53% 以上。

多国宣布碳中和目标时间

表 1-1

国家/地区	目标年份	国家/地区	目标年份
奥地利	2040 年	冰岛	2040 年
不丹	目前为负碳	挪威	2050 年
加拿大	2050 年	葡萄牙	2050 年
智利	2050 年	韩国	2050 年
丹麦	2050 年	南非	2050 年
欧盟	2050 年	瑞典	2045 年
法国	2050 年	乌拉圭	2030 年
匈牙利	2050 年	芬兰	2035 年
新西兰	2050 年	英国	2050 年
德国	2050 年	中国	2060 年

数据来源：《主要国家碳中和目标时间梳理及我国规划实施路径》。

1.2.1 欧盟

2018 年 11 月，欧盟委员会公布 2050 年实现"碳中和"的愿景，希望在减少碳排放的同时实现经济繁荣，提高人们的生活质量。2019 年 12 月，新一届欧盟委员会公布《欧洲绿色新政》，提出在 2050 年前建成全球首个"碳中和"的大洲。《欧洲绿色新政》的要点如图 1-1 所示，新政长达 24 页，涉及的变革涵盖了能源、工业、生产和消费、大规模基础设施、交通、粮食和农业、建筑、税收和社会福利等方面，明确了能源、工业、建筑、交通、消费等重点领域的技术需求，围绕需重点突破与推广的核心技术，通过加大"地平线"项目投入等方式支持技术创新。

关于如何到 2050 年实现气候中和，欧盟委员会已提出清晰的愿景，为欧盟在 2020 年

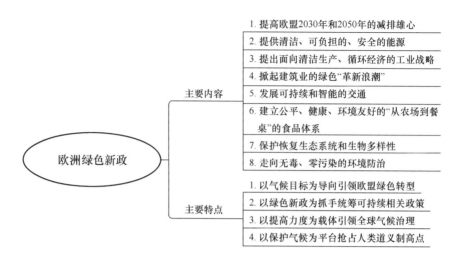

图 1-1 《欧洲绿色新政》要点说明

初向《联合国气候变化框架公约》提交的长期战略奠定了基础。为明确有效公平的转型条件，增强投资的可预测性，保证转型成果不倒退，欧盟委员会于 2020 年 3 月提出首部《欧洲气候法》，将"2050 年实现气候中和"的目标载入法律。该法案还能确保欧盟的所有政策及部门都发挥应有作用，助力实现气候中和这一目标。

事实上，为实现气候中和，欧盟早已开始推进经济现代化转型。从 1990 年到 2018 年，欧盟温室气体排放量减少了 23%，而经济却增长了 61%。然而，按照欧盟目前的政策，到 2050 年温室气体排放量只能减少 60%。为实现新增的温室气体减排目标，欧盟委员会在 2021 年 6 月前审查了所有气候相关的政策，提出了一些修订建议。这些建议包括碳排放交易体系，比如可能会在新行业引入欧洲碳排放交易；欧盟成员国针对碳排放交易体系覆盖范围外的行业的减排目标；以及关于土地利用、土地利用变化与林业的规定。表 1-2 列举了欧洲碳交易市场不同阶段的发展情况。

欧洲碳交易市场不同阶段发展情况 表 1-2

类别	阶段一（2005—2007 年）	阶段二（2008—2012 年）	阶段三（2013—2020 年）
阶段概括	欧盟碳排放交易体系的试验期	《京都议定书》确定的减排承诺期	EU-ETS 推行改革期
涉及国家	欧盟 27 国	冰岛、挪威和列支敦士登加入	克罗地亚加入
涉及行业	炼油、炼焦、钢铁、水泥、玻璃、造纸等	航空业加入	化工、制氨、制铝等新行业加入
覆盖气体	二氧化碳	二氧化碳	二氧化碳、氧化亚氮、全氟化碳
全部免费分配	免费分配为主，引入有偿分配机制	逐渐以拍卖取代免费分配	—

资料来源：中国碳交易网、长城证券研究所。

欧盟委员会修订了《能源税指令》，审查了当前包括航空与海运燃料在内的税收减免情况，取消了化石燃料补贴，弥补了存在的政策漏洞。欧盟委员会还计划将欧盟碳排放交易扩大至海运业，并减少无偿分配给航空公司的欧盟碳排放交易体系配额。

全球范围内的气候变化政策可能存在长期的差异。因此，欧盟委员会针对选定的行业提出了碳边境调节机制。这一机制使进口价格能更准确地反映其碳强度，并遵守世界贸易组织的规则和欧盟的其他国际义务，从而成为应对欧盟碳排放交易体系中碳泄漏风险举措的替代性方案。

为实现《欧洲绿色新政》的宏伟目标，需要巨大的投资。欧盟委员会提出"可持续欧洲投资计划"，采用专项投资、支持可持续投资、改善绿色投资驱动框架等。与此同时，为了支持开发可持续项目，欧盟提供了有力的技术指导与顾问服务，帮助项目发起人发现、准备项目并获得融资渠道。

欧盟委员会提出气候主流化，要求欧盟所有项目预算的25％必须用于气候变化控制。另外，欧盟提出了新的税收渠道，在预算收入方面也支持了气候目标。比如，对不可回收的塑料包装废弃物征税，将欧盟碳排放交易体系拍卖收入的20％划拨给欧盟预算，将至少30％的"投资欧洲"基金用于应对气候变化等。"投资欧洲"也允许成员国采用欧盟预算担保，帮助他们在本国境内或地区内完成与气候相关的共同政策目标。欧盟国家的开发银行等也通过各种合作机制来鼓励银行与机构全面开展绿色活动，完成欧盟政策目标。

欧盟委员会在2020年出台了更新的可持续融资战略，通过对零售投资产品"贴标"、开发欧盟绿色债券标准等，来确保投资者更容易识别可持续性投资并确保其可信度。此外，将气候与环境风险纳入金融体系中，更好地将此类风险整合进欧盟审慎框架，并评估绿色资产现有资本的适用性。

1.2.2　日本

2020年10月底，日本宣布2050年实现温室气体"净零排放"。为实现这一目标，日本政府于2020年12月25日发布了"绿色成长战略"，将在海上风力发电、电动车、氢能源、航运业、航空业、住宅建筑等14个重点领域推进减排。

海上风力发电方面，日本争取到2030年安装10GW海上风电装机容量，到2040年达到30～45GW的发展目标，同时在2030—2035年间将海上风电成本削减至8～9日元/kWh；到2040年风电设备零部件的国内采购率提升到60％。推进风电产业人才培养，完善产业监管制度；打造完善的具备全球竞争力的本土产业链，减少对外国零部件的进口依赖。

氢能产业方面，日本力争到2030年将年度氢能供应量增加到300万t，到2050年达到2000万t的发展目标。争取在发电和交通运输等领域将氢能成本降低到30日元/m³，到2050年降至20日元/m³。发展氢燃料电池动力汽车、船舶和飞机；开展燃氢轮机发电技术示范；推进氢还原炼铁工艺技术开发。

汽车和蓄电池产业方面，日本力争到21世纪30年代中期时，实现新车销量全部转变为纯电动汽车（EV）和混合动力汽车（HV）的目标，实现汽车全生命周期的碳中和目标；到2050年将替代燃料的经济性降到比传统燃油车价格还低的水平。出台燃油车换购电动汽车补贴措施；大力推进电化学电池、燃料电池和电驱动系统技术等领域的研发及供应链的构建；利用先进的通信技术发展网联自动驾驶汽车；推进碳中性替代燃料的研发，从而降低成本。

船舶产业方面，日本准备在 2025—2030 年间开始实现零碳排放船舶的商用，到 2050 年将现有传统燃料船舶全部转化为氢、氨、液化天然气（LNG）等低碳燃料动力船舶。促进面向近距离、小型船只使用的氢燃料电池系统和电推进系统的研发和普及；推进面向远距离、大型船只使用的氢、氨燃料发动机以及附带的燃料罐、燃料供给系统的开发和实用化进程；积极参与国际海事组织（IMO）主导的船舶燃料性能指标修订工作，以减少外来船舶 CO_2 排放；提升 LNG 燃料船舶的运输能力，提升运输效率。

交通、物流和建筑产业方面，日本提出到 2050 年实现交通、物流和建筑行业的碳中和目标。制定碳中和港口的规范指南，在全日本范围内布局碳中和港口；推进交通电气化、自动化发展，优化交通运输效率，减少碳排放；鼓励民众使用绿色交通工具（如自行车），打造绿色出行；推进建筑施工过程中的节能减排，如利用低碳燃料替代传统的柴油应用于各类建筑机械设施中，制定更加严格的燃烧排放标准等。

航空产业方面，日本将推动航空电气化、绿色化发展，到 2030 年左右实现电动飞机的商用，到 2035 年左右实现氢动力飞机的商用，到 2050 年航空业全面实现电气化，碳排放量较 2005 年减少一半。研发先进的低成本、低排放的生物喷气燃料；发展回收 CO_2，并利用其与氢气合成航空燃料技术；加强与欧美厂商合作，参与电动航空的国际标准制定。

碳循环产业方面，日本将发展碳回收和资源化利用技术，到 2030 年实现 CO_2 回收制燃料的价格与传统喷气燃料价格相当，到 2050 年实现 CO_2 制塑料的价格与现有塑料制品价格相同的目标。发展将 CO_2 封存进混凝土的技术；研发先进高效低成本的 CO_2 分离和回收技术，到 2050 年实现大气中直接回收 CO_2 技术的商用。

1.2.3　美国

美国作为一个温室气体排放大国，其碳排放量占全球碳排放量的 15% 左右。长期以来，美国在碳中和目标上态度不明、表现反复无常，先后退出了《京都议定书》、《巴黎协定》。2021 年 1 月 20 日，美国总统约瑟夫·拜登在上任第一天宣布重返《巴黎协定》，加入碳减排行列，积极参与落实《巴黎协定》，并就减少碳排放提出若干新政。"到 2035 年，通过向可再生能源过渡实现无碳发电；到 2050 年，让美国实现碳中和。"这是美国在气候领域提出的最新目标。在州层面，目前美国已有 6 个州通过立法设定了到 2045 年或 2050 年实现 100% 清洁能源的目标。

为了实现美国的"3550"碳中和目标，政府计划拿出 2 万亿美元用于基础设施、清洁能源等重点领域的投资。具体措施主要有：在交通领域，实施清洁能源汽车和电动汽车计划、城市零碳交通、"第二次铁路革命"等；在建筑领域，推动建筑节能升级、推动新建筑零碳排放等；在电力领域，引入电厂碳捕获改造、发展新能源等。同时，加大清洁能源创新，成立机构大力推动包括储能、绿氢、核能、CCS 等前沿技术的研发，努力降低低碳成本。可以看出，美国的气候和能源政策目标逐渐清晰。到 2050 年实现碳中和是其长远目标，而由传统能源转向清洁能源是其战略路径。

在国际层面，美国目前最迫切的任务是要在第 26 届联合国气候变化大会（COP26）之前提出一个新的 2030 年目标的国家自主贡献（NDC）和气候融资方案。如果美国能如期提交这一方案，那么造成全球三分之二碳污染的国家都将承诺碳中和目标。

和其他国家一样，美国要推动碳中和目标的实现也困难重重。从历史层面看，自20世纪90年代以来，美国民主党与共和党就气候问题的博弈始终没有停息，美国国内相关政策也出现多次反复。即便是民主党内部，核心环保主义者和保守派之间的对抗也比较激烈。碳中和是一个中长期目标，缺乏长期稳定的政策将不利于抓住这个历史新机遇。此外，美国对于碳减排的要求明显高于其他发达国家，其国内利益博弈将提高实现目标的难度和成本，降低企业投资意愿，使其实现碳中和之路更为曲折。

在美国企业层面，不少跨国公司都有其减排目标。美国企业以多样化的路径迈向碳中和目标，其中包括巨额投资、企业转型，以及对新技术的开发利用。据报道，2021年2月通用汽车宣布了能源转型白皮书，未来五年将投资270亿美元实现2040年全球产品和运营的碳中和目标。除了大力发展电动汽车外，通用汽车还提出在产业上下游协同发展，探索和发展绿色供应链。然而，也有业界人士表示，需要警惕企业决策可能未经深思熟虑，企业管理层对目标的生疏和准备不够。改变长期以来形成的能源结构，向以可再生能源为主转变，最终实现能源转型并非易事。如何处理好在推动低碳清洁能源发展的同时，照顾好化石能源生产商的利益也是棘手的问题。

1.2.4　英国

英国作为世界上最早实现工业化的国家，早期其环境问题广受关注，曾出现了震惊世界的"伦敦烟雾事件"。在应对全球气候变化、实现碳中和目标上，英国一直表现积极，其试图通过一系列的承诺和改革举措，在该领域保持世界领先地位。2008年，英国国会通过了旨在减排温室气体的《气候变化法》，提出设立个人排放信用电子账户以及排放信用额度，该法案使英国成为全球首个为温室气体减排设计出具有法律约束力措施体系的国家。英国也是世界上最早开始"碳中和"实践的国家，英国标准局（BSI）在2010年发布了世界上第一个碳中和的规范。

2019年6月，英国新修订的《气候变化法》生效，正式确立到2050年实现温室气体"净零排放"，即实现碳中和的目标。2020年11月18日，英国政府宣布了一项涵盖十个方面的"绿色工业革命"计划，包括大力发展海上风能、推进新一代核能研发和加速推广电动汽车等。英国政府表示，这项计划将带动120亿英镑（约合160亿美元）的政府投资，并有望到2030年创造并支撑多达25万个就业岗位。同时，在支持电动汽车方面，英国计划于2030年前停止销售以汽油和柴油为动力的新车，包括小汽车和厢式货车，2035年前停止销售混合动力汽车。

2020年12月3日，英国政府宣布最新的温室气体减排目标：与英国1990年的温室气体排放水平相比，计划到2030年将温室气体排放量至少降低68%。英国社会各界对气候变化十分重视，表现积极。汽车行业积极呼吁政府给予支持，尽快实现可替代燃料汽车转型目标。啤酒和薯片生产商表示，对原来容易产生二氧化碳的传统啤酒和薯片生产方式进行改革，将二氧化碳排放量大幅降低70%。同时，英国环保组织和相关人士非常活跃，他们十分关注能够影响气候变化的政府决策。针对一些政府通过的项目，例如高铁修建、机场跑道扩建等，环保组织和相关人士可能会上诉到最高法院。

实现2050年温室气体"净零排放"目标绝非易事，其过程几乎涉及所有行业，因此需要政府强力干预。英国帝国理工学院气候金融与投资中心执行主任查理·多诺万表示：

必须从长期目标进行倒推，才能弄清楚未来五年或十年需要实现的目标，所有这一切的主要挑战是决策者。他认为：政府必须为气候变化制定适当的成本价格，承担私营部门无法自行应对的风险；并且政府需要为所有领域，尤其是基础设施领域提供战略方向。实现碳中和不仅是长期的战略，还需要采取大量的短期行动。比如政府最新提出的涵盖十个方面的"绿色工业革命"计划，尽管是个良好的开端，但政府的指导还不够深入，落实还需要更多细节。《卫报》等多家媒体的专栏作家罗斯·斯多克认为：为实现"2050 碳中和"的挑战性目标，政府必须采取统一的跨部门协作，"就本质而言，这些目标既需要更新现有的基础架构，又需要技术创新与新系统开发齐头并进"。

中英两国是应对气候变化和环境治理的重要伙伴，双方合作大有可为。英国政府《联合国气候变化框架公约》第二十六次缔约方大会区域大使布里斯托说，气候变化合作是中英关系的重要领域，其重要意义超越双边关系范畴，对应对全球性挑战具有重要影响。气候变化和生物多样性问题紧密关联，应协同解决。中英双方可加强绿色科技、太阳能、风能等领域的合作。英国驻华大使吴若兰 2020 年 11 月访问了广州及深圳，推动中英在气候变化领域的合作。她表示，希望推动中英海上风能技术实验室在广东落地。

1.2.5 中国

1. 中国的碳中和战略

在全球大格局下，我国主动承担应对气候变化国际责任，从 2009 年宣布的 40%～45%目标，到 2020 年提出的碳中和目标，碳减排力度持续加码，彰显了我国积极应对气候变化，走低碳发展道路的决心。

2009 年 6 月 5 日，我国政府第一次公开提出温室气体强度减排的概念，将国家的减排目标与温室气体排放量相挂钩。2009 年 11 月 26 日，我国碳强度减排目标正式对外公布，到 2020 年我国单位国内生产总值（GDP）二氧化碳强度将比 2005 年下降 40%～45%，非化石能源占比达到 20%左右，作为约束性指标纳入国民经济和社会发展中长期规划，并制定相应的国内统计、监测、考核办法。

2015 年 6 月 30 日，我国政府向联合国气候变化框架公约秘书处提交了应对气候变化国家自主贡献文件——《强化应对气候变化行动——中国国家自主贡献》，提出了二氧化碳排放量在 2030 年左右达到峰值并争取尽早达峰、单位国内生产总值（GDP）二氧化碳排放量比 2005 年下降 60%～65%、非化石能源占一次能源消费比重达到 20%左右、森林蓄积量比 2005 年增加 45 亿 m^3 左右等 2020 年后强化应对气候变化行动目标以及实现目标的路径和政策措施。国家应对气候变化战略研究和国际合作中心主任李俊峰表示，这不仅是中国作为公约缔约方完成的规定动作，同时也是中国政府向国内外宣示中国走以增长转型、能源转型和消费转型为特征的绿色、低碳、循环发展道路的决心和态度。

2020 年 9 月 22 日，习近平主席在第七十五届联合国大会一般性辩论上提出中国将采取更加有力的政策和措施，二氧化碳排放力争于 2030 年实现碳达峰、努力争取 2060 年实现碳中和。这也是我国首次给出碳中和时间表。2020 年 11 月 12 日，习近平主席在第三届巴黎和平论坛致辞中表示，中方将为实现碳达峰、碳中和制定实施规划。2020 年 11 月 17 日，习近平主席在金砖国家领导人第十二次会晤中重申目标，并表示将采取更有力的政策和举措实现碳中和。2020 年 11 月 22 日，习近平主席在二十国集团领导人利雅得峰会"守护地球"主题边会上致辞，加大应对气候变化力度，中国言出必行，将坚定不移加以落实。

2020 年 12 月 12 日，习近平主席在气候雄心峰会上强调，到 2030 年，中国单位国内生产总值二氧化碳排放量将比 2005 年下降 65% 以上，非化石能源占一次能源消费比重将达到 25% 左右，森林蓄积量将比 2005 年增加 60 亿 m^3，风电、太阳能发电总装机容量将达到 12 亿 kW 以上。2020 年 12 月 18 日，中央经济工作会议指出，2021 年重点任务之一是做好碳达峰、碳中和工作。2021 年 1 月 25 日，在世界经济论坛"达沃斯"议程对话会上，中国表示为实现"3060"的双碳目标，中国需要付出极其艰巨的努力。2021 年 2 月 19 日，中央全面深化改革委员会第十八次会议强调，建立健全绿色低碳循环发展经济系统，统筹制定 2030 年前碳排放达峰行动方案。

2021 年 3 月 15 日，习近平主席主持召开中央财经委员会第九次会议，研究了促进平台经济健康发展问题和实现碳达峰、碳中和的基本思路和主要举措。习近平主席强调，我国平台经济发展正处在关键时期，要着眼长远、兼顾当前，补齐短板、强化弱项，营造创新环境，解决突出矛盾和问题，推动平台经济规范健康持续发展；实现碳达峰、碳中和是一场广泛而深刻的经济社会系统性变革，要把碳达峰、碳中和纳入生态文明建设整体布局，拿出抓铁有痕的劲头，如期实现 2030 年前碳达峰、2060 年前碳中和的目标。以经济社会发展全面绿色转型为引领，以能源绿色低碳发展为关键，加快形成节约资源和保护环境的产业结构、生产方式、生活方式、空间格局，坚定不移走生态优先、绿色低碳的高质量发展道路。要坚持全国统筹，强化顶层设计，发挥制度优势，压实各方责任，根据各地实际分类施策。要把节约能源资源放在首位，实行全面节约战略，倡导简约适度、绿色低碳生活方式。要坚持政府和市场两手发力，强化科技和制度创新，深化能源和相关领域改革，形成有效的激励约束机制。要加强国际交流合作，有效统筹国内国际能源资源。要加强风险识别和管控，处理好减污降碳和能源安全、产业链供应链安全、粮食安全、群众正常生活的关系。

2. 对碳中和战略的理解

我国采取行动积极应对气候变化，尽早达峰迈向近零碳排放，这不仅是国际责任担当，也是美丽中国建设的需要和保障。当前，"碳中和"引起了各方面的关注，出现了各种理解和建议，总结出部分代表性观点如下。

生态环境部应对气候变化司领导分别在 2020 年 10 月 28 日举行的例行新闻发布会和 2020 年 12 月 15 日习近平主席出席气候雄心峰会媒体吹风会上强调：新的国家自主贡献目标及碳中和愿景，绝不是简单地伸一伸手就能触及的，也不是踮一踮脚尖就能够到的，需要助跑、加速、奋力向上跃起才能达到；我国将采取更加有力的措施控制化石能源消费，特别是严格控制煤炭消费，包括合理控制煤电发展规模。

2020 年 9 月 29 日，中国国家气候变化专家接受第一财经记者采访时介绍：中国提出 2060 年前实现碳中和，是一个非常有力度、国际社会广泛认可而且超出很多人预期的一个积极目标。中国从碳达峰到碳中和的过渡期只有 30 年时间，而发达国家需要 60~70 年的时间。中国能源消费和经济转型、二氧化碳和温室气体减排的速度和力度，要比发达国家实现转型的速度和力度大得多。

中国工程院院士杜祥琬在中国城市能源变革峰会暨第二届分布式能源生态论坛上提

出："碳中和"目标对我国能源行业既是挑战更是机遇，将带来新产业、新增长点，实现经济与环境双赢。全球和中国降碳的首要措施是"提能效、降能耗"。其次是提速能源替代，在能源结构中，降低化石能源（特别是煤炭）比例，高比例发展非化石能源（特别是可再生能源）；同时增加碳汇。

中国工程院院士贺克斌在中国清洁空气政策伙伴关系（CCAPP）2020年度会议上指出：碳达峰、碳中和目标为深度治理大气污染、持续改善空气质量提供了强大推动力。应增强大气污染防治和应对气候变化领域研究者、决策者和实施者间的交流合作，以不断完善协同治理措施策略，大力释放减排潜力，为公众带来最大的环境、气候和健康综合效益。与此同时，中国工程院院士郝吉明在该会议上表示：我国碳达峰、碳中和愿景与美丽中国建设目标高度协同，应尽快构建新一代大气污染防治科学体系，从科学上精准感知、智能响应和靶向治理，从行动上推进三个协同，即空气质量改善与气候变化应对协同、PM2.5与臭氧污染治理协同以及常规与非常规污染物治理协同。

1.3　碳中和的行业层面战略

1.3.1　碳中和实现路径

为实现碳中和目标，国家层面制定了以产业政策为主的减排路线图。考虑到全球温室气体排放量的73%源于能源消耗，其中38%来自能源供给部门，35%来自建筑、交运、工业等能源消费部门，因此部分国家研究制定了碳中和背景下的产业政策，以支持减排目标。

我国既是最大的发展中国家，又是碳排放大国，在2060年前完成碳中和目标任重道远。与此同时，我国已是全球最大太阳能光伏发电系统制造国，并拥有最大的光伏装机市场，在推进绿色转型上具有一定优势。为实现2060年碳中和目标，我国需统筹规划，以重点行业为抓手，稳步推进减排工作，实现应对气候变化与经济社会发展协同并行。比如，在能源生产行业，可加快构建清洁低碳的能源体系，推动可再生能源发电与储能技术结合，实现电力系统深度脱碳；在交通运输行业，可完善交通基础设施，实现电动汽车、氢能燃料车对燃油汽车的替代；在建筑领域，可对老旧建筑开展节能改造，并按绿色建筑标准打造碳中和建筑；在工业领域，可提高能源使用效率、控制煤炭消费；同时加大植树造林，支持发展碳捕获技术，对无法避免的碳排放予以抵消，实现净零碳排放。

（1）发展清洁能源，降低煤电的供应。

根据国际能源署（IEA）测算，1990—2019年，传统化石能源（煤、石油、天然气）在全球能源供给中占比近八成，清洁能源占比很小。图1-2显示自2019年以来清洁能源已进入快速发展阶段。因此，各国从能源供给端着手，推动能源供给侧的全面脱碳是实现碳中和目标的关键。首先适当降低煤电供应，从能源供给侧看，55%累计排碳来自电力行业，而电力行业80%排碳来自燃煤发电。为实现碳中和目标，全球多个国家均已采取措施降低对煤炭的依赖。比如，2017年，英国和加拿大共同成立了"弃用煤炭发电联盟（The Powering Past Coal Alliance）"，已有32个国家和22个地区政府加入，联盟成员承诺未来5～12年内彻底淘汰燃煤发电；瑞典于GF 2020年4月关闭了国内最后一座燃煤电厂；丹麦停止发放新的石油和天然气勘探许可证，并将在2050年前停止化石燃料生产。其次发展清洁能源，开发储能技术，提高能源利用率。可再生能源因具有分布广、潜力大、可永续利用等优点，成为各国应对气候变化的重要选择。比如，德国是欧洲可再生能源发展规模最大的国家，2019年出台了《气候行动法》和《气候行动计划2030》，明确提出可再生能源发电量占总用电量的比重将逐年上升，该比重将在2050年达到80％以上；美国2009年颁布了《复苏与再投资法》，通过税收抵免、贷款优惠等方式，重点鼓励私人投资风力发电，2019年风能已成为美国排名第一的可再生能源；欧盟于2020年7月发布了氢能战略，推进氢技术开发；英国、丹麦均提出发展氢能源，为工业、交通、电力和住宅供能。

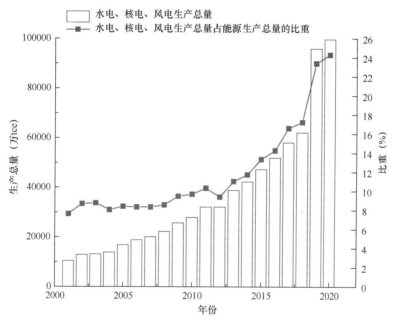

图1-2　清洁能源发展进入快车道
数据来源：Wind、国泰君安证券研究所。

（2）减少建筑物碳排放，打造绿色建筑

建筑的绿色改造，前期成本高、投资回报期长，但长远效益可观，有利于实现碳中和目标。根据欧洲建筑性能研究所的研究，对建筑进行绿色翻新、节能改造，能创造更多工作岗位、提高生产效率，增加千亿欧元的潜在收益；对医院进行节能改造，还能减少患者平均住院时间，每年为医疗卫生行业节约几百亿欧元。各国建筑行业实现碳中和的主要途径就是打造绿色建筑，即在建筑全生命周期内，最大限度地节约资源、保护环境，提高空间使用质量，促进人与自然和谐共生。

出台绿色建筑评价体系，推广绿色能效标识。绿色建筑评价体系和节能标识是建筑设计者、制造者和使用者的重要节能指引，有助于在建筑的全生命周期中最大限度地实现节约资源、保护环境。在评价体系方面，英国出台了世界上第一个绿色建筑评估方法BREEAM，全球已有超过27万幢建筑完成了BREEAM认证；德国推出了第二代绿色建筑评价体系DGNB，涵盖了生态保护和经济价值；新加坡在《建筑控制法》中加入了最低绿色标准，出台了 Green Mark 评价体系，对新建建筑、既有建筑及社区的节能标准做出了规定。在绿色能效标识方面，美国和德国分别实行了"能源之星"和"建筑物能源合格证明"，标记建筑和设备的能源效率及耗材等级。

改造老旧建筑，新建绿色建筑。欧洲八成以上的建筑年限已超过 20 年，维护成本较高。欧盟委员会 2020 年发布了"革新浪潮"倡议，提出 2030 年所有建筑实现近零能耗；法国设立了翻新工程补助金，计划帮助 700 万套高能耗住房改造为低能耗建筑；英国推出"绿色账单"计划，以退税、补贴等方式鼓励民众为老建筑安装减排设施，对新建绿色建筑实行"前置式管理"，即建筑在设计之初就综合考虑节能元素，按标准递交能耗分析报告。

（3）减少交通运输业碳排放，布局新能源交通工具

随着中产阶层人口增多，汽车保有量翻番，将成为最大的能源消费领域。各国政府及产业界日益关注推动整个交通运输行业向低碳方向发展。推广新能源汽车等碳中性交通工具及相关基础设施。新能源汽车突破发展的关键是电池技术和充电基础设施。为此，各国推出激励和约束政策。正向激励政策包括资金优惠、公共服务优先等。德国提高电动车补贴，挪威、奥地利对零排放汽车免征增值税，美国出台了"先进车辆贷款支持项目"，为研发新技术车企提供低息贷款，哥斯达黎加对购买零排放车辆的公民给予关税优待及泊车优先等；负向约束政策包括出台禁售燃油车时间表，主要发达国家及墨西哥、印度等发展中国家均公布了禁售燃油车时间表。

在陆路交通方面，多个国家以法律政令形式推广。美国出台了《能源政策法案》，建立低碳燃料标准并进行税收抵免；日本、智利、秘鲁、南非、阿根廷、哥斯达黎加等政府发布了绿色交通战略或交通法令，统一购车标准，鼓励使用电动或零排放车辆。水陆运输领域也在推广零排放交通工具。欧盟委员会公布了《可持续与智能交通战略》，计划创建一个全面运营的跨欧洲多式联运网络，为铁路、航空、公路、海运联运提供便利，推动 500km 以下的旅行实现碳中和，预计仅多式联运一项，就可以减少欧洲 1/3 的交通运输排放。

发展交通运输系统数字化。数字技术可以升级交通，优化运输模式，降低能耗，节约成本。欧盟计划通过"连接欧洲设施"基金向 140 个关键运输项目投资 22 亿欧元。在欧洲范围内，依靠数字技术建立统一票务系统，扩大交通管理系统范围，强化船舶交通监控和信息系统，提高能效；在城市交通上，加大部署智能交通系统，运用 5G 网络和无人机，推动交通运输系统的数字化和智能化。欧洲 40 多个机场正在共同建设全球第一个货运无人机网络和机场，预计将降低 80％ 的运输时间、成本和排放量。

（4）减少工业碳排放，发展碳捕获碳储存

工业领域的冶金、化工、钢铁、烟草等均是高耗能、高排放部门。2019 年，经济合作与发展组织国家的工业部门二氧化碳排放量占其排放总量的 29％。发展生物能源与碳捕获和储存技术（BECCS）。生物能源与碳捕获和储存是一种温室气体减排技术，运用在碳排放有关的行业，能够创造负碳排放，是未来减少温室气体排放、减缓全球变暖最可行的方法。但目前因该技术成本高、过程不确定，尚处于初期阶段。2018 年，英国启动了欧洲第一个生物能源与碳捕获和储存试点。根据 IEA 估计，至少需要 6000 个这类项目，且每个项目每年在地下储存 100 万 t 二氧化碳，才能实现 2050 年碳中和目标。目前全球达到这个储存量的项目不足千分之三。

发展循环经济，提升材料利用率。欧盟委员会通过新版《循环经济行动计划》，贯穿了产品整个周期，特别是针对电子产品、电池和汽车、包装、塑料以及食品，出台了欧盟循环电子计划、新电池监管框架、包装和塑料新强制性要求以及减少一次性包装和餐具，旨在提升产品循环使用率，减少欧盟的"碳足迹"。图 1-3 显示，光伏电池产量从 2020 年以来快速提升。

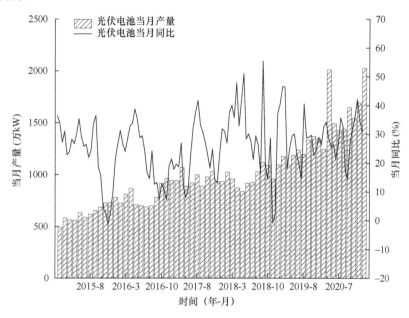

图 1-3　光伏电池产量及增速（2020 年以来快速提升）

数据来源：Wind、国泰君安证券研究所。

（5）减轻农业生产碳排放，加强植树造林

农业生产是重要的碳排放源，占全球人为碳排放总量的 19%。发展低碳经济离不开低碳农业。各国农业碳中和的主要途径是增强二氧化碳等温室气体的吸收能力，即加强自然碳汇，如恢复植被。英国政府发布了"25 年环境计划"和"林地创造资助计划"，到 2060 年将英格兰林地面积增加到 12%。秘鲁等七个南美国家签署了灾害反应网络协议，增强雨林卫星监测，禁止砍伐并重新造林。墨西哥以国家战略明确 2030 年前实现森林零砍伐的目标。新西兰、阿根廷均以法律形式提出增加碳汇和碳封存能力的目标。

减少农产品的浪费也有利于实现碳中和。欧盟发布了《农场到餐桌战略》，芬兰拟结合该战略，制定本国节约粮食路线图，以减少粮食浪费和提高粮食安全及可持续性。欧盟计划于 2024 年出台垃圾填埋法律，以最大限度地减少垃圾中的生物降解废弃物。但目前绝大部分国家在农业、废物处理领域的低碳化技术均处于发展初期，成本较高，有效性也尚待验证。

（6）规范碳交易，发展绿色金融

实现碳中和的政策抓手包括碳交易和绿色金融。碳排放权交易市场将碳排放作为商品，加大企业节能减排的意愿。2021 年 2 月，全国碳市场落地，首先纳入的是发电行业，预计最终将涵盖发电、石化、化工、建材、钢铁、有色金属、造纸和国内民用航空等八个高排放行业。未来 10 年内我国的碳成交均价有望呈现缓慢上升的态势，以此来促进企业进行节能减排，同时也避免企业成本大幅增长，影响经营。我国绿色金融体系在过去 5 年发挥了积极的作用，未来还将得到进一步发展和完善。绿色金融体系将发挥资源配置、风险管理、市场定价三大功能，支持绿色环保产业的发展。

1.3.2 电力行业

1. 火电加速转型

随着新能源迎来快速发展期，火电角色将发生改变。火电逐步由主力电源变为辅助电源，火电作为最大的碳排放源，预计未来 10 年内装机容量到顶。图 1-4 显示我国历年火电利用小时数整体呈下降态势。由于风光电源特性，大规模上网将对电网造成冲击，必须配备储能或调峰电源。而目前储能成本较高，风光发电加储能距平价尚需时间，因此未来 5~10 年内仍需增加火电机组，以满足新增用能及辅助调峰需求。预计火电机组容量将在"十五五"期间达到顶峰，这期间火电将继续淘汰落后机组，新增机组将以燃机和大容量机组为主，发电任务将尽量由清洁能源承担。

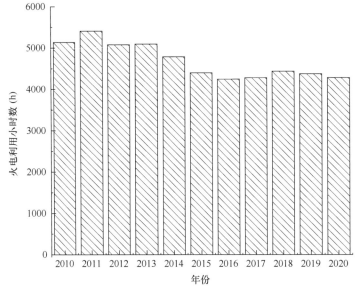

图 1-4　我国历年火电利用小时数

数据来源：Wind、国泰君安证券研究所。

容量电价政策有望出台，从而促使火电角色转型。由于电化学储能成本较高，抽水蓄能对地理环境有要求，目前只有火电具有大规模调峰能力。因此为了确保清洁能源的快速发展，未来火电的角色将由主力电源逐步变为以调峰、应急为主的辅助电源。若依照现行的商业模式，成为辅助电源的火电必然会出现亏损，因此预计国家将出台火电的容量电价政策，对以辅助服务为主的火电机组给予合理的补偿报酬，确保火电企业的合理收益。

2. 水电装机容量快速扩大

随着"十四五"期间雅砻江中游的两河口、杨家沟以及金沙江下游的乌东德、白鹤滩四座巨型水电站陆续投运，我国具有经济的水电资源已基本开发完毕，水电装机规模增速将会持续放缓。预计在不进行雅鲁藏布江水电开发的前提下，2030 年左右我国水电装机规模将达到顶峰。同时，由于目前电化学储能成本较高，为了配合风光电源快速发展，未来 5 年将是抽水蓄能发展的高峰期，预计抽水蓄能的装机规模将快速扩大。

3. 核能全产业链快速成长

在碳中和背景下全产业链有望迎来新的发展良机。"十四五"规划除了对核电发展技术路线进行定调外，也预示着核能应用将越发多元化。核能清洁供热也是颇有潜力的发展方向。目前，清洁化、低碳化已经成为全球能源发展的主基调，我国也在积极推动能源转型。核能在构建清洁低碳能源体系中的关键作用不言而喻，未来有望形成核能与其他清洁能源协同发展、逐步替代传统火电的新局面。光伏、风电等发电品种未来将迈入确定性极高的高速发展期，但是核电作为清洁低碳的基荷电源，可以在电力系统中承担压舱石的作用，与风光发电互为补充，因此也有望同步打开成长空间。

4. 风光发电开始平价上网

风光发电成本持续下降，2021 年进入平价上网时代，开始对火电增量和存量项目进行替代。随着可再生能源增长规模化、制造工艺提升、技术持续迭代、供应链竞争加剧以及各项支持政策落地，近十年期间全球可再生能源成本进一步降低。为实现碳中和目标，非化石能源消纳占比将迅速提升，促进风电、光伏快速发展。

碳中和目标将加速我国能源结构转型，传统化石能源占比将快速下降，低碳、零碳排放的清洁能源（风电、光伏、生物质、水电、核能、天然气等）占比需快速提升。绿证或将强制执行，以提高风光发电项目收益率，助推行业发展。目前，我国绿证交易秉承自愿交易原则，交易极不活跃。截至 2021 年 1 月 15 日，我国绿证成交量仅占核发总量的约 0.15%，并未起到绿证出台时预期的效果。未来绿证交易或将转变为强制交易，通过政策强制用能用户购买绿证（类似可再生能源附加）。届时，风光发电项目将会获得由绿证带来的额外收益，新能源运营的盈利能力得到提升，助推整个产业链的发展。

1.3.3　水泥行业

根据数字水泥网的报道和预测，我国水泥行业碳达峰时水泥熟料年产量为 16 亿 t 左右，按照当前的行业平均碳排放量系数折算，预测年碳排放量为 13.76 亿 t，约占当前全国碳排放总量（约 102 亿 t）的 13.5%。因此水泥行业是实现碳达峰、碳中和的重点行业。水泥行业碳中和的实现途径主要依托于政策和技术减排。

水泥行业的政策减排主要包括产能减量置换、错峰生产及绩效分类评级等。2020 年 12 月 16 日，工业和信息化部发布了《水泥玻璃行业产能置换实施办法（修订稿）》的征求意见稿，提高了水泥玻璃行业产能置换的比例。表 1-3 对应急减排措施新旧政策进行了对比。修订稿规定，位于国家规定的大气污染防治重点区域实施产能置换的水泥熟料建设项目，产能置换比例为 2∶1；位于非大气污染防治重点区域实施产能置换的水泥熟料建设项目，产能置换比例为 1.5∶1。2020 年 12 月，工业和信息化部、生态环境部联合发布了《关于进一步做好水泥常态化错峰生产的通知》，推动全国水泥错峰生产地域和时间常态化，所有水泥熟料生产线都应进行错峰生产。错峰政策延续，13 个省份 2020—2021 年平均错峰天数达到 118d，与上一年基本持平。做好水泥常态化错峰生产，减少碳排放，有利于促进行业绿色健康可持续发展。2020 年，我国应急减排措施针对重点行业绩效分级实施差异管控，A 级企业可自主采取减排措施，更有利于实现碳中和目标。2020 年 7

月修订的应急减排措施全面推行差异化减排措施，评为 A 级和引领性的企业，可自主采取减排措施；B 级及以下企业和非引领性企业，减排力度应不低于技术指南要求。更为严格的管控标准更有利于推动碳中和目标的实现。

应急减排措施新旧政策对比　　　　　　　　　　　　　　　　　　　　　表 1-3

对比项目	《重污染天气重点行业应急减排措施制定技术指南》	《重污染天气重点行业应急减排措施制定技术指南》（2020 修订版）
部门	生态环境部	生态环境部
时间	2019.7	2020.7
具体条例	1. 重污染天气应急期间减排措施规定为：黄色及以上预警期间，水泥制品、粉磨站停产；禁止使用国四及以下重型载货车辆（含燃气）进行物料运输。 2. 橙色预警期间，水泥熟料生产线停产；协同处置城市生活垃圾或危险废物的企业，日处理生活垃圾与污泥总量低于 400t（含）、处理有毒有害废弃物总量低于熟料产能 4%（含）的生产线，停产。 3. 红色预警期间，水泥熟料生产线停产；协同处置城市生活垃圾或危险废物的企业，日处理生活垃圾与污泥总量高于 400t 但低于 600t（含）、处理有毒有害废弃物总量高于熟料产能 4% 但低于 6%（含）的生产线，停产	1. A 级企业：鼓励结合实际，自主采取减排措施。 2. B 级企业：黄色预警期间：停止使用国四及以下重型载货车辆（含燃气）进行运输。橙色预警期间：限产 20%，以"环评批复产能、排污许可载明产能、前一年正常生产实际产量"三者日均值的最小值为基准核算；停止使用国四及以下重型载货车辆（含燃气）进行运输。红色预警期间：停产；停止使用国四及以下重型载货车辆（含燃气）进行运输。 3. C 级企业：黄色预警期间：停产 50%（以生产线计）；停止使用国四及以下重型载货车辆（含燃气）进行运输。橙色及以上预警期间：停产；停止使用国四及以下重型载货车辆（含天然气）进行运输。 4. D 级企业：黄色及以上预警期间：停产；停止公路运输

资料来源：生态环境部、长城证券研究所。

如表 1-4 所示，水泥行业碳中和的技术途径主要包括能源替代、生产线改造、碳捕获及绿色智能化等，需大力推广应用节能减排技术，进而为达到碳中和目标做出积极贡献。水泥行业是二氧化碳排放大户，其排放主要来源于碳酸盐的分解、燃料的燃烧和电力消耗。进一步在生产工艺碳减排（如替代原料、熟料替代技术等）、生产能耗碳减排（如替代燃料、富氧燃烧技术、高效粉磨、余热发电等）、新技术碳减排（如水泥窑二氧化碳捕集利用）及新能源技术等方面加强技术研发力度。

水泥行业碳中和的技术途径　　　　　　　　　　　　　　　　　　　　　表 1-4

技术途径	细则
能源替代	用有热值的垃圾或生物质燃料替代传统化石燃料。未来也可以期待清洁能源技术的持续发展，推动水泥行业能源使用结构调整，从而降低碳排放
节能减排	水泥企业可以依托二代水泥技术标准来提升改造生产线，提升能效实现碳减排，其中包括高效粉磨技术推广（辊压机终粉磨技术），高效低阻旋风预热器、高能效分解炉及第四代冷却机技术装备的使用
水泥产品利用效率提升	在保证混凝土性能的基础上，尽可能减少水泥用量，对相关的技术规范、施工规范、设计规范做进一步修订，提高水泥产品使用效率
CCS、CCUS（碳捕获、利用与封存）	国际公认的大规模直接减排技术，也被认为是我国碳中和目标实现的重要支撑。作为水泥熟料生产环节碳减排的"兜底"手段
绿色智能化	通过智能化技术，来减少熟料煅烧过程的波动性，提高稳定性，从而达到减排效果

资料来源：生态环境部、长城证券研究所。

安徽海螺水泥股份有限公司（以下简称"海螺水泥"）作为水泥行业的名牌企业，2020年吨熟料二氧化碳排放量较2016年减少0.0045t，预计2025年吨熟料二氧化碳排放量较2020年减少0.0031t。同时引进新技术将二氧化碳废气转化为二氧化碳产品。根据水泥网报道，海螺水泥通过一系列手段来降低碳排放以实现碳中和。表1-5列举了海螺水泥实施碳中和的主要途径，包括新型干法水泥生产线、富氧助力水泥熟料煅烧和水泥窑烟气二氧化碳捕集利用等方法。其中水泥窑烟气二氧化碳捕集利用技术拥有世界首条水泥窑烟气二氧化碳捕集纯化示范项目，规模为$50000tCO_2$/年，实现了二氧化碳资源化利用。水泥行业的碳中和新技术对水泥厂商技术实力均有较高的要求，显然有利于龙头企业。

海螺水泥碳中和实施途径　　　　　　　　　　　　　　　　　　　表1-5

途径	具体细节	效果
新型干法水泥生产线	系统标煤耗较改造前降低约10kg/t熟料，熟料综合电耗较改造前降低约10kWh/熟料，按照年产熟料200t，则全年减少二氧化碳排放约67500t	若该项技术在安徽海螺集团有限责任公司（以下简称"海螺集团"）全面推广，则年减排二氧化碳约850万t
采用替代燃料	根据当地替代燃料资源情况，每年可消纳稻草、油菜杆及树皮总计26万t，年节约标煤7.5万t，年减排二氧化碳约20万t	若该项技术在海螺集团全面推广应用，则年节约标煤1080万t，年减排二氧化碳约2800万t
选用替代原料	通过采用电石渣、粉煤灰、硫酸渣等工业废料替代部分原料，既减少了矿山的开采量，又降低了二氧化碳的排放量	—
充分回收利用水泥窑余热	利用预热器出口和箅冷机中段出口的废气余热进行发电，并将这些电能用于企业生产，可减少外电的采购量，实质上减少了燃煤发电厂的煤用量	海螺集团全年余热发电量约为87亿kWh，水泥企业用电量大幅减少，则全年减少二氧化碳排放量约790万t
富氧助力水泥熟料煅烧	采用高于普通空气的助燃气体，有利于入窑炉煤粉的充分燃烧	根据测试熟料烧成系统标煤耗较技改前降低约6kg/t熟料，按照年产熟料200万t，则全年减少二氧化碳排放量约31000t。若该技术在海螺集团全面推广，则年节约标煤约150万t，年减排二氧化碳约370万t
水泥窑烟气二氧化碳捕集利用	海螺水泥于2018年建成了世界首条水泥窑烟气二氧化碳捕集纯化示范项目，规模为50000t CO_2/年，实现了二氧化碳资源化利用	—
新能源技术开发应用	利用建（构）筑物屋顶及空地布局光伏发电、风能发电和储能等产业，以实现减排任务	截至2020年年底光伏项目装机量为130MW，累计发电量2.79亿kWh，减排二氧化碳约25万t。在海螺集团某子公司建成分散式风电示范项目，装机量为1.5MW，年发电量320万kWh，年减排二氧化碳约3000t
创建"三绿"工厂	通过植树造林、森林管理、植被恢复等措施，利用植物光合作用吸收大气中的二氧化碳，并将其固定在植被和土壤中，从而减少温室气体在大气中的浓度	

资料来源：水泥网、长城证券研究所。

行业龙头中国建材集团有限公司（以下简称"中国建材"）、海螺水泥、北京金隅集团股份有限公司（以下简称"金隅集团"）等在碳排放密度上相对其他企业略低。2019年中国建材、海螺水泥和金隅集团碳排放密度分别为0.81、0.84和0.61，熟料生产量分别为31534.8万t、25300万t和1100万t，规模较小的苏州东吴水泥有限公司碳排放密度为0.9，而熟料生产量仅为86.1万t。

总体来说，水泥行业主要依靠行业政策减少供给减排，目前技术减排作用有限，仍需要不断发展应用。水泥行业不同于其他行业，目前有60%的碳排放是由石灰石分解产生的，35%是由煤炭产生的，剩下是电耗等。通过节能带来的碳减排效果远不够。业内人士指出，目前核心还是控制石灰石的用量。但根据水泥特质，石灰石用量下降，产量就会下降，因此主要还是控制产量。要想达峰，熟料的产量必须下降，后续还应提升能源效率，利用碳捕获技术等。

1.3.4　化工行业

碳中和主要是减少二氧化碳的排放量，对于石化企业，主要有两种途径减少二氧化碳的排放：提高能量利用效率，通过减少单位产品的能量消耗实现；通过零碳排放比如氢能，抵消或者覆盖二氧化碳排放。化石燃料用量减少是一个渐进的过程，前半段主要通过单位热值更大的天然气、氢气（氢含量高）等实现对煤炭的逐步取代，后半段通过光伏、核电、风电等实现对化石燃料的替代。

太阳能、风能、地热能等都是可再生的清洁环保能源。在技术进步与政策引导的双重作用下，太阳能和风能成为近年发展最快的可再生能源。国际石油公司对生物能源的投入虽有反复，但近两年投入明显加大，通过资本运作快速进入市场，借助与领先企业的合作实现共赢发展。全球炼厂在传统项目上的资本开支明显在缩减，从油气供应商向综合能源供应商转变。Valero、Marathon Petroleum、Phillips 66、HollyFrontier、PBF Energy和Delek US，这几家公司的炼油能力占美国总炼油能力的一半。2020年以来，从以上6家代表性美国炼厂可以看出一个大趋势，美国的独立炼厂公司在大量关停自己的传统炼油厂，生物燃料获得了增量投资。传统炼厂转向生物质燃料，关停传统原油加工炼厂。从资本开支方面也可以看出，传统炼厂的资本开支更多地往生物燃料上倾斜。总体来讲，全球的炼厂结构性调整将加剧，中国的大型炼化项目陆续投产，美国等其他海外炼厂尤其是单体小、竞争力差的炼厂持续淘汰。2021年末，中国已超过美国成为全球第一大炼能的国家。

在碳中和背景下，氢气规划逐渐加速。《中国氢能产业基础设施发展蓝皮书（2016）》对我国中长期加氢站建设和燃料电池车辆的发展目标做出了规划，我国计划在2020年、2025年、2030年分别建成100座、300座和1000座加氢站，建设将由政府、产业联盟和企业共同参与。加氢站单站建设成本1200万～2000万元，以单站建设投资1500万元、单站补贴300万元计算，加氢站投资市场规模在135亿元左右，政策建设补贴在27亿元左右。

化石原料方面我国用氢达数千亿吨规模，年需求量达千万t级。2017年需求量和产量分别为1910万t和1915万t，均居世界首位。主要用在提炼原油；对人造黄油、食用油等其他产品中的脂肪氢化；在玻璃及电子微芯片制造中去除残余的氧；用作合成氨、甲醇、盐酸的原料；冶金用还原剂；由于氢的高燃料性，航天工业使用液氢作为燃料等。汽车后续潜力大，年需求量将达百万吨级，随着用氢规模扩大以及技术进步，用氢成本将明显下降，根据中国氢能联盟预计，未来终端用氢价格将降至 25～40 元/kg。同时燃料电池和电池零部件的更新发展将进一步推动氢能源汽车发展，汽车氢能需求将有极大的上升空间。

1.3.5　交通行业

据国际能源署统计，2018 年我国碳排放量已达到 95.71 亿 t，其增速在 2014 年达到峰值 16.34% 后进入缩窄通道，2015—2018 年三年复合增长率为 1.56%。其中交通运输碳排放量为 9.25 亿 t，占碳排放总量的 9.66%。从运输方式看，交通运输碳排放结构可大致分为道路、航空、铁路、水运四类，其中道路作为主要成分在 2018 年以 7.56 亿 t 占交通运输碳排放的 81.77%，而航空、铁路、水运碳排放占比分别为 10%～13%、2%～3%、6%～11%。目前这四种运输方式新能源化的程度不一，货运场景或为减排关键。

随着新能源汽车行业展现出强劲的发展趋势，各类汽车厂商争先进入这一行业。各厂商应跟进填补需求，销量结构趋于合理。另外，技术进步能持续推进节能减排，市场维持低饱和以构建成长空间。展望未来，技术端将持续进步响应节能减排，而市场需求端的低饱和将为新能源乘用车的渗透创造良机。技术端主要从轻量化材料、混动推广、锂电池大规模量产三个方面实现进一步节能减排。其中轻量化材料方面将推广铝合金、镁合金、碳纤维材料等的应用；混合动力技术可避免当前电池技术下存在的续航焦虑从而加速新能源汽车普及，将在电动汽车全面覆盖前充当节能减排的重要角色，据中国汽车工程学会《节能与新能源汽车技术路线图 2.0》预测，电动汽车将在 2035 年全面替代传统燃油车；锂电池方面将逐步进入大规模量产，一方面持续优化当前电池材料体系，另一方面研发新型电池解决续航焦虑痛点以满足市场需求。市场需求端，得益于庞大的乘用车保有量上升空间，新能源乘用车加速渗透趋势确定性高。以 2019 年的数据为例，我国千人乘用车保有量 173 辆，仅为美国 845 辆的 20.47%、日本 575 辆的 30.09%、欧盟 423 辆的 40.90%，随着技术迭代与政策持续推进，新能源乘用车将加速渗透。

货运场景为道路节能减排的关键，技术突破与应用场景优化为两大方向。展望未来，由于客运场景电气化发展程度相对较高、改善空间相对较小，货运场景将成为道路节能减排边际改善的关键。从技术层面看，由于锂电池难以满足货运场景需求，因此货运节能减排技术将集中在燃油与燃料电池两个方向。一方面，燃油效率的提升将在当前技术进步难度较大的时期帮助减少货运途中能耗浪费；另一方面，燃料电池的发电效率、储氢能力等指标存在较大的提升空间，虽技术发展方向明确，但起步阶段突破难度与成本双高，而理想状况下的性能决定燃料电池为高能耗货运场景新能源化的中长期解决方案。应用端，一方面数字化线路、智能驾驶等软件技术的提升可提高公路货运效率，直接减少道路及整体碳排放；另一方面，通过"公转铁"、"公转水"调整货运结构可使货运需求在更绿色的渠道释放，从而间接减少道路及整体碳排放。随着政策推动新能源汽车市场化、创新化，长期来看道路场景预计率先实现完全新能源驱动，为实现碳中和奠定基础。

新能源技术尚不成熟，生物质燃油与运营优化为主要绿色化方向。与相对成熟并已实现量产的新能源汽车不同，民航新能源技术完成度较低，且技术突破难度较高，而除从技术上替换传统航空燃油外仅可在运营过程中寻求减排机会。技术层面上，航空燃料的替代品主要有生物质燃油、氢能与电能三类,而经综合对比采用生物质燃油可行性最优。

　　未来全程电气化确定性高,吸收公路货运需求间接节能减排。图 1-5 为我国铁路运营里程结构。随着电气化铁路逐步渗透,全程电气化具备可行性,未来脱碳在各运输方式中确定性较强。展望未来,得益于较高的电气化率以及远低于公路货运的能耗水平,铁路或将以"公转铁"的形式承担公路的部分货运需求,从而避免部分货车新能源化程度较低导致的高排放,间接实现整体上的节能减排。另一方面,货运过程对时效与覆盖地区存在一定要求,而高铁可实现比公路运输更高的时效,同时复线铁路可实现更高的运营效率以容纳更多需求。2020 年我国高铁运营里程以 3.79 万 km 占铁路运营里程的 25.91%,且最近三年复合增长率高达 14.88%,远高于铁路运营里程水平;而复线里程达 8.70 万 km,最近三年复合增长率高达 6.53%,略高于铁路运营里程水平,复线率为 59.50%。随着高铁网络深入渗透、铁路复线率逐步提升,铁路对货运需求的处理能力预计逐步增强,为交通运输网络长期节能减排奠定基础。

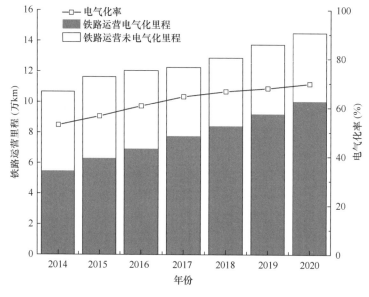

图 1-5　我国铁路运营里程结构

数据来源:Wind、国泰君安证券研究所。

　　电动技术支持短途轻量运输,长途货运采用液化天然气实现可行。在节能减排的途径上,以清洁能源代替传统燃油为主要方向。航运的清洁能源主要包含电能、氨、氢、液化天然气四种,其中电动船在技术上已实现,但受制于当前技术环境下的电池能量密度,仅适用于运距较短、运输需求平均吨位较小的内河运输。

　　"公转水"与能效优化可在技术迭代前辅助减排。除替代传统燃油外,"公转水"与能效优化为航运节能减排的辅助方向。一方面,水运单位能耗大幅低于公路运输,可通过"公转水"分担部分公路货运,从而间接实现整体减排;另一方面,船舶能效优化方案中的 EEDI、SEEMP 经 CE Delf & UMAS 测算可实现最高减少 8% 的碳排放,在清洁能源替换落地之前可达到部分节能减排的目的。

1.3.6 环保行业

碳排放是导致全球气温升高的主要原因，气温持续升高对人类的生存和发展产生了严重威胁。为了积极应对气候变化，保护人类的家园，实现可持续长期发展，需要实现碳中和。环保行业在碳中和背景下，对碳监测、负碳技术、垃圾分类处理、城市水系统碳减排等途径的要求明显提升。

1. 碳监测

碳监测主要指对二氧化碳等温室气体排放量进行监测与核算。目前国际上主要存在两种监测温室气体排放量的方法，即核算法和测量法。核算法主要通过燃烧原料的量计算温室气体排放量，而测量法主要通过使用烟气在线监测系统（CEMS）直接测量温室气体排放量。

碳排放的监测与核算是实现碳中和的基本要求。2021年3月25日，国家发展和改革委员会资源节约和环境保护司召开碳排放核算专家座谈会。与会专家一致认为，建立统一规范的核算体系、摸清碳排放"家底"，是做好碳达峰、碳中和工作的当务之急，也是开展碳达峰前景分析的基本要求。资源节约和环境保护司还将组织有关机构和专家研究提出科学合理、简明适用的碳排放核算要求，明确核算边界与核算方法，指导各地区各行业扎实开展碳排放摸底和碳达峰前景分析。

使用CEMS测量法在精度上具有一定优势，未来有望得到推广。传统核算法由于各种类型锅炉燃烧煤炭效率不同、人为干扰多等原因，存在一定的误差。而研究表明，使用CEMS测量法通过直接测量烟气流速、CO_2浓度和湿度等参数即可得到温室气体排放量，相较核算法而言，数据精确度有明显提升。同时随着技术的进步，以及大规模使用后产生的规模效应，单套设备的成本有望下降。目前欧盟同时使用核算法和测量法，而美国主要使用测量法。我国在发展环保产业时参考欧美的环保经验较多，未来在精度和成本的驱使下可能将CEMS作为主要监测方法。

2. 负碳技术

负碳技术是实现碳中和的必要条件。碳汇是指通过植树造林、森林管理、植被恢复等措施，利用植物光合作用吸收大气中的二氧化碳，并将其固定在植被和土壤中，从而减少温室气体在大气中浓度的过程、活动或机制。土壤是陆地生态系统中最大的碳库，在降低大气中温室气体浓度、减缓全球气候变暖中，具有十分重要的独特作用。有关资料表明，森林面积虽然只占陆地总面积的1/3，但森林植被区的碳储量几乎占到了陆地碳库总量的一半。

碳中和背景下生态修复和园林绿化需求将会持续提升。由于国家对生态环境治理的重视，我国生态修复和园林绿化行业在过去10年实现了快速发展。碳汇是实现碳中和目标的必要手段，不仅可以吸收温室气体，而且对保护环境有巨大的作用，未来生态修复和园林绿化行业都将得到快速的发展，市场规模有望迅速扩大。

碳捕获、利用与封存（CCUS）技术，即把生产过程中排放的二氧化碳进行提纯，继而投入到新的生产过程中进行循环再利用或封存。目前我国对CCUS技术的研发和示范给予了积极的关注，在国家气候变化相关规划文件中也明确提出加强CCUS技术的开发。目前我国开展CCUS试点项目的行业涉及火电、煤化工、水泥和钢铁行业。发达国家日益重视CCUS技术的规划与应用，美国、英国、加拿大等国家不仅将CCUS视为推动传统产业结构调整与优化的重大减排技术，更瞄准该技术未来可观的市场效益。负碳技术是实现碳中和的必要技术，CCUS技术的研发有望得到政策和资金支持，同时希望CCUS技术的进步能够带来成本的降低。

3. 垃圾分类处理

垃圾分类处理对实现碳中和目标具有积极影响。垃圾分类处理，即提高垃圾资源化比例、减少碳排放。上游端的垃圾分类可以通过分类投放、收集，将可回收的资源（塑料、橡胶、金属等）从垃圾中分离出来，实现更高效的资源化。同时，对干湿垃圾进行分类，从而提高垃圾焚烧的吨垃圾发电量，提高能效。下游端的垃圾焚烧发电可以对垃圾进行有效的减量化、无害化、资源化处理。与垃圾填埋相比，垃圾焚烧可以有效减少占地面积并降低土地二次污染的风险。与火力发电相比，焚烧发电用焚烧余热代替化石燃料从而在一定程度上减少了温室气体排放。

4. 城市水系统碳减排

在全球变暖导致极端天气事件频发、生态系统退化的背景下，国际社会积极采取行动，应对气候变化。城市水系统包括污水处理单元、污泥处理单元、供水单元与管网单元。按碳排放方式分为直接排放和间接排放，污水处理过程直接排放通常是生化反应过程中的释放；间接排放主要包括物耗、电耗、运输过程排放以及废水排污过程排放。污泥处理与处置过程直接排放主要是厌氧消化和堆肥；间接排放主要包括卫生填埋、土地利用和焚烧。供水系统直接排放包括两类，第一类为材料运输活动中燃油消耗产生的碳排放，需运输材料主要为净水处理所需的化学试剂等；第二类为净水过程中生化反应产生的碳排放。供水系统间接排放也包括两类，净水处理需要消耗化学试剂，生产这些化学试剂造成的碳排放为物耗间接碳排放；各种机械设备活动需要消耗电能，机械设备主要包括增压输水或提升水头时用到的水泵、曝气时用到的鼓风机、生物处理时用到的搅拌机等。管网主要为间接排放。

联合国数据显示，全球污水处理碳排放量大约占全球碳排放量的2%。污水处理过程中碳排放主要来源于投放药剂和氧化过程中产生的二氧化碳与水泵耗能。因此为了减少碳排放，降低污水处理能耗和物耗至关重要。污水处理系统实现碳中和的途径主要是"开源"和"节流"。"开源"即充分利用污染物本身的能量。"节流"即保持污水处理过程的低碳运行。优化处理顺序和工艺流程，实现最小化耗能、最大化利用。具体可以通过以下几种途径实现：在污水处理单元中，提升泵和曝气系统是主要的耗电设备，可针对此类高耗电设备采取合理的节能措施，实现碳减排目标；对于污水处理厂，要逐步淘汰落后的处理工艺，选择处理效率高、设备先进且运行成本低的工艺，以降低污水处理能源强度，实现污水处理的低碳运行；可利用人工智能等技术对进水的实时水质水量等基础数据进行监测，形成最优的算法模型，再对加药系统、曝气系统、污泥回流系统进行精细化控制，减少运行过程中的药耗及能耗。

污水处理厂虽然是高耗能行业，但同时也是潜在的能源工厂，如污水的余热、污泥厌氧消化产生的沼气、可回用的中水、污水处理厂出水的水力、利用光伏发电模块补偿污水处理厂的电力消耗等，这些可观的可回收资源是污水处理厂实现碳中和运行的客观条件。根据能量来源的不同，污水处理厂能源利用技术大致分为污泥利用、污水利用以及自然能源利用。污泥利用主要是剩余污泥与有机固体废弃物混合厌氧共消化，提高沼气产量，再通过热电联产方式回收热能和电能。污水利用主要通过水源热泵交换回收和传输污水余温，为厂区甚至水厂周边生活区进行供暖或者制冷，具有非常大的碳补偿潜力。自然资源利用是通过风力发电或太阳能发电，来弥补污水处理厂的能源消耗，但自然资源的利用受到种种条件限制，因此自然资源利用的碳补偿能力还不是主流。

1.4 碳中和路径及对我国的启示

1.4.1 欧盟

1. 碳中和发展历程

欧盟在全球可持续发展潮流中一直是引领者，当前欧盟已将碳中和目标写入法律。2020年3月，欧盟委员会发布了《欧洲气候法》，以立法的形式确保达成到2050年实现气候中性的欧洲愿景，从法律层面为欧洲所有政策设定了目标和努力方向，并建立法律框架帮助各成员国实现2050年气候中和目标，此目标具有法律约束力，所有欧盟机构和成员国将集体承诺在欧盟和国家层面采取必要措施以实现此目标的义务。

在此之前，欧盟就已开始推动碳减排立法工作。2008年1月至12月，为实现2020年气候和能源目标，欧盟委员会通过了"气候行动和可再生能源—揽子计划"法案，内容包括欧盟排放权交易机制修正案、欧盟成员国配套措施任务分配的决定、碳捕获和储存的法律框架、可再生能源指令、汽车二氧化碳排放法规和燃料质量指令，由此形成了欧盟的低碳经济政策框架。该计划是最早具有法律约束力的欧盟碳减排计划，被认为是全球通过气候和能源一体化政策实现减缓气候变化目标的重要基础。2020年1月15日，欧盟委员会通过了《欧洲绿色协议》，提出欧盟到2050年实现碳中和的碳减排目标，也为后来《欧洲气候法》的出台和将碳中和目标写进法律做好了铺垫。此外，《欧洲绿色协议》设计出欧洲绿色发展战略的总框架，行动路线图涵盖了诸多领域的转型发展，涉及经济领域的措施尤其多，包括能源、建筑、交通及农业等领域。

2. 碳中和路径

欧盟拥有全球最成熟的碳排放交易系统，依照双线监管框架进行碳排放管理。欧盟碳排放交易系统（EU—ETS）成立于2005年，是世界上第一个国际碳排放交易体系，也是全球最主要和规模最大的碳交易市场。欧盟自2005年引入EU-ETS，其一直是欧盟节能减排的重要基础。EU-ETS是限额交易系统，该系统允许对排放配额进行交易，从而使总排放量保持在上限之内，这一上限将伴随时间推移逐步下调，以保障欧盟可以顺利实现阶段性的减排目标。

设立碳税，以驱动欧洲各国积极减排。欧盟碳税起步早、机制全面。1990年，芬兰成为全球第一个推出碳税的国家，随后波兰、瑞典、挪威、丹麦等也都相继实施全国范围内的碳税，几乎所有欧洲国家的碳税均实现了对重排放行业的覆盖。欧洲碳税趋严，碳税价格上涨，豁免逐渐减少。从碳税出台至今，欧洲各国碳税整体呈上升趋势。部分国家制定了碳税提升目标，通过税率提升来推动碳减排和低碳转型。欧洲各国对部分行业碳税免征都有重新调整，相应地减少或取消了豁免。在欧洲2050年气候中和的目标下，预计未来各国碳税力度将继续加大。

制定氢能战略三步走，推动欧盟能源转型。加速能源转型，推动气候友好型氢能的发展。欧盟实现气候目标的主要手段是寻找替代能源并推广其应用场景，不断以可再生能源为核心替代化石能源；提高电气化程度，发电主要转型为风电比例最大，光伏、潮汐和核能并重的模式；推进氢能、电制气技术进步，实现电力与其他能源的整合。

3. 对中国的启示

在中央集中管控的基础上，给予地方碳减排管理自主权。我国在碳减排的管理上可以借鉴欧盟中央集中管控、地方充分自主的管理模式。虽然我国的区域协调发展与欧盟国家层面的一体化存在差异，但是两者在经济要素均衡布局、区域间环境治理协同合作等方面具有极大的相似性，因此，欧盟环境治理的政策法规建设将给我们以启示，并且欧盟一体化进程中的区域联盟经济发展差异和治理碎片化等问题也值得我国在推动政策实施的过程中警醒和改进。

灵活设置碳税以及税率，并考虑企业的国际竞争力。碳税对我国不同地区的减排作用及对经济的影响程度不同，征收碳税时要考虑差别税率。中西部地区如山西以采掘业为主，煤炭资源丰富，对这些地区实施碳税的减排效果明显，但由于征收碳税增加了企业的成本，因此会对这些地区的 GDP 增长起到明显的抑制作用。而东部地区经济发达，如广东以制造业为主，其对二氧化碳排放的贡献不大，所以碳税的实施对东部地区的减排作用有限。

寻找替代能源，大力发展氢能。建设脱碳社会，加快推进氢能产业技术研发和产业化布局。当前，我国氢气生产利用主要在以石化行业为主的工业领域，以"原料"利用为主，"燃料"利用为辅。目前，氢能产业已成为我国能源战略布局的重要部分，重点加快建设西部北部太阳能发电、风电基地和西南水电基地，因地制宜发展分布式清洁能源和海上风电，补上煤电退出缺口，以满足新增用电需求。2020 年，氢能被纳入《中华人民共和国能源法》（征求意见稿）。2021 年，氢能列入《国民经济和社会发展第十四个五年规划和 2035 年远景目标纲要》未来产业布局。

1.4.2 德国

1. 碳中和发展历程

德国的碳中和法律体系具有系统性。21 世纪初德国便出台了一系列国家长期减排战略、规划和行动计划，如 2008 年《德国适应气候变化战略》、2011 年《适应行动计划》及《气候保护规划 2050》等。在此基础之上，德国政府又通过了一系列法律法规，如《联邦气候立法》《可再生能源优先法》《可再生能源法》及《国家氢能战略》等，其中 2019 年 11 月 15 日通过的《气候保护法》首次以法律形式确定了德国中长期温室气体减排目标，包括到 2030 年时应实现温室气体排放总量较 1990 年至少减少 55%。此外，为进一步落实具体行动计划，德国政府于 2019 年 9 月 20 日通过了《气候行动计划 2030》，计划对每个产业部门的具体行动措施进行了明确规定。因为对碳减排的重视，德国早在 1990 年就实现了碳达峰。从 2000 年到 2019 年，德国的碳排放强度从 8.544 亿 t 降到 6.838 亿 t，降幅近 20%。

2. 碳中和路径

德国的碳中和路径具有强有力的法律保障和完备的监管机制。其政策首先注重对碳定价的政策设计，这是基于德国总体经济利益和确保其长期竞争力的考虑而制定的。通过碳定价激励企业采取积极措施主动开展碳减排，并将碳减排纳入与企业经营绩效直接关联的实际测量。德国对气候保护的产业政策和技术研发给予积极的财政投入，从整个经济系统、能源系统和科技系统拉动企业采取措施，积极响应碳减排的战略目标。德国联邦《气候保护法》可确保《气候行动计划 2030》在实施过程中实现最大限度的公开透明。该法律对所有部门均规定了年度温室气体排放限值，并每年计算各行业温室气体排放水平，由独立的气候问题专家委员会负责审查数据，超过限值将会受到相应处罚。

3. 对中国的启示

我国需要吸取德国碳中和的经验，建立系统的政策体系和完备的监管机制达到减排落地的目的。政策性的减排目标必须依靠具有强制约束力的法律保障和监管机制实现。我国可以参考德国通过碳定价激励企业自觉实行碳减排，将企业碳减排与企业经营相结合，促使企业主动参与碳减排行动。除了制定框架性的法律之外，还应制定相应的落实行动计划和系统完备的监督管理机制，确保对设定了具体碳减排目标的各个产业部门，持续开展碳排放监测和风险评估分析。对于我国的碳减排工作而言，首先要求从企业层面到行业层面有统一强制性的数据披露和计算标准。在这方面我们还需努力，开发基于中国国情的碳排放因子和计算体系，建立我国的碳排放标准。在此基础上我国应通过持续的科技研发投入，提高能源消费效率，降低能源消耗速率，同时减少对不可再生资源的使用，加大开发清洁能源，利用新能源。与此同时，科技研发投入和技术转移需要政府和企业的实际合作，最终通过产业结构的调整实现目标。

1.4.3　英国

1. 碳中和发展历程

在应对全球气候变化、实现碳中和目标上，英国通过一系列的承诺和改革举措，在该领域保持世界领先地位。英国在 2019 年 6 月提出了《2050 年目标修正案》，正式确立到 2050 年实现温室气体"净零排放"。2020 年 11 月宣布了一项涵盖 10 个方面的"绿色工业革命"计划，包括大力发展海上风能、推进新一代核能研发和加速推广电动车等。2020 年 12 月宣布了最新减排目标，承诺到 2030 年英国温室气体排放量与 1990 年相比至少降低 68%。

2. 碳中和路径

为实现碳中和目标，英国在电力方面转变能源发电结构，加速淘汰燃煤发电，同时扩大清洁能源发电规模。英国是工业革命的发源地，1980 年以前，约有一半以上的电力供应来自煤炭。英国政府制定了到 2025 年完全淘汰燃煤发电的目标。截至 2020 年底，英国只剩余 4 座燃煤电站在运行，其中 2 座已宣布分别将于 2021 年和 2023 年停运的计划。同时，要实现 2050 年的净零碳排放目标，需要提高低碳电力的比例，可再生能源发电量需要达到目前的 4 倍，其中，风力和太阳能是核心，政府计划 2030 年海上风力发电规模扩大 4 倍。英国政府还将成立部长协调组，召集政府相关部门，监督确保可再生能源发电规模的扩大。

在政府规划方面，英国利用英国绿色投资银行私有化提高社会资本撬动比例。2016 年，为吸引私人资本参与绿色投资，英国政府启动了英国绿色投资银行的"私有化"进程，将其以 23 亿英镑出售给澳大利亚麦格理集团，并更名为"绿色投资集团"，此后通过发行绿色债券等方式筹集资本。目前，绿色投资集团除了开展传统业务，还同时开展绿色项目实施和资产管理服务、绿色评级服务、绿色银行顾问服务、绿色领域的企业兼并重组等多项新业务。

在农业技术方面，英国推动低碳农业生产技术、细化低碳农业激励政策，助力农业碳减排。英国气候变化委员会提出了三个层面以技术为关键杠杆的方法框架。一是通过多种措施，实现提高农业生产力的同时减少碳排放；二是种植树木，保护和修复土壤，增强农田的碳吸收能力与储量；三是增加可再生能源和生物能源的使用，以及通过自行种植芒属植物等生物能源作物，实现能源的自给自足。此外，英国还在尝试通过增加市场激励措施的方式，鼓励农业从业者更积极参与，并支持更多在环境土地管理方面的市场投资。

3. 对中国的启示

在电力方面要加快各领域深度脱碳，转变能源发电结构。全面推进能源生产脱碳。加快建成以特高压电网为骨干网架、各级电网协调发展的中国能源互联网和统一高效的全国电力市场，发挥大电网、大市场在资源配置中的决定性作用，全面加快太阳能、风能、水能等清洁能源和储能跨越式发展，以光、风、水储输联合方式实现能源大范围经济高效配置，从而满足经济社会发展需求。全面推进能源消费脱碳。大力深化各领域电能替代，构建以清洁电力为基础的产业体系和生产生活方式，摆脱煤、油、气依赖。工业领域加快钢铁、建材、化工等高耗能行业电气化升级，大幅提高能源利用效率，建立绿色低碳发展的工业体系。这种多能互补、广域平衡、清洁高效的能源发展方式，将打破能源供给的资源约束和时空约束，充分利用资源差、负荷差、电价差，推动能源结构布局优化和效率效益提升，实现全面脱碳转型。

在政府规划方面创新绿色金融，大力投资绿色技术。我国应围绕碳中和目标，满足低碳、零碳项目的巨大融资需求。未来的绿色金融体系需要在界定标准、披露要求、激励机制和产品创新等领域进一步与应对气候变化的要求接轨。另外，未来支持碳中和所要求的大量绿色科技的创新和运用，必须大力推动支持绿色技术的金融体系建设。碳中和目标带来绿色低碳投资需求，动员和组织社会资本开展绿色投资的绿色金融体系在实现碳中和的过程中将发挥关键的作用。

在农业技术方面推动农业碳减排，顶层设计尤为重要。农业作为我国第一产业，是重要的温室气体排放源，农业碳减排不容忽视。为此，我国需要进行更加系统周密的计划，以确保农业能够实现兼顾经济和环境的可持续发展。农业碳减排应注重农业技术创新和政策引导的共同作用，积极开发有利于碳减排的创新农业技术和碳排放计算工具，提升农业生产者的参与积极性。政府应开展顶层规划，发挥政策引导作用，同时也需要相关企业和技术研究机构、农业相关的产业发展机构、农民群体等多方协同，在低碳农业实践中创新技术方法，释放农业助力碳中和的潜能。

1.4.4 美国

1. 碳中和发展历程

长期以来，美国在碳中和目标上态度不明、表现反复无常，但最近美国新政府正在转变态度及做法，继先后退出《京都议定书》《巴黎协定》之后，2021 年 2 月约瑟夫·拜登就任总统后，美国重新加入了《巴黎协定》，加入了碳减排行列，积极参与落实《巴黎协定》，承诺 2050 年实现碳中和。在州层面，目前已有 6 个州通过立法设定了到 2045 年或 2050 年实现 100％清洁能源的目标。

2. 碳中和路径

美国绿色基建预计将于 2022 年落地，顶层设计或通过行政命令落地。这也是美国碳中和路径的主要做法之一。美国在州层面已经有个别较为完整的碳减排制度和碳交易体系，新的联邦政府试图在政策上弥补这一缺失。新政府在 2021 年度公布了名为《重建美好复苏计划》的基建计划。最终的建设方向和构成将与此前 4 年 2 万亿美元的基建方案一致，仍以新能源为主要建设领域，此外可能还含有经济保障房、油井改造或替代计划等措施。

3. 对中国的启示

对于美国的碳中和政策，我们要做到取其精华，去其糟粕。我国碳中和应做到加强顶层设计，不断健全完善法规政策体系。根据国家"十四五"规划要求，明确温室气体减排关键领域，加快研究低碳发展整体战略，统筹制定我国碳达峰及碳中和的总体路线图。推动在 2030 年前将二氧化碳排放管控立法，并严格实施温室气体减排控排目标责任制。

除此之外，我国也应优化能源结构，提高清洁能源比重。大力开展能源革命，积极进行能源行业供给侧结构性改革，努力构建清洁低碳安全高效的能源体系。继续减少煤炭消费，合理发展天然气，安全发展核电，大力发展可再生能源，积极生产和利用氢能。提高各经济部门的电气化水平，加强能源系统与信息技术的结合，实现能源体系智能化、数字化转型。

构建完整的低碳技术体系，促进低碳技术研发和示范应用。分行业梳理低碳技术，重点在电力行业及工业领域，充分利用电气化、氢能、生物质能源等配合 CCUS 技术逐步实现电力行业以及钢铁、水泥等工业领域的脱碳。在能源供应方面，深入研究推动天然气以及多种可再生能源的发展与应用，以满足新增能源需求。对于基本成熟的技术，如超临界技术，要推进其商业化成熟应用。推动成熟度尚未达到商业运用程度的技术进一步推广示范，争取尽早趋于成熟而商业化。对于诸如光伏电池、第四代核电站等技术，争取尽快攻关突破、研发成熟，尽早开展大规模示范应用。

1.4.5　中国

1. 碳中和愿景

2020 年 9 月 22 日，国家主席习近平在第七十五届联合国大会一般性辩论上提出，中国将提高国家自主贡献力度，采取更加有力的政策和措施，二氧化碳排放力争于 2030 年前达到峰值，努力争取 2060 年前实现碳中和。根据《世界能源统计年鉴 2020》，中国是全球最大的源能消费国和全球第一大碳排放国（见图 1-6），能耗和二氧化碳排放量分别约占全球的 24.27％和 28.76％，单位国内生产总值（GDP）碳排放强度约为世界平均水平的 3 倍，对全球碳达峰与碳中和具有至关重要的作用。

中国的碳达峰与碳中和目标，不仅是全球气候治理、保护地球家园、构建人类命运共同体的重大需求，也是中国高质量发展、生态文明建设和生态环境综合治理的内在需求。改革开放以来，中国经济保持平稳快速发展，但是我国目前发展高投入、高消耗、高排

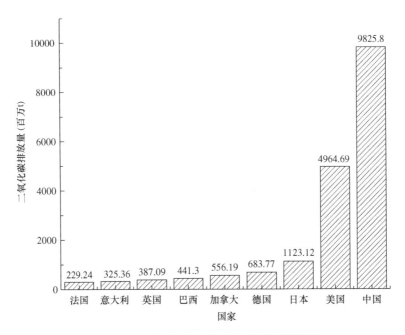

图 1-6　2019 年全球主要国家二氧化碳排放量

资料来源：根据《世界能源统计年鉴 2020》和中国碳核算数据库（CEADs）计算得出。

放、低产出、少循环、不可持续的特征依然明显，生态资源保护和环境污染治理所面临的形势日益严峻。

在实现碳中和的道路上，我国要比欧美国家面临更大的挑战。第一，从碳排放总量看，我国碳排放总量约为美国的 2 倍多、欧盟的 3 倍多，实现碳中和所需的碳排放减量远高于其他经济体；第二，从碳排放强度看，我国单位国内生产总值（GDP）碳排放量高于欧美等发达国家；第三，从发展阶段看，欧美已实现经济发展与碳排放脱钩，而我国尚处于经济上升期、碳排放达峰期，工业化、城市化快速发展，需统筹考虑控制碳排放和发展社会经济的矛盾；第四，从脱碳时间看，我国从碳达峰到碳中和的时间远短于美国与欧盟；第五，从规划部署看，美国与欧盟已提前部署碳中和实施路径和技术研发。

2. 碳中和路径

面对碳中和道路上的诸多挑战，实现"3060"碳达峰碳中和目标，关键在于从能源供给端、能源消费端和政策端进行组织实施，构建"三端发力"的降碳体系。

能源供给端发力。其重点是"控煤推清"，尽可能用清洁能源替代化石能源发电、制氢，构建新型电力系统或能源供应系统。目前，煤电碳排放占能源碳排放总量的 40%，控煤电是碳达峰的最重要任务。重点要控总量、调布局、转定位。同时推动清洁能源发展，加快建设西部北部太阳能发电、风电基地和西南水电基地，因地制宜发展分布式清洁能源和海上风电，补上煤电退出缺口，以满足新增用电需求。预计到 2028 年，我国清洁能源装机量将达到 21 亿 kW，年均新增太阳能发电 7000 万 kW、风电 5200 万 kW、水电 1600 万 kW。

能源消费端发力。重点是实施"两化"，即电气化和高效化。首先，提高终端电气化水平。在终端用能领域，压控油气消费增速，加快实施电能替代，有效抑制油气消费过快增长，是实现碳达峰的重要举措。在工业、交通、建筑等领域，大力推广电锅炉、电动汽车、港口岸电、电供暖和电炊具等新技术、新设备，积极发展电制氢、电制合成燃料，加快以清洁电能取代油和气，有效控制终端油气消费增长速度。其次，推动终端用能高效化发展。推进各领域节能，提高能源使用效率，是降低能源强度、促进碳减排的重要手段。目前，我国单位国内生产总值（GDP）能耗约为经合组织国家平均水平的3倍，节能空间很大。积极推广先进用能技术和智能控制技术，提升钢铁、建筑、化工等重点行业用能效率。利用以上两点，力争在居民生活、交通、工业、农业、建筑等绝大多数领域中，实现电力、氢能、地热能、太阳能等非碳能源对化石能源消费的替代；研发用能技术和智能控制技术，提高终端用能领域的能耗效率。

人为固碳端发力。即通过技术创新实现"减碳、固碳"，逐步达到碳中和。重点是通过生态建设、土壤固碳、碳捕获封存等组合工程去除不得不排放的二氧化碳。首先通过生态建设、土壤固碳，实施减碳。加大绿色碳汇，加大森林城市、城镇创建力度，建设城市绿道绿廊，实施"退工还林"，大力提高城市建成区绿化覆盖率。其次要加大碳捕获、利用与封存技术（CCUS）的研究力度，降低CCUS技术成本，重点针对电力、钢铁、水泥等行业，逐步推广商业化，完成能源体系减排最后一公里。

1.5　本章小结

首先介绍了碳中和的基本概念。随着温室效应对全球气候变化的影响越来越明显，全球变暖带来了诸多环境问题。为了实现气候中和的状态，需要减少向大气排放温室气体，并积极从大气环境中吸收和去除温室气体，以实现温室气体的净零排放。"碳中和"就是二氧化碳排放量的"收支相抵"。

其次从国家层面介绍了欧盟、日本、美国、英国和中国等国家和地区的碳中和战略。欧盟提出了2050年实现碳中和的愿景，并颁布了《欧洲绿色新政》协议，涉及多部门的变革以及重点领域的技术需求。日本计划在2050年实现温室气体"净零排放"，为此发布了"绿色成长战略"，将在重点领域推进碳减排。美国计划在2035年通过向可再生能源过渡实现无碳发电，到2050年实现碳中和。碳中和过程涉及几乎所有行业，英国通过政府干预助力实现2050年温室气体"净零排放"目标。

再次从行业层面介绍了我国在电力、水泥、化工、交通、环保等行业的碳中和目标和实现路径。其中重点介绍了环保行业的碳监测、负碳技术、垃圾分类处理和城市水系统碳减排的技术和产业政策等。

最后总结了欧盟、德国、英国、美国等国家和地区的碳中和路径，以及对我国碳中和的启示。我国在实现碳中和的道路上面对诸多挑战，需要从能源供给端、能源消费端和政策端进行协调和系统组织，才能实现"3060"碳达峰碳中和的目标。

第 2 章　城市水系统概述

2.1　城市水系统与水循环

2.1.1　城市水系统与水循环构成

城市水系统由城市的水源、供水、用水和排水四大要素组成，集城市供水的取水、净

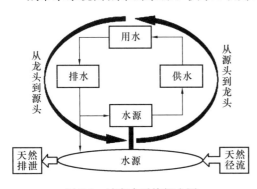

图 2-1　城市水系统概念图

化和输送，城市排水的收集、处理和综合利用，以及城区防洪排涝为一体，是各种供水排水设施的总称，如图 2-1 所示。城市水系统是城市复杂大系统的重要组成部分，是水的自然循环和社会循环在城市空间的耦合系统，涉及城市水资源开发、利用、保护和管理的全过程。城市水系统结构框架如图 2-2 所示，主要包含水源取水设施、给水处理设施、供水管网、终端用水单元、排水管网、污水处理设施、排放和再生利用设施等供水排水设施。

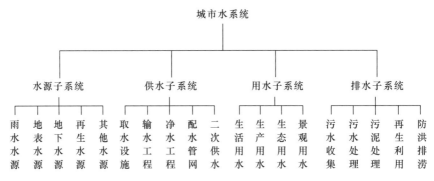

图 2-2　城市水系统结构框架

城市水循环是发生在城市区域内，以自然水循环为基础、社会水循环为主导的循环过程，两者的耦合便构成了城市水（循环）系统，如图 2-3 所示。其中，蒸发、降水、径流、下渗是自然水循环过程的 4 个主要环节，是城市区域内的气象水文过程；水源、供水、用水、排水是社会水循环过程的 4 个主要环节，其循环路径是"从源头到龙头"，最终又回到了"源头"，涉及城市水资源开发利用保护的全过程。以上两个过程 8 个环节耦合构成的水循环途径，在很大程度上决定着城市区域的水量平衡和水质状况，同时也受流

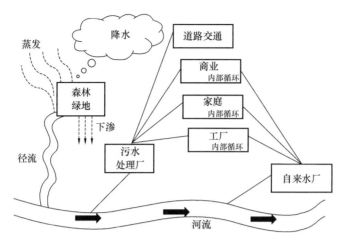

图 2-3　城市水循环系统示意图

域水资源的补给、径流、排泄和流域水环境条件的共同影响。

2.1.2　城市水系统现状及问题

我国是一个干旱、缺水严重的国家，浪费、污染和利用不合理等因素导致水资源总量减少。如图 2-4 所示，我国水资源总量，2016 年为 32466.4 亿 m³，2019 年为 29041 亿 m³，较 2016 年减少 3425.4 亿 m³。随着我国开始实行严格的水资源管理保护制度和国民节约用水意识的提高，2017 年以来，我国用水总量和人均用水量均持续下降。如图 2-5 所示，2015 年用水总量达到 6103.2 亿 m³，人均用水量为 445.09m³/人；2019 年用水总量为 6021.2 亿 m³，人均用水量为 431m³/人。自 2016 年以来，我国新水取用量、工业用水重复利用量逐步增加，其中 2018 年工业用水重复利用量较 2017 年增长 4.2%，2019 年较 2018 年增长 6.1%，2018、2019 年节约用水量均在 50 万 m³ 左右。

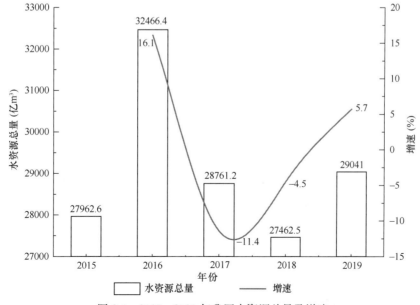

图 2-4　2015—2019 年我国水资源总量及增速

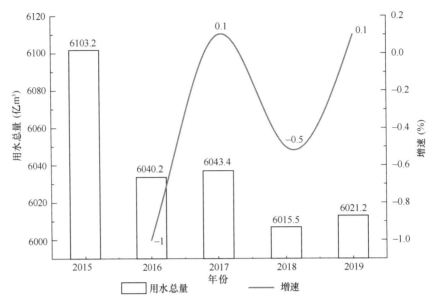

图 2-5　2015—2019 年我国用水总量及增速

截至 2019 年，我国共建成 2471 座污水处理厂，其中以广东 301 座为最多，西藏 9 座为最少，存在污水处理设施分布不均匀的问题。污水日处理能力为 17863 万 m^3，年污水处理率可达 96.81%。我国污水处理设施不足已不再是排水系统的主要问题。

截至 2019 年，我国供水管道长度达 92 万 km，供水总量为 628 万 m^3，供水普及率达 98.78%。全国范围内共计 2939 座供水厂，其中以山东 286 座为最多，青海 11 座为最少。我国 660 多个城市中，基本每个城市都有自己的供水厂，但仍存在一定的缺水现象。

城市缺水有三种基本类型：工程型缺水、水质型缺水、资源型缺水。工程型缺水是指因取水、供水工程设施不足而导致城市出现缺乏用水的紧张状况。水质型缺水是指因城市水源被污染失去利用价值导致城市水源不足，出现供水紧张的状况。水量型缺水是指现有的水资源量不足以支持城市的需水量而发生的供水、用水的紧张状况。全国人大常委会执法检查组《关于检查〈中华人民共和国水污染防治法〉实施情况的报告》中指出"随着工业的快速发展、城市人口的增加和人民群众生活水平的提高，污水排放量逐年增加，从总体上看，水环境恶化趋势尚未得到根本遏制，治理污染的速度赶不上污染增加的速度，污染负荷早已超过水环境容量，同时水资源短缺的矛盾日益加剧，资源型缺水与水质型缺水并存，已经制约了经济社会的可持续发展，危及人民群众身体健康和生产、生活"。

我国城市缺水的原因主要有：供水管网和用水器具漏失严重；工业用水效率偏低，用水工艺落后；城市供水环境受污染程度日益严重，城市水域受污染率最高达 90% 以上，不少城市供水水源受到威胁。

2.1.3　城市水系统综合规划

城市水系统规划是实施水安全战略、落实城市规划目标和任务、促进水系统健康循环的重要手段。我国现行的城市涉水规划体系呈现出专业分工、部门分管和系统分割的显著特征，如与水利、环境、市政等专业学科相对应，水利部门有水资源综合规划，环保部门有水环境保护规划，住建部门有供水、排水、防涝工程规划等，这些规划的实施对于促进我国城市供水排水设施建设具有重要意义。

将城市水系统综合规划作为城市规划体系中的一个综合性的专项规划，具有理论的合理性、现实的必要性和实施的可行性。在规划层级的定位上，城市水系统综合规划主要受三个上位规划的约束并与其协调，并对下位的其他水系统专项规划起指导、统筹和约束作用。城市水系统综合规划的主要任务如图2-6所示。

城市水系统综合规划更加强调从宏观层面对水系统及其基础设施进行总体部署，并统筹协调各子系统之间的关系。为此需要把握以下几个原则：整体性原则，要求从城市水循环的角度整体考虑水量的输配、水质的变化、设施的布局与协调；前瞻性原则，即基于远期目标的近期与远期相协调的原则；差异性原则，应根据城市个体的差异，有针对性地开展规划，通过系统的手段解决城市面临的主要水问题；动态性原则，城市水系统综合规划应在服务范围、用水指标、涉水设施用地面积、雨洪利用、水系结构等方面留有一定弹性空间；科学性原则，城市水系统综合规划应顺应自然、重视生态，避免不顾当地的客观条件和实际需求，盲目提出过高的目标和不切实际的要求。

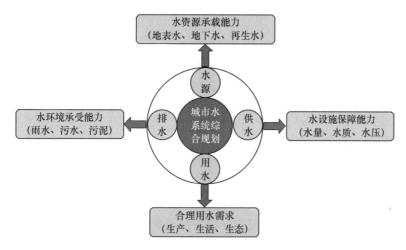

图2-6 城市水系统综合规划主要任务示意图

2.2 城市给水系统的结构与功能

2.2.1 城市给水系统的结构

给水系统是由取水、输水、水质处理和配水等各关联设施所组成的总体，一般由原水取集、输送、处理和成品水输配的给水工程中各个构筑物和输配水管渠系统组成。因此，大到跨区域的城市调水工程，小到居民楼房的给水设施都可以纳入给水系统的范畴。

按照供水任务和工作目标，给水系统必须能完成以下工作：从水源取得符合一定质量标准和数量要求的水；按照用户的用水要求进行必要的水处理；将水输送到用水区域，按照用户所需的流量和压力向用户供水。对应的工程分别为取水工程、输水工程、净水工程和配水工程。各组成部分相对应的工程设施主要有取水构筑物、水处理构筑物、输水管渠、配水管网和调节构筑物等。

(1) 取水构筑物：从特定的水源取水，并送往水厂。

(2) 水处理构筑物：处理从取水构筑物输送来的水，以满足用户对水质的要求。

(3) 输水管渠和配水管网：连接取水构筑物、水厂和用户，输送和分配水。

(4) 调节构筑物：调节供水量与用水量在时间上的分布不均。

2.2.2 城市给水系统的功能

给水厂是城镇供水的生产工厂，按照水源不同，分为地下水和地表水两类水厂。地下水厂的处理工艺较简单，一般只经消毒处理即可。若地下水中所含铁、锰或氟超标时，还需进行除铁、除锰或除氟处理等。地表水厂也叫净水厂，其常规处理工艺为原水—混凝—沉淀（澄清或气浮）—过滤—消毒。主要是利用物理化学作用使浑水变清并去除致病菌，使水质达到生活饮用水水质标准。由于水源水质的千差万别，所以处理工艺有多种组合和选择。但过滤和消毒是不可缺少的。20世纪70年代以来，水源成分因污染变得复杂，导致常规处理工艺不能完全去除污染物，特别是有机污染物。因此，对常规处理工艺往往还应增加预处理或深度处理的工艺技术措施。

由于饮用水水质的安全性对人体健康和生活使用至关重要，因此需制定生活饮用水水质标准，作为技术法规来规范生活饮用水水质卫生和安全。生活饮用水水质标准由一系列的水质指标及相应的限值组成，主要是从人们终生用水安全来考虑的。基于三个方面来保障饮用水的卫生和安全，即：水中不得含有病原微生物、水中所含化学物质及放射性物质不得危害人体健康、水的感官性状应良好。

我国现行的饮用水水质标准是《生活饮用水卫生标准》GB 5749—2006，该标准由卫生部、建设部、水利部、国土资源部和国家环保总局提出，在中国国家标准化管理委员会组织下制定，由中国疾病预防控制中心环境与健康相关产品安全所负责起草，由卫生部归口管理，于2006年12月29日由国家标准化管理委员会和卫生部联合发布，2007年7月1日在全国正式实施。

2.2.3 城市给水系统的典型技术

城市给水系统的典型技术主要集中在输水和净水两个工程。输水工程是指从水源地一级泵房或集水井至净水厂的管道工程，或起输水作用的从水厂到城市管网或直接送水至用户的管道。在输水工程的给水管网中，配水到用户的干管和支管，称为配水管。由于配水管分布在城镇给水区内，纵横交错，形成网状，所以称为管网。管网形状取决于城镇的总平面布置。根据布置形式，可分为树状管网和环状管网（见图2-7）。树状管网投资较省，但供水安全性较差；环状管网是将管线连成环状，增加了供水可靠性，但投资明显高于树状管网。一般小城镇和小型工业企业采用树状管网，在城镇发展过程中，逐步连接成为环状管网。实际上，城镇管网多数是在中心区布置成环状管网，再以树状管网向郊区延伸。

净水工程是一个去除水中影响使用的杂质的过程。常见的典型净水方法有混凝、絮凝、沉淀、澄清、过滤和消毒等。

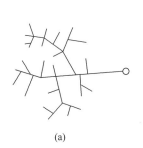
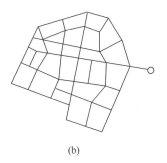

(a)　　　　　　　　　　　　　(b)

图 2-7　管网的布置形式
（a）树状网；（b）环状网

2.3　城市排水系统的结构与功能

2.3.1　城市排水系统的结构

1. 城市排水体制

在城市的生活和生产中通常需要排除生活污水、工业废水和雨水等。这些污水可采用一个、两个或两个以上各自独立的管渠系统来排除。污水的这种不同排除方式所形成的排水管渠系统，称为排水体制。现行的城市排水体制主要有合流制和分流制两种类型。

合流制排水系统按雨水、污水、废水产生的次序及处理程度的不同可分为直排式合流制、截流式合流制和完全合流制。目前常用的是截流式合流制排水系统（见图 2-8），其能够对带有较多悬浮物的初期雨水和污水进行处理，有利于保护水体，但当雨量过大时，混合污水量超过了截流管的设计流量，超出部分将溢流到城市河道，会对水体造成局部和短期污染；而且进入污水处理厂的污水，由于混有大量雨水，使原水水质、水量波动较大，势必对污水处理厂各处理单元产生冲击，这也对污水处理厂的处理工艺提出了更高的要求。

分流制排水系统分为污水排放系统和雨水排放系统。根据雨水排除方式的不同，又分为完全分流制、截流式分流制和不完全分流制。近年来对雨水径流水质的调查发现，雨水径流特别是初期雨水径流对水体的污染相当严重，因此提出对雨水径流进行严格控制的截流式分流制排水体制（见图 2-9）。截流式分流制能够较好地保护水体不受污染，并且由于仅接纳污水和初期雨水，截流管的断面小于截流式合流制，进入截流管内的流量和水质相对稳定，可降低污水泵站和污水处理厂的运行管理费用。

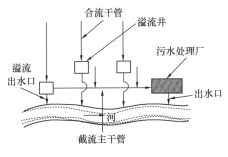
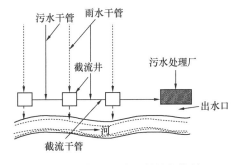

图 2-8　截流式合流制排水体制　　　　图 2-9　截流式分流制排水体制

2. 排水系统组成

排水系统是指排水的收集、输送、处理和利用，以及相关设施以一定方式组合成的总体，由排水管网、提升泵站、输送管泵、排放口或污水处理厂等组成，进行污水和雨水的传输并对其进行处理或直接排放到环境中。城市排水系统可依据排除对象不同分为城市污水排水系统、工业废水排水系统和雨水排水系统（详见第 2.4 节）。

城市污水排水系统通常是指以收集和排除生活污水为主的排水系统，包括室内污水管道系统及设备、室外污水管道系统、污水泵站及压力管道、污水处理厂、出水口及事故排出口等组成部分。

在工业企业中，用管道将厂内各车间所排出的不同性质的废水收集起来，送至废水处理构筑物。经处理后的水可再利用或排入水体，或排入城市排水系统。若某些工业废水不经处理允许直接排入城市排水管道时，就不需设置废水处理构筑物，而直接排入厂外的城市污水管道系统中。工业废水排水系统，包括车间内部管道系统及排水设备、厂区管道系统及附属设备、废水泵站和压力管道、废水处理站（厂）、出水口（渠）等。

2.3.2 城市排水系统的功能

传统观念上的排水系统是以防止雨洪内涝、排除和处理污水、保护城市公共水域水质为目的，认为污水是有害的，应尽快排到城市下游。进入 21 世纪，排水系统的定位则从以前的防涝减灾、排污减害逐步转向污水的资源化，起到回收城市污水和再生回用及畅通城市水循环的作用，从而恢复健康的水循环和良好的水环境，维持水资源的可持续利用。

（1）从环境保护方面讲，排水工程有保护和改善环境、消除污水危害的作用。而消除污染、保护环境是进行经济建设必不可少的条件，是保障人民健康和造福子孙后代的大事。

（2）从卫生上讲，排水工程的兴建对保障人民的健康具有深远的意义。

（3）从经济上讲，首先，水是非常宝贵的自然资源，它在国民经济的各部门中都是不可缺少的；其次，污水的妥善处理以及雨雪水的及时排除是保证工农业正常运行的必要条件之一。同时，废水能否妥善处理，对工业生产新工艺的发展也有重要影响。

（4）污水本身也有很大的经济价值，如工业废水中有价值原料的回收，不仅消除了污染，而且为国家创造了财富，降低了产品成本。

2.3.3 城市排水系统的典型技术

1. 氧化沟工艺

氧化沟工艺（OD 工艺）是活性污泥工艺的一个变形，被处理污水与活性污泥形成的混合液在连续进行曝气的环状沟渠内不停地循环流动（见图 2-10）。目前除城市污水外，氧化沟工艺系统已有效地用于化工废水、造纸废水、印染废水、制药废水等多种工业废水

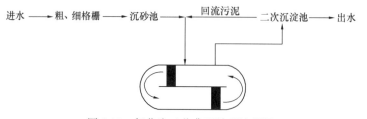

图 2-10 氧化沟工艺典型处理流程图

的处理。

氧化沟工艺系统一般按传统活性污泥工艺系统的延时曝气方式运行，水力停留时间可取 24h，生物固体平均停留时间（污泥龄）一般取 20～30d。在构造方面一般多呈环形沟渠状，平面多为椭圆形或圆形，过水断面多采用矩形。在水流流态方面，氧化沟介于完全混合与推流之间。

2. A²/O 工艺

A²/O 工艺也称为 AAO 工艺，是指厌氧—缺氧—好氧法，流程简单，是应用最广泛的脱氮除磷工艺。工艺流程如图 2-11 所示。

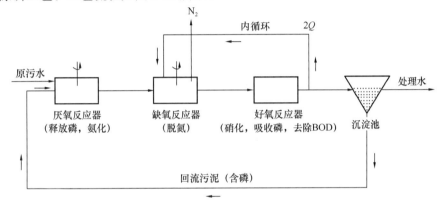

图 2-11　A²/O 工艺流程图

该工艺处理效率一般能达到：BOD₅ 和 SS 为 90%～95%，总氮为 70% 以上，磷为 90% 左右，一般适用于要求脱氮除磷的大中型城市污水处理厂。但 A²/O 工艺的基建费用和运行费用均高于普通活性污泥法，且运行管理要求高，当处理后的污水排入封闭性水体或缓流水体会引起富营养化，从而影响给水水源时，才采用该工艺。

3. 传统活性污泥工艺

传统活性污泥工艺流程如图 2-12 所示。经预处理技术处理后的原污水，从活性污泥反应器——曝气池的首端进入池内，由二次沉淀池回流的回流污泥也同步注入。污水与回流污泥形成的混合液在池内呈推流式流态向前流动，流至池的末端，流出池外进入二次沉淀

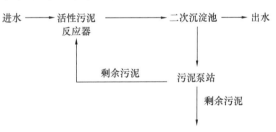

图 2-12　传统活性污泥工艺流程图

池。流入二次沉淀池的混合液，经沉淀分离处理，活性污泥与被处理水分离。处理后的水排出系统，分离后的污泥进入污泥泵站，经过分流一定量的污泥作为回流污泥，通过污泥回流系统回流至曝气池首端，多余的剩余污泥则排出系统。

4. SBR 工艺

SBR 工艺即序批式活性污泥工艺，工艺流程如图 2-13 所示。采用 5 个阶段（进水、反应、沉淀、排水、闲置）组成为一个周期的运行模式操作，都在同一台 SBR 反应器内实施与完成，使 SBR 工艺系统的组成大为简化，不设二次沉淀池，省却污泥回流系统。此外，无需设水量水质调节池。

SBR 工艺的优点在于系统流程简化，基建与运行维护费用较低；运行方式灵活，脱氮除磷效果好；本身具有抑制活性污泥膨胀的条件，耐冲击负荷能力强，具有处理高浓度有机污水及有毒废水的能力。其缺点在于反应器的容积利用率较低；SBR 工艺系统控制设备较复杂，对其运行维护的要求高；流量不均匀，处理水排放水头损失较大，与后续处理工段协调困难。

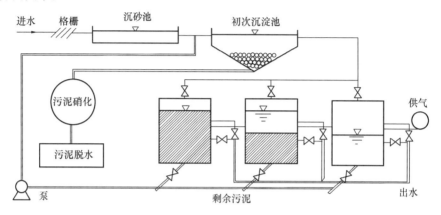

图 2-13　SBR 工艺流程图

5. MBBR 工艺

移动床生物膜反应器（Moving Bed Biofilm Reactor，MBBR）工艺是一种将活性污泥法（悬浮生长）和生物膜法（流化态附着生长）相结合的新型污水处理工艺（见图 2-14）。MBBR 工艺适用于城市污水和工业废水处理。目前已投入使用的 MBBR 组合工艺包括 LIN-POR MBBR 系列工艺和 Kaldnes MBBR 系列工艺，从提高处理效果、强化氮磷去除等方面对传统活性污泥法进行了改进。MBBR 工艺既具有活性污泥法的高效性和运转灵活性，又具有传统生物膜法耐冲击负荷能力强、泥龄长、剩余污泥少的特点。

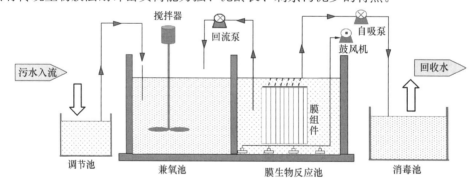

图 2-14　MBBR 工艺流程图

2.4　城市雨洪系统的结构与功能

2.4.1　城市雨洪系统的结构

城市的降雨径流主要来自屋面和地面，屋面上的降雨径流通过天沟和竖管流至地面，然后随地面上的降雨径流一起通过雨水口流至庭院下的雨水管道或街道下的管道。当降雨径流依靠重力自流排放有困难时，需设置雨水泵站对雨水进行提升。

城镇雨水排水系统由以下主要部分组成：（1）建筑物的雨水管道系统和设备，主要收集工业、公共或大型建筑的屋面雨水，并将其排入室外的雨水管渠系统中；（2）居住小区或工厂雨水管渠系统；（3）街道雨水管渠系统；（4）排洪沟；（5）出水口。

城市雨水管渠系统的平面布置与污水管道系统的平面布置相近，但也有它自己的特点。雨水管渠规划布置的主要内容有：确定排水流域与排水方式，进行雨水管渠的定线（见图 2-15）；确定雨水泵站、雨水调节池、雨水排放口的位置等（见图 2-16）；雨水管渠系统的平面布置，要求能使雨水顺畅及时地从城镇和厂区内排出，一般可以从以下几个方面进行考虑：（1）充分利用地形，就近排入水体；（2）根据城市规划布置雨水管渠；（3）合理布置雨水口，保证路面雨水顺畅排除；（4）雨水管渠采用明渠或暗管应根据具体条件确定；（5）设置排洪沟排除设计地区以外的雨洪径流。图 2-17 为某居住区雨水管及排洪沟布置。

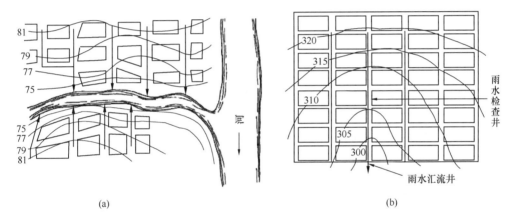

图 2-15 雨水管的布置

（a）分散出口式雨水管；（b）集中出口式雨水管

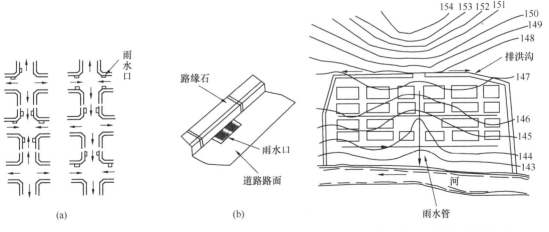

图 2-16 雨水口的布置

（a）道路交叉口雨水口布置；（b）雨水口位置

图 2-17 某居住区雨水管及排洪沟布置

2.4.2 城市雨洪系统的功能

随着城镇化进程，人类活动对城市下垫面的影响愈加显著，土地利用方式发生了巨大改变，楼房、建筑、道路取代了流域内原有草地、林地、农田等植被，生态系统遭到破坏。不透水面积的增加，影响了蒸发、下渗等自然水循环过程，减少了地表植物截留量，减弱了土壤蓄水能力，缩短了地表汇流时间，增大了雨水产流量和峰值流量，使城市更易遭受暴雨的侵袭。根据住房和城乡建设部对 351 个城市的调查，2008—2010 年期间有 62% 的城市遭遇过内涝，其中内涝次数为 3 次以上的城市有 137 个。雨水管网作为市政建设的骨干工程之一，承担着收集、排出雨水的重要职责，其设计的合理性将直接决定整个城市的排水安全。

另外，雨水资源在我国城市规划中一直未受到足够的重视，传统的暴雨管理以"集中排放"为理念，缺乏系统的雨水径流控制理念和雨水利用措施，使得这一宝贵资源大量流失，造成地下水入不敷出等问题。为了应对传统暴雨管理模式的弊端，我国开始借鉴国外先进的雨水径流管理理念，重视雨水源头削减和蓄渗利用，力求将降雨尽可能地纳入自然水循环，促进资源化利用。

2.4.3 城市雨洪系统的典型技术

低影响开发（Low Impact Development，LID）是 20 世纪 90 年代末发展起的暴雨管理和面源污染处理技术，旨在通过分散的、小规模的源头控制来达到对暴雨所产生的径流和污染的控制，使开发地区尽量接近于自然的水文循环。低影响开发是一种可轻松实现城市雨水收集利用的生态技术体系，其关键在于原位收集、自然净化、就近利用或回补地下水。LID 雨水综合利用包括工程措施和非工程措施。工程措施包括绿色屋顶、透水铺装、雨水花园、植被草沟及自然排水系统等；非工程措施包括进行街道和建筑的合理布局、市民素质教育等。

1. 下凹式绿地

下凹式绿地是低于周围地面的绿地，其利用开放空间承接和贮存雨水，达到减少径流外排的作用，内部植物多以本土草本植物为主。下凹式绿地可广泛应用于城市建筑与小区、道路、绿地和广场内。

下凹式绿地具有狭义和广义之分，狭义的下凹式绿地指低于周边铺砌地面或道路 200mm 以内的绿地（见图 2-18）；广义的下凹式绿地泛指具有一定的调蓄容积，且可用于调蓄和净化径流雨水的绿地，包括生物滞留设施、渗透塘、湿塘、雨水湿地、调节塘等。

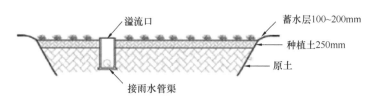

图 2-18 狭义的下凹式绿地典型构造示意图

2. 透水铺装

透水铺装是指能使雨水通过，直接渗入路基（地下土层）的人工铺筑的铺装材料，其可以单独使用进行街道雨水管理，也可以与其他雨水景观设施配合使用。图 2-19 为透水砖铺装的典型结构示意图。

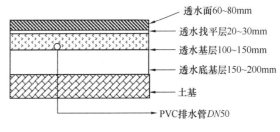

透水面60~80mm
透水找平层20~30mm
透水基层100~150mm
透水底基层150~200mm
土基
PVC排水管 *DN*50

图 2-19　透水砖铺装典型结构示意图

3. 绿色屋顶

绿色屋顶结构通常分为 4 层：植被、培养基质、过滤层（防止培养基质流失）和排水材料（见图 2-20），有时会根据需要增加防水层和防护层。植被可选取本地土生土长的植物，搭配一些常用绿化植物。培养基质应选取具有良好吸水性、透气性，并且清洁无污染的屋顶绿化专用土。过滤层的主要作用是防止土壤流失，过滤多余雨水中的颗粒物，可选用屋顶绿化专用土工布。另外，调查表明，绿色屋顶可以有效地保持建筑物内的温度。北京市东城区园林局测试数据表明，夏季采用绿化屋顶的建筑温度比非绿化屋顶建筑平均低 4.5℃，冬季平均高 2.4℃，具有很好的保温隔热作用。

图 2-20　绿色屋顶结构

4. 雨水花园

雨水花园也称作生物滞留池（见图 2-21），主要结构包括滤带、洼地和溢流设施等。雨水花园建设成本低，易于实施，适于修建在学校、居民区、停车场附近，设计应与风景园林相结合，在滞留雨水的同时，应能提供相应的景观价值。为了使雨水花园充分发挥功效，应将其设置在可以直接收集不透水表面径流的位置。

5. 生态草沟

植草浅沟是指利用地表种植的植物及地表土层截流、过滤、吸附、沉淀雨水中的污染物的一种径流控制措施。生态草沟是由草坡或者自然的坡度引流雨水并加以过滤。简单来说，生态草沟更加针对雨洪处理的收集与运输阶段，它可以是雨水花园的输入与输出通

图 2-21　雨水花园图示

道。其设计既要满足生态排水的技术要求，又要满足公众审美的美学标准。污染物在生态草沟中的去除主要通过过滤沉淀作用实现，生态草沟对于 SS、COD 和重金属都有较好的去除效果，可以滞留雨水中 93％的 SS，当坡度较缓时，去除效果更好。图 2-22 为堪培拉 Hassett 公园的生态草沟设计图。

图 2-22　堪培拉 Hassett 公园生态草沟设计

2.5　本　章　小　结

本章概括介绍了城市水系统的基本概念及其构成。城市水系统包括水源、供水、用水、排水等多个子系统，水资源在其中流转循环。针对我国城市水系统目前存在的问题和挑战，总结了在城市水系统综合规划方面的方案和进展。

本章分节介绍了城市给水、排水、雨洪系统的结构、功能及目前的典型技术。

城市给水系统大致分为取水工程、水处理工程和输配水工程三个部分，负责从水源取得符合一定质量标准和数量要求的水，接着按照用户的用水要求进行必要的水处理，最后将水输送到用水区域，按照用户所需的流量和压力向用户供水。

城市排水系统主要由排水管网和污水处理厂组成，是城市基础设施建设的重要组成部分。城市排水系统的定位从防涝减灾逐步转向污水资源化，走上了回收城市污水和再生回用及畅通城市水循环的发展道路。

城市雨洪系统是市政建设的骨干工程之一，承担着收集、排出雨水的重要职责，其设计的合理性直接决定了整个城市的排水安全。我国借鉴了国外先进的雨水径流管理理念，力求将降雨尽可能地纳入自然水循环，促进其资源化利用。

第3章 城市水系统碳减排技术

3.1 城市水系统碳减排的原理

3.1.1 城市供水系统

1. 供水系统碳排放现状

供水系统是城市重要的基础设施，在城市能耗总量中占有很大比重，具有巨大的节能潜力，降低供水系统的能耗是碳中和这一目标对供水企业的要求。由于供水系统投资大、系统复杂、涉及面广，目前我国供水系统在规划设计、运行管理方面都存在不同程度的不合理现象，造成了能源浪费，增加了不必要的碳排放。

供水系统运行过程中的碳排放方式包括直接碳排放和间接碳排放。直接碳排放包括运输净水处理所需的化学试剂（如聚合氯化铝、聚丙烯酰胺、聚合硫酸铁等）、机械设备活动中燃油消耗产生的碳排放和净水过程中生化反应产生的碳排放。间接碳排放包括生产净水试剂造成的碳排放以及各种材料运输活动和机械设备活动需要消耗电能，机械设备包括增压输水或提升水头时用到的水泵、曝气时用到的鼓风机、生物处理时用到的搅拌机等。其中，电耗和化学试剂消耗是供水系统碳排放的主要来源。

城市供水系统为城市的发展和保障人们的日常生活做出了突出的贡献，然而供水系统也是城市的耗电大户，我国供水工艺技术仍然较为陈旧，供水动力能耗较大，所占比重大，导致成本增加，以此暴露出来的节能必要性问题尤为突出。2018 年我国的总用电量约为 $7.15 \times 10^{13}\,kWh$，工业用电量为 $4.9 \times 10^{13}\,kWh$，其中供水行业的用电量为 $5.21 \times 10^{11}\,kWh$，分别占到全国总用电量和工业用电量的 0.73% 和 1.06%，可见供水行业的电能消耗量是十分巨大的。图 3-1 展示了 2015 年我国城市污水与供水系统运行能耗与温室气体排放量比例，可以看出供水系统运行能耗是污水系统的 4 倍，供水系统温室气体排放量略小于污水系统。根据发达国家统计，污水处理厂的碳排放量占全社会总碳排放量的 1%～2%，因此，净水厂也是主要碳排放行业之一。

我国的供水行业普遍存在能耗严重浪费的现象，与美国等发达国家相比，在节能减排方面，我国的供水系统还存在着比较大的差距。据统计，全国总耗电量的 20% 以上都源于支持水泵机组正常工作的消耗。而在美国，水厂所消耗的电量占全国总耗电量的 7% 左右。人们通常所用的自来水成本中，用以支持泵站工作的耗电成本占了总成本的 40%～70%，要想降低整个供水系统的电能消耗，设法提高水泵的运转效率是行之有效的措施之一。在我国，水泵的运行效率普遍不高，平均水平只有 60% 左右，驱动水泵运转的电动机的工作效率更低，仅能达到 40%～60%，比国外发达国家的电机工作效率平均水平低了将近 20%。中国能源研究会做过估测，每年全国有近 2000 亿 kWh 的电力浪费是由设

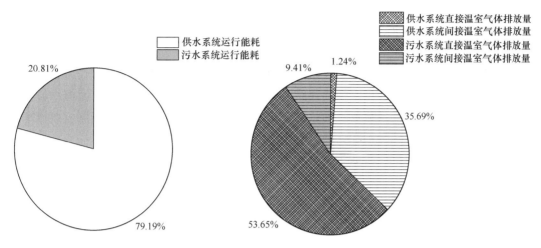

图 3-1 我国城市污水与供水系统运行能耗与温室气体排放量比例

备效率低下造成的，其中水泵、风机等负载所浪费的电能占 30%～40%。管网漏损是造成能耗浪费的另一个原因，截至 2015 年底，我国城市供水管网系统管道总长度达 50.76 万 km。与此同时，目前我国城市供水管网系统运行依然面临不少问题，其中运行能耗问题和管网漏损问题最为严峻。以大连市为例，2015 年大连市城市供水管网漏损率高达 22.59%，未达到住房和城乡建设部颁布的基本漏损率不高于 12% 的标准，漏损总量达 8773.10 万 t。

由于近几年对水质安全程度的要求越来越高，药剂的质量就越需要有一个质的飞跃。有数据表明，水厂的所有生产成本中，有将近 10% 的成本来源于消毒剂、混凝剂和助凝剂，以上成本的额度占总成本的比例较大，仅次于电耗的成本值。为了减少药剂用量，还需要在保证出水水质合格的基本前提下，通过选择水质良好的水源，减少氯等消毒剂的消耗和其他药耗，降低净水厂药剂在生产和运输过程中产生的碳排放。

研究供水系统的碳减排问题，需要用科学的方法来降低供水电耗、药耗，改变我国供水行业能耗浪费严重的现实，积极响应国家号召，支持国家碳达峰、碳中和政策，形成节能减污降碳的长效机制，对推动国家经济绿色低碳转型具有十分重要的现实意义和经济社会意义。

2. 供水系统碳减排原理

在供水系统中主要包括传统水源的获取过程、非传统水源的生产过程以及自来水的集中处理和输配过程。上述水资源在获取、集中处理和输配等过程中都需要能源的投入。随着城市的发展，城市水资源与能源和温室气体的排放问题早已交织在一起。在能源危机、水资源危机和环境危机的共同威胁之下，提高居民用水质量、提高用水安全，降低供水的药耗、电耗以及漏耗，减少城市水系统中的能源投入以及温室气体的产生受到越来越多学者的关注。根据供水系统运行过程，可将供水系统分为取水过程、净水过程和配水过程。

减少取水和配水过程的碳排放可以通过以下几种途径实现：在满足水量水质的情况下尽量选择地表就近水源，减少原水输送能耗以及原水处理投入的工艺能耗和药耗；针对非常规水资源，如雨水、再生水、海水等，由于目前我国处理工艺尚不成熟，其水处理能耗相对较高，应该不断提高处理工艺技术水平以早日实现水资源高效利用和碳减排双赢的目

45

标。对取水、给水管网的合理规划十分重要，应尽量减少因管道设计不合理而造成的资源及能源的浪费；对管网进行日常维护和检修，减少管道漏损，从减少水耗的角度来减少能耗进而减少碳排放。

减少净水过程的碳排放可以通过以下几种途径实现：使用节能型水处理设备，根据区域的不同发展程度采用分质供水模式；厂区设计根据实际情况践行绿色建筑及海绵城市的理念，减少建筑及厂区的碳排放；通过对中小型水厂进行整合、利用竖向空间、改进水厂的布局结构等措施减少用地面积，在节省土地空间的同时减少建筑能耗。

此外，城市供水系统碳排放主要来源于电力消耗，其中，水泵运转的耗电量就达到了整个给水工程总耗电量的90%以上。对取水过程、净水过程和配水过程中运行的水泵及其配套设备进行优化节能，降低运行过程中的电耗，能够有效降低供水系统的碳排放。

3.1.2 城市污水系统

1. 污水系统碳排放现状

污水处理行业是一种高碳排放的产业，美国环保署（USEPA）已将污水处理行业列为世界前十大 N_2O 和 CH_4 排放产业，印度、中国、美国和印度尼西亚污水处理行业 N_2O 和 CH_4 的排放量占世界污水处理行业排放量总和的50%。据发达国家统计，污水处理厂的碳排放量占全社会总碳排放量的1%～2%。截至2020年1月底，全国共有10113个污水处理厂，日处理能力达2.28亿 m^3，而我国污水处理行业的经济总量、从业人员和投资规模只占全行业的千分之一，是一个名副其实的高碳排放行业。

城市污水处理系统排放的温室气体按照排放形式可以分为直接排放和间接排放。城市污水处理系统温室气体的直接排放主要来自于生物处理过程中有机物转化时 CO_2 的排放、污泥处理过程中 CH_4 的排放、脱氮过程中 N_2O 的排放、净化后污水中残留脱氮菌的 N_2O 释放，以及其他环节中 CO_2 的直接排放。城市污水处理系统温室气体的间接排放主要来自于污水提升单元、曝气单元、物质流循环单元、污泥处理处置单元以及其他处理环节中机械设备的电能消耗，以及处理工艺单元运行需要消耗的药剂，主要包括用于污水 pH 调节的石灰、用于补充 COD 的碳源、用于污水后续消毒的液氯以及污泥浓缩脱水过程中需投加的絮凝剂、助凝剂等。每种药物在其生产及运输等过程中均涉及温室气体的排放。

城市污水处理系统主要由城市污水收集系统、污水处理厂组成。城市污水收集系统一般是由数以万计的检查井、遍布城市地下的输送管道、分布在城市各个位置的污水提升泵站组成。城市污水收集系统的主要作用是收集和输送居民日常生活污水、工业生产废水及部分自然降水等。污水的输送一般采用重力流方式，但是受城市地势影响，为了减少投资、增大汇水面积、提高管道内污水流速，在城市排水系统中往往会逐级设置提升泵站，逐级加压，提升水头压力，在污水提升泵站设置集水池，通过污水提升泵站将集水池内汇集的污水提升到高处，辅以重力流，将污水输送至下一级泵站或系统末端的污水处理厂。

现代污水提升泵站已经成为城市排水系统最重要的组成部分之一，为城市生活污水和工业废水的收集、输送提供了坚强支撑，对于城市的可持续发展、人民生活环境的持续改善的作用越来越大。随着市政行业的蓬勃发展，污水提升泵站工程的发展非常迅速。污水提升泵站每年都要消耗大量的能源，在国外原污水收集和抽取的耗电量为 0.02～

$0.1kWh/m^3$（加拿大）、$0.045\sim0.14kWh/m^3$（匈牙利）和 $0.1\sim0.37kWh/m^3$（澳大利亚）。污水提升泵站能耗占我国污水处理系统总能耗的 17% 以上。由于很多污水提升泵站在规划设计及运行管理方面存在诸多问题，导致我国已建成的大部分污水提升泵站运行效率较低，水泵装置效率普遍低于 50%，由此造成的能量浪费达泵站装机容量的 30%～50%。因此，针对污水提升泵站节能的技术和措施对污水处理行业碳减排意义重大。

污水处理厂碳中和运行已成为未来污水处理的趋势，越来越多的监管机构开始要求污水处理厂给出温室气体排放的检测情况和强制性报告，国内外的学者也逐渐开始了对污水处理厂碳排放情况的研究。污水处理厂生物处理单元产生温室气体机理如下：

（1）N_2O 生成机理

从目前的研究来看，污水处理过程中排放的大部分 N_2O 都是产生于生化过程，在反硝化过程中一般仅发生 N_2O 的积累，并不会产生 N_2O 大量释放，还原过程中产生的 N_2O 随混合液进入好氧段，经曝气吹脱而被释放至大气中。一般认为 N_2O 是通过羟胺（NH_2OH）氧化、异养反硝化和硝化反硝化三种路径形成的。羟胺是硝化反应中氨（NH_4^+）被氨氧化菌氧化为亚硝酸盐（NO_2^-）时的中间产物，它易被氧化生成 N_2O。异养反硝化过程中，硝酸盐（NO_3^-）被逐步还原为 N_2，N_2O 是其中的中间产物。硝化反硝化反应中，氨氧化菌以氨或氢作为电子供体，将 NO_2^- 还原，生成 N_2O。影响 N_2O 生成的主要因素有溶解氧浓度、NO_2^- 浓度、化学需氧量（COD）/总氮（TN）和 pH 等。一般来说，在硝化阶段溶解氧浓度越低，NO_2^- 浓度越高，N_2O 的排放强度越高；在反硝化阶段溶解氧浓度越高，NO_2^- 浓度越高，COD/TN 越低，N_2O 的排放强度越高。弱碱性的反应环境（pH＝8.0～8.5）也会促进 N_2O 的排放。以上规律也适用于自然水体中含氮化合物的转化。由于 N_2O 形成机理十分复杂且受多种因素影响，因此不同处理阶段的 N_2O 排放强度变化很大。

（2）CH_4 生成机理

污水处理过程中 CH_4 的产生受很多条件的影响，其中环境条件是制约 CH_4 产生的主要因素，CH_4 主要产生于厌氧条件下，在溶解氧浓度极低、无硝酸盐存在的污水中，兼性厌氧微生物及专性厌氧微生物会将污水中复杂的有机污染物分解成无机物，整个代谢过程（厌氧生物降解或厌氧消化）的最终产物是 CH_4、CO_2 以及少量的 H_2S、NH_3、H_2 等。在厌氧条件下，依附于生物膜或活性污泥中的产甲烷菌会以挥发性脂肪酸为原料生产 CH_4。所以 CH_4 会在污水收集与处理过程和污泥处理处置过程中有大量排放。

（3）CO_2 生成机理

污水中的有机污染物绝大部分会在耗氧条件下被微生物群体的分解代谢、内源代谢作用降解生成 CO_2，代谢作用产生的能量一部分被微生物利用用于自身生长，一部分扩散到环境中。代谢作用产生的能量与代谢过程消耗的氧气量有关。污水处理厂采用活性污泥法处理污水时，好氧段释放的 CO_2 量最多时能占到 CO_2 释放总量的 48%。大部分研究者认为污水中的有机物属于生物来源，所以它们转化生成的 CO_2 不会造成温室效应。然而多项研究表明，由于药物与个人护理品的使用、工业污水的混入，污水中一部分有机物属于化石来源。通过同位素示踪法发现，污水处理厂进水中 4%～14% 的总有机碳是化石来源的，并且这些化石来源的碳在生物处理法中的代谢途径与生物来源的碳相同。这意味着污

水行业所排放的 CO_2 中，有相当一部分属于化石来源。

随着对污水处理厂出水水质的要求越来越高，污水处理工艺也随之由简单变得复杂，其对能源的需求也随之增加，通常这种能源会以电力的形式输入污水处理系统，以间接形式进行碳排放。传统活性污泥法耗电量为 $0.46kWh/m^3$（加拿大）、$0.269kWh/m^3$（中国）、$0.33\sim0.6kWh/m^3$（美国）和 $0.3\sim1.89kWh/m^3$（日本）。污泥处置单元是污水处理行业中第二大碳排放单元，占碳总排放量的 21%。CH_4 是该排放单元最主要的温室气体，这主要是由于卫生填埋工艺和未处置的污泥具有较高的 CH_4 排放强度。尽管污泥处置情况有所改善，但是由于处置量的增长，该单元的温室气体排放量没有减少。

随着我国城镇化进程的推进和社会的不断发展，污水处理厂的数量也在不断增加，因此，明确污水处理系统的碳排放情况，了解其排放源、排放量乃至减排对策，对于我国可持续发展战略有着至关重要的意义。

2. 污水系统碳减排原理

污水处理系统碳排放主要来源于城市污水收集系统的电力消耗，以及污水处理厂处理过程中产生的温室气体与电力消耗。因此，为了减少碳排放，降低污水收集过程、处理过程、污泥处置过程的能耗和物耗是行业升级的必然目标，根据各系统不同阶段可提出相应减碳举措。

减少城市污水收集系统的碳排放可以通过以下几种途径实现：避免管道长距离敷设，长距离敷设管网造成埋深过大进而极大地提高工程施工过程中以及后续运维过程中的碳排放，在条件可行的情况下，可增设小型污水处理设施。目前的城市污水收集管网和雨水管网混错接严重，导致一部分雨水汇入到污水处理厂，额外加大了污水处理厂的处理负担，增加了污水处理的碳排放量，因此在未来污水和雨水管网的设计规划和具体施工中应加强管理，减少混错接现象的发生。

减少污水处理厂的碳排放可以通过以下几种途径实现：改进污水处理厂布局，减少地面用地，利用竖向空间，与绿地系统结合建设可极大减少建筑能耗并且释放有限的土地资源，还可以采用绿色建筑等建筑模式降低建筑能源内耗；在污水处理单元中，提升泵和曝气系统是主要的耗电设备，可针对此类高耗电设备采取合理的节能措施，实现碳减排目标；对于污水处理工艺，要逐步淘汰落后的处理工艺，选择处理效率高、设备先进且运行成本低的工艺，以降低污水处理能源强度，实现污水处理的低碳运行；可利用人工智能等技术对进水的实时水质水量等基础数据进行监测，形成最优的算法模型，再对加药系统、曝气系统、污泥回流系统进行精细化控制，减少运行过程中的药耗及能耗。

除减少城市污水收集系统和污水处理厂的碳排放外，资源化利用也是实现污水处理系统碳中和运行的重要手段。污水处理系统的资源化利用包括再生水利用和污泥利用，污水再生利用体现了水"优质优用，低质低用"原则，可极大地减少城市供水量，在节约水资源的同时可减少因能源消耗造成的碳排放；对于污泥利用处置系统，厌氧消化技术不仅可实现污泥减量化、稳定化，其反应过程中产生的沼气也可转化为电能进行二次利用，可极大地节约后续处理能耗和运维成本。以我国北方某污水处理厂为例，计算其温室气体排放量为 $5.68\times10^5kg/d$，温室气体的直接排放量占总排放量的 60% 以上，其中 CH_4 的排放量折算值占直接排放量的 80%，而将沼气回收利用之后的温室气体直接排放量减少了

67.2%。污泥好氧发酵工程可采用高效、稳定、集约化的设计，实现占地面积的大幅缩小；在实现碳中和的大背景下，应考虑从节能减排以及集约用地的角度合理选择污泥利用处置系统。

3.1.3　城市雨水系统

1. 雨水系统碳排放现状

我国的城市化进程正在逐年加快，与此同时城市水资源问题也日益凸显，水质污染、城市内涝以及地下水位下降等问题层出不穷，在破坏城市生态环境的同时也威胁着城市居民的生命财产安全，从而严重制约着城市的发展。我国对城市雨水利用的研究相对于其他国家来说尚处于初期，如北京、天津、大连、青岛等典型缺水城市也只是停留在探索阶段，还没有形成一套完整的城市雨水利用系统，我国对于城市雨水利用的研究还有很长的一段路要走。

2. 雨水系统碳减排原理

城市雨水系统主要包括雨水管网系统和低影响开发系统两部分。传统的雨水管网系统有加速雨水径流、净化雨水等功能。低影响开发系统是一种强调通过源头分散的小型控制设施，维持和保护场地自然水文功能、有效缓解不透水面积增加造成的洪峰流量增加、径流系数增大、面源污染负荷加重的城市雨水管理理念，主要通过生物滞留设施、绿色屋顶、植被浅沟、雨水利用等措施来维持开发前原有水文条件，控制径流污染，减少污染排放，实现开发区域可持续水循环。低影响开发末端调蓄系统合理利用景观空间和采取相应措施对暴雨径流进行控制，在减少城镇面源污染的同时实现了雨水资源回用。

减少雨水管网系统的碳排放可以通过以下几种途径实现：对于雨水管网系统，使用低能耗雨水泵站，减少因能源消耗引起的碳排放；采用植草沟等自然排水方式、条件允许时可采用非开挖模式，减少因管网建设引起的碳排放；加大雨水资源回用力度，减少资源浪费，降低因产生自来水引起的碳排放。对于低影响开发系统，发挥绿色植物的固碳作用，根据规划区域条件相应提高绿色屋顶、雨水花园等比例从而实现绿色植物对自然界的"碳回收"；雨水收集利用设施减少了对自来水的需求量，进而减少了城市供水系统处理和输送自来水的碳排放。此外，还可以采用更加环保的LID设施，多利用自然的调蓄作用而减少建筑材料的使用。使用低能耗泵站，减少因能源消耗引起的碳排放。

3.2　城市供水系统的碳减排技术

3.2.1　取水系统与配水系统碳减排技术

1. 水源选择

随着全球化进程的深入推进，世界各国经济发展迅猛，各阶层人民的生活水平大大提高，随之而来的就是对城市用水的需求增加。可供城市利用的水资源主要分为常规水资源与非常规水资源。常规水资源包括地表水源和地下水源，其中地表水源主要包括江河湖泊、水库等，地下水源包括地下潜水、承压水、泉水等。非常规水资源包括海水、雨水、再生水等。

水源选择是一个系统工程，良好的水源选择能够节约能耗、降低取水和净水过程的碳排放。总的来说水源选择应遵循以下四个原则：选择水质良好、水量充足的水源；选择地势平坦、满足施工要求、方便建造取水构筑物的水源地；选择不易发生地质灾害的水源地；选择满足城市高程、供水水压、尽量选择城市上游、满足减少能耗降低碳排放的水源地。在常规水资源丰富的地区，应根据水资源的分布情况合理规划，在满足水量达标的基础上，就近选择水质较好的水源，减少取水和净水过程中因管网漏损、水泵能耗和净水药剂产生的碳排放。在常规水资源匮乏的地区，需通过各种技术手段在保证水质水量和绿色节能的前提下，收集和净化非常规水资源获取人们生产生活所需的淡水资源。

（1）海水淡化

海水淡化过程的能耗是论证其技术经济可行性的最重要的指标之一。海水淡化技术工艺的不同，需消耗不同形式的能量。对于多级闪蒸（MSF）和多效蒸发（MED）来说，最基本的能量消耗为热能，泵和其他附属设备也消耗一定的电能。对于反渗透和电渗析仅消耗电能。关于海水淡化工程的投资费用，不仅与选用的淡化方法有密切的关系，而且与淡化方法本身工艺参数的设计与要求有密切的关系，如热法为了降低能耗，必须提高"造水比"，提高"造水比"就必须增加级数或效数，降低能耗的代价是增加投资费用。因此设计的"造水比"有最佳的范围，必须在"造水比"与投资费用之间进行优化设计。同样地，为了降低耗电量，把排放的浓水的能量回收利用，必须设置能量回收透平或压力交换器，同样必须增加投资费用，当然这种投资费用的增加相对比较低。此外，海水淡化工程的投资费用还与基础设施的要求、海水预处理和产水后处理的要求、设备的选材、运输费、现场安装、调试、人员培训等因素有关，各种海水淡化方法的参数见表3-1。

几种海水淡化方法的参数　　　　　　　　　　　　表3-1

淡化方法	单位热耗（kWh/m³）	单位电耗（kWh/m³）
多级闪蒸	10	4
多效蒸发	7	2
反渗透	—	4.5

降低海水淡化的总能耗从而降低淡化水的成本，一直是人们的追求目标，是几十年来研究和开发的重要内容之一。如美国南加州 MED 海水淡化示范工程，设计的级数高达30级，相应运行的最高温度在110℃以上，目的在于提高造水比（大于20），降低比能耗。经过几十年的研究和开发，无论是 MSF、MED 还是反渗透（SWRO），能耗均有明显的下降，即使美国南加州 MED 工程实践，其能耗也高于 SWRO 的1倍。就能耗而言，已商业运行的 SWRO，如 Bahamas 的1.36万 m³/d 淡化厂，由于采用功压交换器，高压泵的能耗只有2.6kWh/m³。即使高效节能的 MED，各种水泵的能耗也在2kWh/m³ 以上，而 MSF 则高达4kWh/m³ 以上，再加上加热蒸汽的热能，总能耗大约为9kWh/m³。而佛罗里达州的 SWRO 工程，预计总能耗为3.7～4.28kWh/m³。据估算，科威特 MSF 淡化的比能耗为17.62kWh/m³，对比 SWRO（其比能耗为5.9kWh/m³），科威特平均淡化水产量为54.6万 m³/d 时，如果用 RO 替代 MSF，每年可节省能源费用1.44亿美元，而且实际上 SWRO 的比能耗目前只要4kWh/m³ 左右。

（2）雨水收集净化

有些缺水国家如马来西亚、新加坡等，由于仅靠传统水资源无法供应足够的水，因此通过收集城市雨水，来解决水资源短缺的问题。在地中海的一些岛屿上有着悠久的雨水回收历史，美属维尔京群岛自1964年便通过雨水收集来为供水系统提供水源。据估计，在夏威夷收集的雨水量可供30000～60000人使用；在澳大利亚的某些地区，雨水收集系统已成为所有新建筑的强制性要求。世界各国政府开始通过出台相关政策来促进雨水利用。与海水淡化相比，雨水收集回用的建设成本更低，所需的能耗更少，符合低碳绿色发展的理念。海水淡化（反渗透）与雨水收集回用成本对比见表3-2。

海水淡化与雨水收集回用成本对比　　　　　　　　　　　　　　　表3-2

对比项目	海水淡化（反渗透）（元/m³）	雨水收集回用（元/m³）
建设成本	7500～9000	3500～4000
运营成本	3.5～5.0	1.5～2.5
能源成本	3.2～3.8	1.0～1.5
化学和处置成本	0.4～0.8	0.4～0.7
其他成本	0.1～0.4	0.1～0.3

2. 管网系统

供水系统管网包括取水管网与配水管网，是城市供水系统的重要组成部分。管网的投资很高，给水工程总投资中管网所占费用（包括管道、阀门、附属设施等）是很大的，一般占70%～80%。管网负责把水源输送到净水厂，净化后再安全可靠地输配到各用户，并满足用户对水量、水压、水质的要求。城市供水系统的能耗中，克服管网水头损失和满足最小服务水头以及多余水头的能耗占很大比重，是供水系统运行费用的重要组成部分，此部分具有巨大的节能减排潜力。因此，对给水管网的技术经济合理性进行研究，探讨如何对给水管网进行合理布局、优化设计，以期达到降低投资、节能减排的目的，具有重要的经济效益和社会意义。

（1）分区供水

在城市局部地区高差显著，或者城市沿水源地狭长发展，或者在区域给水系统中，对输水管线较长、给水区面积宽广的给水管网，有必要考虑实行分区给水，将整个给水系统分成几个区，每个区有独立的泵站和管网，各区之间又有适当的联系，以保证供水的可靠性和灵活调度。分区给水在技术上是为了保证管网的水压不超过水管所能承受的压力，以免损坏管道、附件，减少漏水量；分区给水在经济上是为了降低供水的能量费用。采用分区给水能够提高能量的利用率，最优的分区方案可以在同样的投资成本下取得最大的经济效益。进行管网分区除了技术上的原因外，还有经济上的考虑，目的是降低管网运行的动力费用，因为供水所消耗的动力费用在给水成本中占有很大的比重，因此从减少能源消耗和碳排放的角度来评价分区给水具有很强的实际意义。

以重庆市某开发区为例，该区呈典型的山地城市地形特征，该区处于山谷地带，沿滨江向山谷纵深地带延伸并逐渐升高，西高东低，滨江地段平均地面标高为180.0m，腹地纵深地区最高地面标高为330.0m，自西向东地面高差最多达160.0m。从整个开发区地形特点来看，地面高程大致可分为两个区，①区为滨江路地段与中部地区，地面高程处于

178.0~230.0m 范围；②区为中部与上部之间的地段，地面高程处于 250.0~330.0m 范围。根据估算，分区供水可以节省管网年运行费用 44.8 万元，但是增加了加压泵站的建造费用，年折算值为 25.8 万元，比较管网系统总的年折算费用，分区供水较集中供水节省 17.2 万元。该开发区的山地地形特点决定了其宜采用分区供水。

（2）管网漏损的科学控制

目前我国管网漏损率是比较高的，过高的管网漏损率不仅浪费了优质的水资源，同时也加剧了供需矛盾，增加了供水能耗，降低了企业的经济效益。城市供水管网漏损率是指城市有效供水量与供水总量之比。我国管网漏损状况比较严重，并且近年来呈上升趋势，主要原因在于我国的管网大多是在 20 世纪 70—90 年代敷设的，管道材质低劣，施工质量差，管道的抗腐蚀和抗冲击能力弱。根据《城市供水统计年鉴》相关数据，近年来，我国城市供水管网平均漏损率为 18% 左右，而奥地利、德国、丹麦、荷兰等国家的管网漏损率均在 10% 以下，亚洲国家中的佼佼者新加坡和日本的管网漏损率分别为 5% 和 7%。为此，我们必须对管网漏损水量高度重视，提高对漏损水量管理必要性和迫切性的认识，提高供水企业管理手段和科学化水平，使有效的水资源得以充分利用，把管网漏损控制在合理的水平，降低供水企业的能耗，提高企业的经济效益。

在确定漏损和主动检测方面，漏损的探测方法和工具是很重要的方面。漏损的探测方法从简单的被动方法到主动利用复杂的电子设备和专业人员都有应用，目前具体的检漏方法有很多种，每种方法适用的条件也各有不同。表 3-3 列出了一些主要的管道检漏方法。

主要管道检漏方法 表 3-3

主要检漏技术		特点与适用性
漏失监测技术	区域测漏法	适用于居民小区的漏损检测
	区域声音检测法	可以比较快速地确定漏水范围
	听音棒	适用于对漏点的准确定位
漏点探测技术	漏水探测仪	检测精度高，主观误差小
	相关仪	灵敏度高，在混乱嘈杂的环境中作业能力强
	探地雷达	准确度高，收集资料丰富
管线定位技术	金属管线定位	准确对地下金属管线进行定位
	非金属管线定位	能够对地下非金属管线进行比较准确的定位

检漏仪器是发现暗漏的有效工具，这些仪器主要是靠听音设备来对漏点进行确定和定位的。听音设备有机械的，如听音棒和地声探测器；有电子的，如相关仪。机械设备经济，但精确度低，适用于无力购买电子设备的供水系统；电子设备技术含量高，精确度高，但价格昂贵。供水企业在选择检漏仪器时，应根据各自的实际情况和漏损控制策略进行选择，并结合国际先进的经验，采用区域漏失控制技术与主动漏失管理等全方位的技术管理手段进行管网漏损的控制。若经过管网改造，我国管网漏损率低于住房和城乡建设部发布的 12% 的标准，即漏损率降低 6%，则根据国家统计局公布的 2019 年我国城市供水总量达 628.3 亿 m^3 推算，年节约水资源量约 37.7 亿 m^3。

（3）新型管道压力控制系统

美国的新型管道压力控制系统（In-PRV™）是一种结合了管道压力控制和管道内水

力发电的新技术，有望在未来帮助城市供水系统实现节水、节能、减少碳排放的绿色发展目标。In-PRV™能通过传感器精准监控和调节管网压力，并实时传输压力数据帮助运营者开展管道漏损控制管理，延长管道的生命周期。除实现压力控制功能外，该技术全面结合了智能软件系统、压力控制技术、微水力发电技术，通过微水电涡轮机将多余的管网压力转化成清洁的水电，其每年预计能够生产 18.5 万～20 万 kWh 的可再生能源，相当于20 户当地家庭的年用电量。同时，该技术可以确保水在流经设备返回管道时的压力能够精准地维持在系统所需的压力水平。此外，In-PRV™可以通过旁路接入管道，最大限度地减少设备安装对管道系统运行的影响。

3. 水泵选择与控制优化

纵观整个城市供水系统，供水泵站是其核心枢纽，未经过滤的初始水源从泵站出站流入水厂经过整个系统后，再次回到泵站最终通过管网被终端用户所用，其中的泵站包括取水泵站、送水泵站、加压泵站和循环水泵站。取水泵站又可称为一级泵站，常包括吸水井、泵房等组成部分。负责送水的泵站通常被称为二级泵站，二级泵站一般都设立在水厂内部，此类水泵所出的水通常为清水（净水），故又被称为清水泵站，经过整个系统管道净化后的水从二级泵站流出后流入吸水井，再将水输入系统管网。加压泵站的使用一般要经过较为严谨的考证，比较各个方案后确定最优方案，一般适用于大面积的管网、长度较大的输配管线、地势较高或地形相对不平坦的大起伏城市地带。

泵站的优化主要围绕水泵的优选和泵站的优化运行两个方面。

（1）水泵选型

近年来，由于技术的进步和节能意识的增强，水泵机组的节能措施也得到了不断发展，使得选择水泵机组的观念也有所改变。原则上在选择水泵时应选择效率高、高效范围宽的水泵、电动机。在管路系统压力和流量比较稳定的情况下，水泵流量和扬程一般取 5% 的裕量即可满足安全可靠要求，可避免能量的过多损耗。并联使用的水泵要求有相同的或接近的设计扬程，否则会造成某台水泵有可能经常处在空转的状态下工作，白白消耗了电能。串联使用的水泵要求有相同的或接近的设计流量，否则流量小的水泵可能在大流量下工作时，造成配套电动机过载。水泵与电动机功率应合理搭配，避免电动机功率超载或者"大马拉小车"的现象。

水泵的节能，主要是通过改变水泵的运行工况点，使水泵始终运行于高效区内，且运行工况与管网实际所需一致，这就需要科学调度，优化机组运行。一方面，需要根据实际需水量，科学调度，对水泵应进行大小搭配，合理组合；另一方面，提高清水池水位，可降低水泵工作扬程，就是减少水泵做功，从而减少电能的消耗。在高水位上使用清水池，保持制水量与供水量平衡，使运行保持高水位，节电效果相当可观。

某净水厂根据运行中实际需要的流量和扬程，建立了合理的水力模型，更换了高效区在平峰与高峰之间的水泵，与之前水泵相比运行效率可以提高 1%～3%。采用转子无铜耗，高效率永磁电机替代异步电机，电机输出效率可以提高 3%～10%，特别是永磁电机在 50% 以下负载情况下，与异步电机相比仍有较高的效率区间，永磁电机功率因数较高，可以降低电机的运行电流，减少功率因数补偿、减少电缆线的损耗，提高水泵和电机的运行效率，在保证供水要求的同时，减少运行过程中的碳排放。

（2）变频调速技术

在工程设计中，水泵的选型方案有多种，其中可根据工程所需扬程和最高设计流量选定。而在实际生产运行过程中，系统中的水量往往是由市场决定且不断变化的，在大部分时间内，其水量都小于最高设计流量。这就使水泵工作在效率低下及扬程过剩的情况下，造成能耗增加。变频调速技术可以调整水泵转速，使得其性能随转速的改变而改变，水泵一直在高效区运行，相对于定速水泵而言，更加节能。当前基于PLC和监控软件的生产全过程监控已被普遍应用，生产力得到了很大的提高。

（3）叶轮切削技术

切削叶轮的节能原理是通过计算及切割改变叶轮外径，使水泵特性曲线按要求发生变化，使水泵重新回到与管网实际所需一致的高效区内运行，从而提高泵组效率，达到节能的目的。切割叶轮一般针对少数运行不合适的水泵进行改造，使其符合运行工况，一般经过长期的运行数据分析及总结后才实施。广州市自来水公司南洲水厂对送水泵站水泵进行了叶轮切削，部分水泵叶轮直径由 $D=880mm$ 切削至 $D=860mm$ 及 840mm。后续生产调度中，进行泵组运行搭配，经长时间运行验证，该叶轮切削改造配合泵组组合控制运行，使得送水泵站的电耗降低了约 $3kWh/1000m^3$ 水，达到了预期的效果。

3.2.2 净水厂碳减排技术

1. 厂区设计

近年来，城市规划设计中广泛提及城市功能的叠加发展，并遵循城市功能重叠效应规律，促进城市目标多样化。这种"功能性叠加"的概念在民用建筑设计领域运用较为广泛，比如住宅建筑与商业体功能上的相结合，或者城市空间中交通换乘站与商业综合体相互叠加。而公共服务类建设项目中，这种功能上的叠加则少之又少。一方面，由于工艺对建筑本身要求相对严格且复杂，技术无法满足功能结合的目标；另一方面，净水厂作为基础服务设施，往往是一个地区发展过程中较早规划实施的项目，因此在用地方面，也有一定的便利条件。当然，随着城市现代化发展日益成熟，以及对土地价值的重视，推动了低碳净水厂的规划设计成为一种新的规划设计趋势，其中差异功能的叠加方式将从土地利用上与常规式净水厂有着多方面的不同。

（1）有效节约厂区内地面空间

常规式净水厂一般将清水池、滤池、反应沉淀池等构筑物分别进行布置。而节约型净水厂是将建筑功能从单一功能向多功能发展，其中"多功能"强调建筑功能不是单一和孤立的，而是功能上的复合与叠加，强调了在多功能的基础上对功能进行必要的集约设计，在原有功能上叠加新的功能，将原先处于分离状态的多功能区域进行整合，横向竖向同时展开布置，将净水厂这类基础设施建筑立体化，形成一个大的处理单元组合，单元内部通过洞口、隔层、防爆墙等方式直接连接，大大减少了各功能部分的距离。从而减少立体空间的浪费，提高土地的利用率。例如，将配电室、反应沉淀池甚至加氯加药间进行功能上的划分后，经过技术措施，完成功能上的叠加（见图3-2）。而相对常规式净水厂空间上的富余，可根据实际情况进行较为深入的规划，作为后期深度处理预留用地，便于未来产业升级时，根据厂区功能进行扩建及新建。也可将火灾危险等级低、服务对象一致、防护等级相近的建（构）筑物组合布置，减少独立布置以及防火间距引起占地面积的增加。

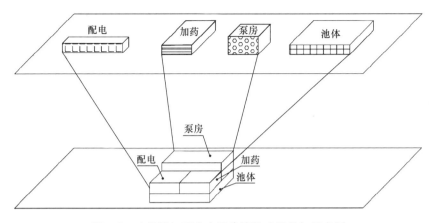

图 3-2 功能叠加型净水厂建筑物功能叠加示意图

（2）降低建设投资，减少人员配置

由于净水厂内建筑功能的叠加，使得建筑单体内可同时承载三四个功能效应。这就在一定程度上减少了常规式净水厂中出现的各个单体建筑之间工艺管线跨建筑连接，极大地降低了工艺管线及配套管线的使用消耗及投资。同时，常规式净水厂建设中，由于工艺单体布置分散，导致每个设备点需要人员长期监控，而节约型净水厂建筑功能叠加在同一建筑单体内，便能由少量人员完成相应的监控、检测及管理，极大地降低了净水厂后期运营维护人员成本，减少了净水厂内碳排放。

（3）管沟及综合管廊的发展和利用

综合管廊是建造在城市地下的隧道式空间，供水、排水、电力、供热、燃气、通信等常用工程管道一般布置在其中（见图 3-3）。它还有一个监控系统，便于维护和吊装。

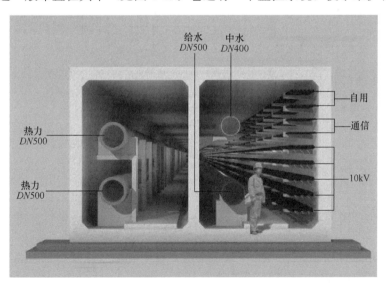

图 3-3 综合管廊示意图

随着社会的发展，人们对城市管理的要求越来越高，对地下管线的敷设方式采取了更有效的措施。而综合管廊的发展也逐步"绿色化"。包括从规划、设计、施工各个阶段，遵照断面最优化、线路最合理、资源投入最少、废弃物排放少、对周边环境影响最小的原则，最终达到低碳环保、高效、可持续利用的目的。净水厂内的管线往往直径较大，占地面积大，影响路径长，并且保障着较大区域的供水安全，因此可以将城市综合管廊的理念引入净水厂。

（4）厂区践行海绵城市理念

低碳排放净水厂的规划设计是将净水厂当作是一个城市的缩小版，由于本身作用于城镇用水，具有污染小的特点。因此将厂区"海绵化"，相对比较容易推广实施。厂区范围内所谓的海绵就是在海绵城市概念的背景下，根据海绵城市建设的理论与方法对净水厂进行建设或改造，使净水厂作为城镇用水的源头，成为一个能自然贮水、放水、节水的海绵体系，为传统行业的转变和建设作出一定的积极促进作用。"海绵化"厂区设计强调雨水资源的节约和再利用，主要设计对象为场地、排水、景观等方面。而处理的方式主要是针对雨水利用。透水混凝土路面由于自身所具有的良好特性，也是"海绵化"厂区建设的决定因素。

将透水路面与蓄水井相结合（见图3-4），同时结合厂区内的不同场地进行规划设计，小型渗透设施可进行分散布置。与道路及停车场地结合，根据地形现状设置下沉式袖珍滞留水塘，其竖向高度低于路面，便于路面径流汇入。传输净化设备与道路路面的汇水区域相结合，将雨水经过简单的过滤净化后贮存于设施中，其中净化设施包括植草沟、渗渠以及土壤本身。厂区内的自然排水沟可与低洼地势结合，改造成小型旱溪，缓解土壤表层的水土流失。同时贮存经过净化的雨水，通过小型水泵可用于日常绿化喷淋灌溉，以及冲厕等，有利于水资源的节约。

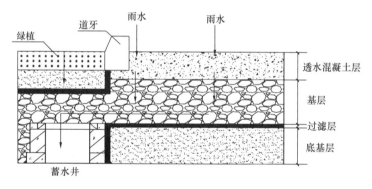

图 3-4　海绵城市的透水道路和蓄水井集成结构图

2. 智慧水务

随着国家推行"智慧城市"，城市供水行业也做出了新的调整，注入了新的内涵和要求。需要从当前网络数据技术发展的洪流中，开拓出符合净水厂设计、维护、管理的新模式。

当今作为信息时代，"智慧城市"发展的重点在于利用信息技术进行监察和分析城市运转情况。而信息领域的"智慧"需要分为三部分理解，一是构建一体化信息服务网，运用系统工程的方法，构建体系架构，做到精确感知、信息系统互联互通；二是构建通用的功能平台，实施开放式的信息资源调度管理和共享数据体系，在该体系中需要实现并且形成数据的综合，这是通过对数据的整编和融合等方式实现的；三是需要整合性高的运行中心，目的是实现大资源的汇集、共享和协调联动。智慧水务是在智慧城市发展的基础之上，针对水务行业发展的一种专项发展模式，是实现水资源管理科学化、制度化、标准化的必然模式。通过新技术手段的应用，使得水资源感知更加全面、决策更加科学、控制更加自动化、服务更加积极、管理更加协调，最终实现水务行业的发展目标。它涵盖主动服务、智能应用、立体感知、自动控制、支撑保障五个体系。

智慧水务通过在线监测设备（如数据采集设备、无线网络、水压计和水质计）实时管理城市供水系统的当前运行状态，将水检测管理部门与供水设施连接起来，形成城市水网感应层面的互联互通网，及时分析与处理海量信息，并制定与之相对的处理结果，帮助水务管理部门做出决策，使整个生产、管理和服务维护流程准确，达到"智慧"状态，便于水务系统的整体管理。利用信息化方式达到净水厂智能化管理的目的，实现企业管理、节能减排等多方面的效益结合，主要体现在以下四个方面：

（1）实现数据管理标准一体化：将供水系统各系统实时采集的数据集中汇聚，统一存储在同一数据库中，实现全部资源的统一管理和集成共享。

（2）实现工作管理平台化：建立统一平台，在统一数据管理、提高数据综合分析能力的同时，实现全网全方位实时监控、自动分析、科学调度，为相应人员的工作提供辅助支撑，提高工作和管理效率，实现日常运营维护，并且更好地保障安全生产。

（3）实现巡检维修数字化管理：建立净水厂工艺、电气和自控设备巡检管理系统，实现数字化巡查，实时发现问题并及时上传，提高检查效率。

（4）实现节能降耗：通过采集中低压配电系统开关柜、变压器、中压接触器、继电保护、智能配电系统（Smart Panel）、配电箱、母线、UPS，双电源转换开关、浪涌保护器、接触器和保护继电器、低压终端配电产品等设备的实时数据，对净水厂运营电耗进行监控、计量与分析，利用大数据分析技术，通过对历史数据波动的对比分析，发现潜在问题，针对性地采取解决方案，从而有效降低企业运营能耗成本，减少净水厂生产过程碳排放。

3. 自然资源利用

在全球低碳经济迅猛发展的背景下，清洁能源的开发利用也越来越受到世界各国的重视。其中被广泛关注的就是光伏发电，它是将光能直接转变为电能的一种技术，利用的是半导体界面的光能效应。太阳能光伏板主要由太阳电池板、控制器和逆变器组成，在光亮不足的情况下，通过蓄电池持续供应直流负载。而逆变器主要用于含有交流负载的光伏系统，以便将直流电转换为交流电。

在净水厂中，也可以充分考虑光伏发电与净水厂内建筑单体的结合，充分利用自然资源。并且随着太阳能光伏技术的推广以及成本的下降，净水厂设计方向也在逐渐调整。通过光伏发电技术的应用可以使技术节约型净水厂在规划设计阶段便对资源利用进行考量，最终达到减少环境污染和能源消耗，减轻企业负担，提高社会效益，实现绿色发展的目的。

3.3　城市污水系统的碳减排技术

3.3.1　设备优选与过程优化

1. 提升泵

提升泵主要有初次提升泵、污泥回流泵、剩余污泥泵、内回流泵以及出水提升泵。提升泵的电耗一般占全厂电耗的 $10\%\sim20\%$，是污水处理厂节能的重点。提升泵在城市污水收集、处理等环节中起着非常重要的作用，污水提升泵站在方便城市建设和居民生产、生活的同时，自身的能源使用量也非常巨大。提高污水提升泵站的运行效率、减少泵站运行中不必要的能源浪费具有非常重大的必要性。为此，最好的办法是水泵优化选型和实现泵站的智能控制，按照外部及泵站本身的实际情况，选择合适的水泵，及时更新泵站内设备的运行参数设置，调控设备状态，使泵站设备运行在高效状态。污水提升泵的优化措施与供水系统水泵类似，在此不做赘述。

2. 曝气系统

曝气系统的电耗占到了总能耗的绝大部分。曝气系统的节能减排可分为两个方面，一是降低单位供风量的电耗，用最少的电耗提供更多的风量；二是提高对供风的利用率，通过精准曝气，使进入曝气池压缩空气中的氧气得到最大限度的利用。

（1）变频调速风机

鼓风机的风量只能通过出气阀门进行调节，根据国内资料，实际应用中鼓风机出气阀门的开度通常只有 $50\%\sim70\%$，变频调速器应用于鼓风机，节能效果将非常明显。曝气量的调节一般可采用两种方法：调节阀门和调节风机转速。比较而言，调节风机转速具有较明显的节电效果。

（2）精确曝气系统

曝气系统的电耗占到总能耗的 $40\%\sim70\%$，因此，在污水处理过程中通过控制曝气量来控制池中溶解氧水平，对提高污水处理效能、实现污水处理厂节能降耗运行具有重要意义。精确曝气流量控制系统是一套集成的智能控制系统，系统包括溶解氧控制、出水氨氮浓度控制、鼓风机调节和空气流量分配等一系列针对 A^2/O 工艺的曝气系统及其核心工艺环节或设备模块，为曝气系统提供自动化、精确化的曝气解决方案。该控制系统可以使各种复杂的供气方案得以实现，包括间歇曝气、微量曝气、正常曝气、溶解氧分布控制、好氧体积的动态控制等。同时，可以帮助用户实现 A^2/O 工艺的精细调节，并且能够随着工艺变化做出针对性调整。

（3）合理布置曝气器

根据微生物分解有机物的过程可以发现，氧的利用速度是随着反应的进行而不断降低的。曝气池内的溶解氧分布状况极不均匀，溶解氧浓度梯度明显，造成能源浪费。合理的曝气器布置方式可根据有机物含量、微生物量来确定。根据应用经验，采用三段并联渐疏或串联渐疏型渐减曝气（35%、30%、25%）后可节能 15%。

3. 其余设备

厂区安装节能灯，以降低能耗。对于混凝澄清设备、刮泥板、加氯机、紫外线消毒机、污泥压榨机和消化池等设备的选择和运行必须在精确的设计运算下进行，以提高其工作效率和自动化程度。目前，用氯对废水进行消毒已经被广泛使用。然而，它具有难以贮存和一旦过量使用则会致毒等缺点。研究表明，使用紫外线灯代替氯，不仅可以避免这些危险，还可以减少碳足迹。这两种方法所需设备的安装和维修费用相差不多，但在碳排放方面具有较大差异。研究人员将紫外线灯与传统的氯气以及固态次氯酸盐消毒方式加以比较，发现在整个过程中使用紫外线灯大约可以减少一半的二氧化碳排放。

4. 智能管控

精细化智能管控，即通过采用先进的管理思维和技术手段，提供一套应用于污水处理厂的集智能化控制、物联网接入采集、一体化中央监控、移动化管控平台、大数据分析和科学化决策于一体的自动化、智能化、智慧化污水处理厂整体解决方案，在实现污水处理厂少人或无人化生产运营管理的同时，达到节能降耗的目的，特别是实现对电耗和药耗的控制。

精细化智能管控目前在我国处于发展阶段，大部分企业正通过"试点带动局部"再到"全面布局"的方式在集团内部开展精细化智能管控的推广，目前已初见成效。以首创水务为例，该企业聚焦于重点能耗设备的运行效率管控，通过多项举措的落地和能力建设的深入，实现电耗、药耗的精细化管控和合理节约。合肥十五里河污水处理厂通过能效管控平台的辅助，吨水电耗同比降幅达10%以上。长治污水处理厂通过生物建模技术的辅助，最终实现碳源药耗降低50%以上。成都陡沟河污水处理厂通过应用智能曝气控制系统，曝气系统的节能率达12.5%，全年可节约用电约15万kWh。临沂青龙河净水厂通过实施智能药剂投加系统，吨水碳源投加量降幅达13%，吨水除磷剂投加量降幅达27%。

3.3.2　工艺优选与改进

1. 强化一级处理工艺

一级处理投资少、能耗低、管理简单，可去除一定的有机物，故可通过强化沉降、分离、絮凝等工序，采用中和法，提高格栅和沉砂池效率等方法来强化一级处理，从而降低二级处理负荷和运行成本，达到系统节能目的。表3-4中的五种强化一级处理工艺均能提高一级处理设施的去除效率，以降低二级处理能耗。

强化一级处理工艺及其特点　　　　　　　　　　　　　　　表3-4

工艺	特点
水解	将厌氧发酵过程控制在水解与产酸阶段。当污泥自下而上通过污泥层时，进水中的悬浮物质和胶体物质被厌氧生物絮凝体凝聚，截留于厌氧污泥絮体表面，慢慢地被微生物分解
预曝气	污水进入沉淀池前进行预曝气，以改善悬浮物的沉淀性能，促使悬浮物相互碰撞絮凝，使相对密度接近于1的微小颗粒经絮凝后在沉淀池内被去除。仅适用于处理规模较大，可设置曝气沉砂池，且剩余污泥量足以连续排放的污水处理厂
生物絮凝吸附	利用微生物的絮凝吸附作用快速去除污染物质，同时伴有少量的生物氧化。流程简单，运行费用较低。对有机物去除率较高，但对氨氮和磷几乎没有去除效果
化学絮凝	通过投加混凝剂以强化污水净化效果，对水中悬浮固体、胶体物质和磷的去除具有明显效果
化学~生物联合絮凝	以化学絮凝沉淀为主、生物絮凝为重要辅助作用，将化学絮凝强化处理与生物絮凝强化处理相结合，达到处理效果稳定可靠、明显降低药剂消耗量和处理成本的目的

对于有机物的去除率：化学-生物联合絮凝＞化学絮凝＞生物絮凝吸附＞预曝气＞水解；五种强化一级处理工艺对悬浮物的去除率均在80%左右；对于中低浓度一级处理工艺能达到一级排放标准。强化一级处理的具体优势见表3-5。

一级处理与强化一级处理效率比较（%）   表 3-5

工艺	悬浮物	生化需氧量	总磷	细菌
一级处理	50～60	25～40	10	—
强化一级处理	90	50～70	80～90	80～90

2. 新型二级处理工艺

传统的污水二级处理工艺以能消能，消耗大量有机碳源，剩余污泥产量大，同时释放较多温室气体到大气中。在污水处理过程中，减少碳源、化学药剂的投加有助于降低间接能耗。选择硝化/反硝化、厌氧氨氧化、反硝化除磷等工艺，可以在一定程度上避免外加碳源。

（1）短程硝化/反硝化工艺

在传统脱氮途径中，硝化/反硝化生物脱氮途径存在大量的能耗问题。事实上，硝化过程分为两步，即氨氮（NH_4^+）转化为亚硝酸氮（NO_2^-）的亚硝化过程与亚硝酸氮（NO_2^-）转化为硝酸氮（NO_3^-）的硝化过程。短程硝化/反硝化是通过创造亚硝酸菌优势生长条件，将氨氮氧化稳定控制在亚硝化阶段，使亚硝酸氮成为硝化的终产物和反硝化的电子受体。短程硝化/反硝化技术可节约近 25% 的需氧量和近 40% 的碳源，减少 50% 的污泥量。荷兰代尔夫特科技大学在 1997 年开发了短程硝化/反硝化工艺——SHARON 工艺，发现了具有良好好氧反硝化作用的细菌。表 3-6 列出了短程硝化/反硝化与全程硝化/反硝化的优势。

短程硝化/反硝化与全程硝化/反硝化的比较   表 3-6

项目	节约供氧量	节约有机碳源	减少污泥量		投碱量	反应时间	容积
			硝化过程	反硝化过程			
比例	25%	40%	24%～33%	50%	减少	缩短	减小

（2）厌氧氨氧化工艺

20 世纪 80 年代末发现了一种氨氮转化新途径——厌氧氨氧化（ANAMMOX）。该途径是在厌（缺）氧环境下以 NO_2^- 作为电子受体直接氧化到 N_2 的过程，并不涉及供氧及碳源消耗问题，所以这是一个典型的氨氮低碳转化途径，可将生物脱氮过程提升为可持续方式。ANAMMOX 过程实现的前提是需有足够的 NO_2^- 作为电子受体。因此，这种自养脱氮技术的核心是首先实现短程硝化。当前，工程上实现短程硝化的技术有中温亚硝化（SHARON）和生物膜内亚硝化（CANON）两种。荷兰鹿特丹 Dokhaven 污水处理厂已将 SHARON 与 ANAMMOX 成功用于污泥消化液的高氮处理，其他工程应用也陆续在荷兰、日本、中国等国家开展。与传统硝化/反硝化过程相比，SHARON 与 ANAMMOX 组合工艺可使 CO_2 排放量减少 88%、运行费用减少 90%。继 SHARON 与 ANAMMOX 的组合自养脱氮工艺之后，2007 年起在荷兰已有两处 CANON 工程应用实例，分别用于土豆加工和制革废水的高氨氮处理。

（3）反硝化除磷工艺

传统观念认为，生物脱氮与除磷是彼此独立、互不相关的两个过程，即脱氮与除磷是在两类完全不同的细菌作用下完成的生物过程。然而，工程实践中却发现自然界存在一类可以在缺氧环境下过量摄磷的细菌，在摄磷的同时将 NO_3^- 或 NO_2^- 还原为 N_2（反硝化），这类细菌被称为反硝化除磷菌（DPB）。实际上，将传统反硝化脱氮与生物除磷有机结合在一起，可以节省约 50% 的 COD 和 30% 的 O_2。可见，DPB 细菌在低碳运行方面起着举足轻重的作用。

反硝化除磷可以将生物脱氮与除磷合二为一，不仅节省碳源，而且可将多余的 COD 转化为 CH_4 能源。较早的南非 UCT 工艺及目前盛行的 A^2/O 工艺虽然在研发时并没有意识到 DPB 细菌的存在，但是这种厌氧、缺氧、好氧动态循环的工艺流程恰恰是 DPB 细菌繁殖、生长的必要动态环境。实际上，对 DPB 细菌的发现与认识便是源于 UCT 与 A^2/O 工艺。目前，已经十分成熟的反硝化除磷工艺——BCFSO，极大地改进了 UCT 工艺性能，将 DPB 细菌的生存环境与运行控制做到了极致。一种演示反硝化除磷能力的双污泥工艺——A_2N 已向人们充分展示了 DPB 细菌在同步脱氮除磷中的巨大能力与潜力。然而，这种工艺需要设置高效中间沉淀池，且在实际应用中很难保证有充足的 NO_3^- 电子受体。所以 A_2N 难以成为工程应用的实际工艺。

（4）好氧颗粒污泥技术

该技术属于最具发展潜力、可替代传统技术的战略性前沿生物处理技术之一。与全球范围内广泛使用的传统絮状活性污泥法相比，好氧颗粒污泥技术的微生物富集量是其 2～3 倍，生化反应效率高，出水水质好，占地面积比传统工艺节省 20% 以上，药耗、能耗都有明显的降低。国内龙头企业已通过自主研发攻克了该技术的工程应用瓶颈，突破了国外的技术封锁。北京城市排水集团有限责任公司于 2019 年建成并运行了国内首个好氧颗粒污泥方庄城市污水示范项目（1800m^3/d），正在建设国内最大规模的吴家村好氧颗粒污泥城市污水处理项目二期（80000m^3/d），预计项目建成后每年因降低耗电量可较传统活性污泥技术减少碳排放 882t，其中 2021 年 7 月实现一期（20000m^3/d）调试运行。首创股份河南省南阳淅川县马镫镇污水处理厂应用自主研发的 CREATE 好氧颗粒污泥技术进行提标扩容，深入挖掘处理潜力，原位扩容 3 倍以上，降低能耗、药耗 20% 以上，降低人工成本 30%，同时出水水质更稳定。

3. 深度处理生态工艺

人工湿地系统具有建造成本和运行成本低、能耗小、出水水质好、操作简单等优点，故可采用人工湿地、生态工程单独运行或与生化处理污水相结合的方式，利用自然界的水体、土地、植物和微生物的物理、化学、生物作用，去除污水中的悬浮物、溶解态有机物、N、P 以及重金属等，进一步提高出水水质。这将大大降低能耗，减少污染物排放，达到节能减排和景观效应。对于经济实力较弱和拥有大量闲置土地的地区，这将是切实可行的污水处理方法，国内外已有诸多地区建成了人工湿地及生态工程用于处理污水的实例。

4. 其他探索性工艺

（1）免灭菌合成聚羟基脂肪酸酯技术

免灭菌合成聚羟基脂肪酸酯（PHAs，俗称可降解生物塑料）技术，即利用污泥消化液制备可降解生物塑料。PHAs 是微生物细胞内一种贮存能量的生物聚酯。当微生物生长的外界环境条件不平衡时，微生物就会把多余的碳源转化成 PHAs 存储在细胞内。PHAs 具有与石油基塑料聚氯乙烯相似的物理性质，且具有生物降解性、生物兼容性，因而被认为是环境友好型材料，是传统塑料的绿色替代品，在医疗器械、环保包装、电导材料和香料传输等多个领域得到了应用。

近些年来，各国利用合成 PHAs 的混合菌群，以有机废弃物发酵产生的挥发性脂肪酸为底物合成 PHAs，进行了大量的实验研究。北京城市排水集团有限责任公司已建成污泥合成 PHAs 中试系统（250L/d），利用 1t 污泥（80％含水率）可生产 8kg PHAs，开辟了市政污泥资源化利用新途径，从而替代石油基塑料。该工艺具有以下优点：1）利用活性污泥混合菌群以发酵产生的挥发性脂肪酸为底物合成 PHAs，不仅可以减少城市污水处理过程中的污泥排放量，将污水中的污染物转化为合成环保塑料的原材料，还可以显著地降低 PHAs 的生产成本。2）活性污泥混合菌群结构相对稳定，工艺易于操控，运行简单，不需要严格的消毒纯菌环境，节省了工艺运行费用。3）利用活性污泥混合菌群生产 PHAs 的方法比单一底物纯菌发酵生产 PHAs 的方法更具有现实可行性和大规模推广的潜力。4）底物的选择更加多样化，不再单一，让碳源丰富的有机固体废弃物、工业和市政污水成为潜在资源。多种底物的使用不但可以从根本上降低 PHAs 的价格，还能同时处理剩余污泥，使得剩余污泥的减量化成为额外收获。因此，活性污泥法生产 PHAs 更具有大规模推广的潜力和现实意义。

（2）厌氧序批式消化工艺

基于 SBR 的运行模式，美国人研发并命名了厌氧序批式反应器（Anaerobic Sequencing Batch Reactor），即序批式操作与厌氧组成的新模式，简称为 ASBR。ASBR 中的厌氧颗粒污泥，不但泥水分离效果好，而且污泥浓度大、沉降速度快、污泥龄长、水力停留时间短。运行上，ASBR 与厌氧接触法类似，区别在于 ASBR 在反应器内实现固液分离，不用另设真空脱气装置和二次沉淀池。由于反应过程中会生成甲烷等气体，使反应器内部存在一定的压力，所以出水时沉淀污泥不容易漂浮至反应器表面。除此之外，与 UASB 相比，ASBR 无需设三相分离器。总之，ASBR 工艺简单、生化反应推动力大、运行方式灵活而且耐冲击负荷等。

此工艺可深挖污泥生物质能回收潜力，提高可再生能源产率，北京城市排水集团有限责任公司已在研究开发厌氧序批式消化工艺（ASBR）、微电压驱动高速厌氧消化工艺等，预计将提升产气率 10％～15％，节省厌氧消化池池容 50％以上，通过微电压强化可提升产甲烷速率 50％以上，停留时间可缩短 25％以上。

（3）超磁分离＋低碳双泥龄复合脱氮工艺

磁分离技术是将物质进行磁场处理的一种技术，该技术的应用已经渗透到各个领域，该技术是利用元素或组分磁敏感性的差异，借助外磁场将物质进行磁场处理，从而达到强化分离过程的一种新兴技术。超磁分离水体净化技术较早在冶金行业得到应用，技术相对成熟；对于浊度高、悬浮物难沉降的，大水量矿井水处理有特别优势。该技术能有效去除水中的悬浮物、总磷、非可溶性 COD、重金属等污染物，可以替代传统工艺中的絮凝沉淀环节。超磁分离系统可用于污水处理厂提标改造及扩容、工业废水处理、黑臭水体治理。磁分离能迅速完成固液分离，快速去除悬浮物、降浊、除磷、减 COD、净化水体。超磁分离水处理系统，通过磁加载絮凝使絮体带有磁性，从而用磁力捕捞进行分离。该技术的分离过程仅需 30s，占地面积仅为传统絮凝沉淀池的 1/8，具有处理量大、见效快、能耗低、运行费用相对较低等特点，优于传统絮凝沉淀工艺，作为一体化设备集成应用的优势显著。

闭式双泥龄活性污泥工艺类似于 BABE 工艺，它是在短泥龄的普通曝气池一侧并联一个长泥龄的 A/O 池，其相当于普通曝气池的侧流硝化菌富集池。污水按一定的分配比分别进入普通曝气池和 A/O 池，两个生物池的泥水混合液汇入同一个二次沉淀池，沉淀分离后的回流污泥再按同样的分配比分别流至普通曝气池和 A/O 池，而剩余污泥排出系统。这使普通曝气池在低 SRT 条件下仍具有很强的硝化能力，从而达到了强化硝化的目的。该工艺具有占地面积小、运行成本低、处理效果好等优点。首创股份高淳县东坝污水处理厂是首创股份打造的国内首个应用"3R WATER 未来污水处理技术"的污水处理厂，涵盖资源转化、能源回收、低碳和谐三要素，核心工艺采用超磁分离＋低碳双泥龄复合脱氮工艺，有效提高了污水处理厂的能源自给率，实现了高品质碳源、高纯磷资源及污水热能的回收和再利用。

3.3.3 能源开发与利用

污水处理厂虽然是高耗能行业，但同时也是潜在的能源工厂，如污水的余热、污泥厌氧消化产生的沼气、可回用的中水、污水处理厂出水的水力、利用光伏发电模块补偿污水处理厂的电力消耗等，这些可观的可回收资源成了污水处理厂实现碳中和运行的客观条件。根据能量来源的不同，可以将污水处理厂能源利用技术大体分为 3 种，即污泥的利用、污水的利用以及自然能源的利用。

1. 污泥资源化利用

我国在污泥处置方面还存在污泥处置设施不健全、监管不到位、处置方式缺乏科学性、技术政策基本不完善等问题。要打破我国污泥处理的困境，首先要提高污水处理厂的进水浓度，从而提高污泥的有机质含量；其次，需要探究更好的污泥处理处置技术，尽可能地发展污泥高级处置项目，促进污泥能源化、资源化。

（1）污泥厌氧消化

在三者中受关注最多的可利用资源就是污水处理的副产物——剩余污泥。在我国，活性污泥法是常见的污水处理方式，随之而来的则是大量污泥的产生。按干质量计算，剩余污泥以有机成分为主，其质量分数为 70%～80%。剩余污泥中有机质其实是一种绿色能源，通过厌氧消化产生沼气、生物燃料（氢气、合成气、生物柴油等）可以弥补污水处理厂部分甚至实现碳中和运行所需要的全部能量。沼气是污泥厌氧消化的必然产物，也是一种燃烧热较高的清洁能源，其热值为 $8.4 \times 10^4 \, kJ/kg$，在燃烧时可以同时提供电能和热能，具备实现负碳排放的可能。北京城市排水集团有限责任公司正在逐步完善沼气发电耦合热电联产技术，预计 2021—2022 年其位于北京的五座污水处理中心可实现沼气全利用目标，预计可替代污水污泥处理全过程 18%～20% 的电能，每年预计可减少二氧化碳排放量约 8 万 t。

由于污泥中以细菌为主的微生物具有坚固的细胞壁，污泥中又存在木质纤维素、腐殖质以及其他影响有机物水解的物质，这就使得厌氧消化过程中有机物转化为能量的效率很低，一般在 30%～45% 以下。为了获得更多的沼气，人们对提升厌氧消化产气能力进行了研究，发现当多种外源有机废弃物与剩余污泥厌氧共消化时可以取得"1＋1＞2"的能量转化效果，这就为我国污水处理厂碳中和运行提供了一种潜在的能量来源。

厌氧共消化技术是将 2 种或 2 种以上不同来源的有机废弃物在同一反应器内混合进行消化的厌氧处理方法。剩余污泥中存在的一些金属离子与毒性化合物可能会对厌氧消化工艺产生不利影响，当剩余污泥中添加适量其他有机固体废弃物后，剩余污泥中产生潜在抑制作用的物质浓度便会被稀释，在一定程度上可减少运行的负面影响。与此同时，加入共消化底物后，微生物营养种类随之增加，会对微生物种类、数量、生长繁殖等具有促进作用，从而提高厌氧消化能源转化效率，增加沼气产量，最后通过热电联产（CHP）方式回收电能、热能，最大限度利用有机固体废弃物中潜在的能源并减少碳排放。厌氧共消化技术在欧洲已成为普遍认可并成功应用的工艺，在污水处理厂剩余污泥处理/处置上的应用与日俱增。

提高 CH_4 产量是厌氧共消化技术的主要目的。共消化有机底物与剩余污泥之间存在的协同机制既可以提高 CH_4 产量，也可以提高产 CH_4 速率。研究表明，向中温厌氧消化剩余污泥中加入 20％餐厨垃圾，CH_4 产量可提高 21％；剩余污泥与油脂废弃物以 40：60 比例混合共消化，沼气产量比单独污泥消化增加 285％；剩余污泥与 5％灭菌后屠宰废水共消化，有机负荷增加 $1.28kg/(m^3 \cdot d)$，产气量是污泥单独消化的 5.7 倍；剩余污泥与石莼藻以 85：15 比例混合，产 CH_4 速率比剩余污泥单独消化要高 26％。一般而言，由于添加共消化底物，会导致沼渣量增加；但是适量投加共消化底物并不会对沼渣数量及质量产生消极影响。研究显示，添加共消化底物负荷≤25％时，不会导致泥饼量显著增加，也不会因此造成泥饼处理成本增加。

我国有机废弃物产量居世界较高水平。据统计，2010 年全国秸秆理论资源量为 8.4 亿 t，畜禽养殖业粪便产量约为 2.43 亿 t，城市有机生活垃圾清运量 0.8 亿 t 以上。有机废弃物处理处置方式不当会导致侵占土地、污染大气/土壤/水体、传播疾病等一系列有悖于生态文明建设的严重环境污染问题。不同来源、同类废弃物的统筹规划、设计、运行是今后环境保护基础设施建设的一种必然趋势。像餐厨垃圾、禽畜粪便、垃圾渗滤液等高浓度有机废弃物，若单独采用厌氧消化处理，不仅分散、占地多、投资大，而且难以有效管理运行，且易出现扰民的臭味问题。污水处理厂一般都建有剩余污泥厌氧消化池，且厌氧消化池运行空间得不到充分利用，如果能将这些有机废弃物作为污泥共消化的原料，则可以发挥剩余污泥与外源有机废弃物二者的协同消化作用，而且还能在节约基建投资的情况下处理其他来源的有机废弃物，使污水处理厂碳中和运行成为可能。

（2）污泥焚烧

污泥焚烧也是一种常见的污泥处置方式。污泥中有机物质的热值较高，通过焚烧炉对污泥内的有机物质进行高温氧化，进而促使污泥被完全矿化成约 10％的无菌、无臭的固体灰渣。污泥焚烧具有占地面积小、处理时间短及适用范围广等特点，经焚烧后的污泥减量化程度彻底，无害化效果稳定，同时焚烧产生的热量可用于电厂发电和供热热源，焚烧后的剩余物可作为土壤改良剂和水泥添加剂，实现污泥的资源化利用。

污泥焚烧有直接焚烧和干化焚烧两种方式。直接焚烧就是把脱水污泥直接装进焚烧炉中进行焚烧处理，由于污泥中水分比较多且很难点燃，其热量平衡为负数，需要不断地增添燃料维持燃烧过程，因此该方法应用较少。干化焚烧就是等脱水污泥进行干化处理之后再进行焚烧，引燃的时候，只需要加入少量的辅助燃料就能使污泥自燃，同时通过热干化技术可借助污泥焚烧过程中生成的热量来对污泥进行热干化，回收热能，不仅焚烧处理速度快，而且贮存期短。上海石洞口污水处理厂一期工程每天产生含水率为 70％的污泥量 213t，采用污泥干化＋焚烧处理工艺，污泥在低温（约 85℃）下被干化至含水率约 10％，然后进入流化床污泥焚烧炉，在 850℃以上进行焚烧。污泥干化之后大约含有 14880kJ/kg

的热值可被有效回收，再应用到加热导热油中，可满足污泥干化所需的热源。常州锡联环保科技有限公司的夹山污泥焚烧项目，采用流化床对干基热值为 7116～9209kJ/kg 的污泥进行焚烧，污泥焚烧产生的约 850℃ 的高温烟气在尾部烟道中通过空气预热器和省煤器分别加热燃烧所需的空气以及干化所需的导热油，目前已将导热油热能的额外回收列入计划，预计每小时热回收量将超过 1000kW。

但污泥焚烧存在能耗大、投资成本高等缺点，污泥焚烧的投资成本约为卫生填埋的 3 倍，为污泥堆肥的 2 倍。污泥焚烧过程中会产生大量废气、飞灰等有毒有害物质对大气环境造成二次污染，因此在焚烧过程中应加强对废气和飞灰的控制及回收处理。应尽可能避免污泥焚烧中的能源消耗和有害气体的产生，当前的研究多集中于污泥协同焚烧并从中回收电能和热能。水泥窑协同焚烧污泥具有有机物分解彻底、抑制二噁英生成、不产生飞灰、固化重金属等特点，同时可以在水泥熟料煅烧阶段代替煤的燃烧，有效地利用了污泥的热值。但是这种工艺存在产生恶臭气体、生成 NO_x 的问题，因此还有待于控制和完善。

除水泥窑协同焚烧外，当前针对污泥焚烧主要的协同焚烧方式是电厂污泥掺烧。利用现有燃煤电厂来焚烧处理污泥不失为一种较好的方法。对于电厂来说污泥掺烧的运行费用要比污泥单独焚烧低很多。污泥中也含有一定的热值，能够为锅炉燃烧提供一定的热量。将煤粉与污泥混合后，通过入炉皮带、制粉系统输送到炉膛内进行燃烧，这样做节省了一定的燃料，利用已有的锅炉燃烧装置以及污染物处理系统，降低了投资费用，创造了很大的经济效益，因此在现有的煤粉炉装置的基础上对污泥进行掺烧要更加经济方便。污泥掺烧之后所产生的气体产物将与煤粉的气体产物一起进入锅炉的后处理中，而污泥燃烧所产生的结渣也可以用作工业原料，从而实现污泥的无害化以及资源化处理，有助于污水处理厂实现碳中和运行。

（3）磷回收

从污泥消化上清液或污泥焚烧灰分中回收磷元素也是常用的能源回收方法。磷是生命所必需的元素，因不可再生而受到国内外学界、管理机构以及工业界的广泛关注。为满足人口激增带来的对食物的需求，人们将磷矿用于化肥生产，磷通过粮食、蔬菜以及畜禽肉类进入人体，而随食物进入人体的大多数磷（90%）会随排泄物进入污水（无粪尿返田情况）。随人体排泄物进入污水中的磷要么去除，要么以某种形式回收。否则，磷进入地表水体后势必引起水体富营养化。从污水处理过程中回收磷存在多种方式，而与污泥焚烧相结合的灰分磷回收潜力最大，可回收的磷也最多。市政污泥焚烧灰分中磷元素质量通常占总灰分质量的 4.9%～11.9%，平均值约为 8.9%（折算成 P_2O_5 约为 20.4%），相当于中高品位的天然磷矿。然而，污泥焚烧灰分中所含磷成分仅 29.1% 可溶于中性柠檬酸铵溶液，即能被植物吸收的磷不到 1/3。因此，污泥灰分不宜直接作为磷肥使用，而需要类似磷矿那样用作磷肥原料进一步加工。化工上常用的灰分磷回收工艺较多，其中鸟粪石沉淀法工艺过程简单、工程应用案例较多，将沉淀下来的鸟粪石经洗涤分离、脱水干化后可获得优质的磷肥。在处理污泥的同时回收磷元素，减少了磷矿的开采，不仅实现了资源再利用，同时也有助于其他行业减少工程运输过程中产生的碳排放。

（4）污泥热解制油技术

热分解技术不同于焚烧，它是在氧分压较低的状况下，对可燃性固形物进行高温分解生成气体产油分、炭类等，以此达到回收污泥中潜能的目的。热解制油就是通过热分解技术，将污泥中的含碳固形物分解成高分子有机液体（如焦油、芳香烃类）、低分子有机体、有机酸、炭渣等，其热量就以上述形式贮留下来。污泥中的炭约有 2/3 可以以油的形式回收，炭和油的总回收率占 80% 以上；而热解制油技术中油的回收率仅为 50%。由于热解法只需提供加热到反应温度的热量，省去了原料干燥所需的加热量，因此能量剩余较高，为 20%～30%（一般在污泥含水率 80% 以下的情况下）。

（5）污泥生物制氢

污泥制氢技术主要有污泥生物制氢、污泥高温气化制氢及污泥超临界水气化制氢。三种制氢技术相比较，超临界水气化制氢技术具有良好的环保优势和应用前景，目前已积累了一些试验研究结果。该技术是一种新型、高效的可再生能源转化和利用技术，具有极高的生物质气化与能量转化效率、极强的有机物无害化处理能力、反应条件比较温和、产品的能级品位高等优点。与污泥的可再生性和水的循环利用相结合，可实现能源转化与利用以及大自然的良性循环。在超临界水中进行污泥催化气化，污泥的气化率可达 100%，气体产物中氢的体积分数甚至可以超过 50%，且反应不生成焦炭、木炭等副产品，不会造成二次污染，具有良好的发展前景。但是生物制氢能量转化效率较低，难以突破 30%。从另一个角度看，虽然 H_2 本身属于一种清洁能源，用它发电不产生 CO_2，但不可忽略的是这种 H_2 的产生同样源于 COD，在产生 H_2 的同时也伴随着 CO_2 的出现，以至于这种产氢方式实际上并非清洁能源。

2. 污水资源化利用

污水作为资源与能源的载体越来越受到人们的广泛关注。开发利用其中蕴含的能量有助于污水处理实现碳中和运行。污水资源化利用可以分为污水余热利用、污水水力利用和污水再生回用。

（1）污水余热利用

城市生活过程向污水中输入大量热量使其温度往往比环境温度高（冬季）或低（夏季）。污水余温一般在 30℃ 以下，但蕴含的热量却很大。污水余温废热约占城市总废热排放量的 40%，且因四季温差变化不大、流量稳定而具有冬暖夏凉的特点。所以，污水余温比较适合通过水源热泵交换回收，是一种可以利用的清洁能源。这部分能源可以通过污水源热泵技术对其进行收集和传输，为厂区甚至厂区周边生活区进行供暖或者制冷，有着非常大的碳补偿潜力。污水源热泵的合理应用将带来可观的 CO_2 排放消减量，污水源热泵技术在污水处理行业很受欢迎。在北京，高碑店再生水厂、小红门再生水厂、槐房再生水厂、清河再生水厂、清河第二再生水厂、酒仙桥再生水厂、定福庄再生水厂、高安屯再生水厂、北小河再生水厂、卢沟桥再生水厂、吴家村再生水厂 11 座再生水厂，均应用了水源热泵。2016—2020 年，上述再生水厂累计供热量为 530 万 GJ，累计节约天然气约 1.6 亿 m^3，年供热量为 106 万 GJ，年节约天然气 3180 万 m^3，减少碳排放 62328t。

（2）污水水力利用

污水处理厂出水的水力，可以通过在管道内设置涡轮机进行发电，在获得电能的同时又可以增加水中的溶解氧，但是这种方法需要污水处理厂出水具有较大的动能以带动涡轮机，否则会大大提升投资成本。我国香港昂船洲污水处理厂作为全港处理污水量最大的污水处理厂，具备 245 万 t/d 的处理量，能为约 570 万市民提供污水处理服务。因土地所限，昂船洲污水处理厂以 46 组双层沉淀池对污水进行化学强化一级处理，而每两组沉淀池会共享一条垂直竖井（即总共23条竖井），将已净化的污水送进地下排水管进行最后消毒，继而辗转排入深海。鉴于昂船洲污水处理厂每天处理大量污水，加上其沉淀池的独特双层设计，可在排放已净化污水的同时，提供一定的液压能量，推动涡轮发电机发电。施工团队在沉淀池的竖井内安装了水力涡轮发电系统，通过大量高压水流推动水力涡轮发电系统进行发电。这套水力涡轮发电系统于2018年末成功投产，系统平均每月可产电量超过10000kWh，约相当于香港25个家庭每月平均用电量。

（3）污水再生回用

污水再生回用是将处理后的污水进行再生，并进行循环利用。2010年，美国日回用的中水量达到17亿gal，且回用率以每年15%的速度保持增长。我国水资源不足的城市众多，400多座城市存在缺水问题，占我国城市总数的2/3，严重缺水城市达到了全国的1/6。另外，由于日益严重的水污染现状，可用的水资源日趋紧张。随着我国工业化水平的不断提高，城镇生活污水和工业废水成为城市发展的负担，也成为城市水资源污染的主要来源，许多城镇的污水排放量已经超过了当地的环境承载力，为居民生活和城市发展带来了极大的阻碍和压力，再生水回用率严重不足是污水处理行业亟待解决的问题。再生水的回用可以产生一定的经济价值，被净化的污水可以通过消防用水、景观用水、工业用水、居民用水等方式得到二次利用，通过这种方式可以减少对新鲜水源的消耗及水在运输途中产生的能源消耗及碳排放。

3. 自然能源资源化利用

由于污水处理厂构筑物占地面积较大，厂区内地势大多平坦开阔，因此一些污水处理厂也尝试利用自然能源进行发电（如风力发电和太阳能发电）来弥补自身的能源消耗。风能和太阳能是既环保又可再生的能源，属于绿色环保能源，被认为是21世纪最重要的新能源。目前，我国污水处理厂与光伏发电项目的结合尚处于发展阶段，部分企业已在探索利用污水处理厂的初次沉淀池、曝气池、膜池、清水池等构筑物上方空间安装光伏发电设备，以实现削峰填谷、清洁发电。

北控水务集团有限公司目前已有超过42家污水处理厂采用光伏发电，总装机容量超过32.19MW。以江苏宜兴污水处理厂分布式光伏发电项目为例，该项目位于宜兴市，覆盖宜兴市城市污水处理厂、宜兴市新建污水处理厂、宜兴市官林污水处理厂、宜兴市南漕污水处理厂、宜兴市徐舍污水处理厂、宜兴市西渚污水处理厂、宜兴市张渚污水处理厂及宜兴市和桥污水处理厂8个污水处理厂，利用厂区内污水池、沉淀池、絮凝池上方空间，办公楼屋面，新建厂区道路光伏通廊和光伏车棚建设光伏电站，总安装容量约8.1MW，采用0.4kV电压等级并网、"自发自用，余电上网"模式，于2017年年底完成并网。但是光伏发电技术投资较高，且容易受天气条件影响，不能成为稳定的产能单元，对污水处理厂碳补偿能力有限。

3.4 城市雨洪系统的碳减排技术

3.4.1 海绵城市建设原则

近年来，温室气体排放导致全球气候变化的现象越来越受到人们的关注。尤其是特大暴雨频繁的发生导致我国城市内涝严重，这也可以归因于快速城市化对城市水文的破坏。据统计，2016 年我国有 26 个省份发生城市内涝，影响了 1.02 亿人，并导致约 538.4 亿美元的直接经济损失。2017 年，全国共发生暴雨 36 次，造成严重洪涝灾害，直接经济损失达 255.7 亿美元。据水利部统计，2020 年 8 月长江、淮河流域特大洪水影响了 6346 万人，造成直接经济损失 255.7 亿美元。城市化的不断扩张以及过度使用灰色建筑导致路面硬化程度加深，使得大量自然地表被硬化混凝土路面取代，严重破坏了原始自然状态下的水平衡和水文循环，加剧了城市洪水发生频率以及水污染。因此，有必要寻找有效的城市水资源管理方式，以及更加节能减排的技术来解决内涝、水污染、水生态退化、水资源短缺的问题。

海绵城市建设是在继承我国古代先贤智慧和参考国外经验，系统总结我国雨洪管理领域长期研究和实践经验的基础上，结合我国城市水系统实际问题提出的城市发展方式，其核心是构建基于绿灰结合的现代城市雨洪控制系统，通过"渗、滞、蓄、净、用、排"综合措施，实现"治涝"与"治黑"等多重目标。低影响开发是海绵城市建设的重要指导思想，也是海绵城市核心技术体系的重要组成部分。正确认识低影响开发与海绵城市的内涵与联系，对于进一步在全国范围内落实低影响开发建设模式，科学推进海绵城市建设具有重要意义。低影响开发技术作为分散式的源头、中途和末端削减措施，是建设海绵城市的重要途径，将城市的发展和自然保护紧密结合在一起，在强调经济发展的同时，通过各种技术措施减少对生态环境的冲击破坏，将人工系统和生态环境有机结合，以最小的经济投入缓解城市内涝灾害，同时还能减少城市的碳排放及能源消耗。目前我国的雨洪管理理念还比较落后，只有部分城市采用了低影响开发措施结合雨水管网系统，且有关技术措施的研究较少。因此，加强关于海绵城市建设中低影响开发雨水系统的研究就显得尤为重要，同时，低影响开发还能为碳减排交易做出贡献，为我国低碳发展事业做出贡献。

3.4.2 海绵城市碳减排途径

1. 绿化系统直接减排

绿地系统是城市环境支持系统中的一个重要部分，也是唯一执行"纳污吐新"负反馈机制的子系统，在生态环境中发挥着不可替代的碳氧平衡作用，被誉为"城市之肺"，越来越受到城市建设和规划者的重视。栽种植物作为最好的自然碳汇方法，在整个过程中不消耗能量，不加大碳排放总量，且植物本身仅通过光合作用等就能很好地实现碳捕获和固化。社区绿地更是具有固碳释氧、降温增湿、雨水减排、净化大气及生态景观绿化等多种生态作用，可以大幅改善居民的生存环境和生活质量。

城市绿地系统通过植物的光合作用吸收大气中的二氧化碳，并将其转化为有机物保存在植物和根系的土壤当中。研究发现，一个社区根据社区内绿化情况固碳能力在 $17 \sim 117t/hm^2$。王慧等通过对山西省公路绿化植被的研究发现，有效面积为 $29194.29hm^2$ 的山西公路绿化系统，至 2011 年其碳储量总计达到了 88743.6t，结合滞尘和降噪等效益，生态效益经济价值达到了 3.47 亿元。对成都市沙河植物廊道的研究表明，整个沙河植物群落中乔木树木的年总固碳量达到了 58700t，总释氧量约为 42700t。李霞等对北京海淀公园的绿地研究表明，该区域生长季 3—10 月份是以吸收二氧化碳为主，而在植物的凋落季则是以释放二氧化碳为主，每公顷每年吸收总固碳为 8.7554t。

因此，保护和管理好现有的城市绿地，并增加城市的绿化面积，可有效增加植物对碳的吸收，发挥绿地系统的碳汇作用。为了保证植物能够稳定有效地实现碳捕获和碳固定，应该对植物种类进行合理的选择，在栽种初期和后期的管理维护中保证植物得到正常的养护和补植，对于生物滞留设施等生物群落较为复杂的低影响开发措施，应该采用复层群落种植，使得各类植物的根系在土壤基质的不同深度能够合理搭配在一起。这样单位面积植物的固碳量能够最大化，同时适量增加生长速度快的植物，以增加每年的碳收集量。

2. 化石能源降耗减排

在城市化进程中，下垫面的变化使得城市地表上的辐射平衡发生了变化，大量的人为活动改变了原有自然条件下的热、水循环过程和大气质量，同时，大量的城市建筑物也对空气的流动产生了阻碍，不透水面的增加使得地表向大气的水汽通量大大减小，导致局部的"热岛效应"。

化石能源消耗是产生二氧化碳排放的重要原因，因此提高现有的能源利用效率可以有效地减少碳排放，一些发达国家在十年前就已经开展了相关的节能鼓励政策，其中美国选择对使用节能产品和建材的居民实施税收减免政策，欧盟在2005年关于能源效率的绿皮书中指出，到2020年节约能耗20%的目标。我国一直致力于减少单位GDP的二氧化碳排放量，到2020年减排目标为：单位GDP碳排放量较2005年减少45%，非化石能源占一次能源消费比重提至15%。相关研究人员研究了我国煤炭生产第二大省——内蒙古的中小企业，提出了采用清洁的生产方案有助于实现煤矿碳排放减少约4%。

城市中心往往是商业、居住等建筑密度较高的区域，在这种黄金地块中绿化面积不会太大，且由于热岛作用城市中心的温度会明显高于周边区域，提高城市中心区域的绿化率可以有效地降低城市中心的温度。海绵城市建设中，低影响开发技术如绿色屋顶、生态植草沟和停车场的生态改造，会大大改善社区的气候条件，使得居民家中的空调使用时间大大缩短，直接减少了社区的耗电量。佟华等用遥感影像和计算机模拟技术对北京市的楔形绿地研究发现，建成后的楔形绿地降温作用达到了1~5℃，直接减少了空调使用能耗所产生的二氧化碳排放量。

同时，海绵城市建设中从透水铺装和排水管道优化等方面减少了混凝土的使用量，混凝土的生产，包括原材料、搅拌过程、车辆油耗（运输与泵送）、废物处理等所有环节都在直接或者间接地排放二氧化碳。低影响开发措施的下渗能力使得城市地表较传统的硬地开发滞蓄了更多的雨水径流，因此通过雨水管网排放的水量将大大减少，降低了雨水提升泵站和雨水处理厂处理COD等能耗，从而进一步减少了化石能耗所产生的碳排放。

3. 低影响开发措施减碳效应

（1）绿色屋顶

绿色屋顶的减碳能力与植被类型、土壤基质类型和厚度等因素均有较大关系。简单式和复杂式绿色屋顶对二氧化碳的吸收和固定能力平均约为0.365kg/（年·m²），绿色屋顶的植被类型、土壤基质类型和厚度等均能影响屋顶绿化系统的固碳释氧能力。

建筑环境造成的温室气体排放量占温室气体排放总量的一半左右，对其采用可持续改造的实践至关重要，其解决方案之一就是绿色屋顶改造。绿色屋顶通过植物的遮阳和蒸腾作用吸收空气中的热量，降低屋顶表面和周围环境空气温度，对其所处建筑的能耗降低也起到一定的作用，直接减少了产能相关的碳排放。其同时具有保温、缓解城市热岛效应、减少空气污染物排放、二氧化碳封存等优点。Peng 等研究发现，大型绿色屋顶的安装可以大大减少能源消耗，降低大气中二氧化碳浓度。

美国的一项长期研究发现，由于屋顶植物作用，使得建筑物的外墙和屋顶温度最大能够降低 $11\sim25\,℃$。吴金顺在河北省进行的绿色屋顶节能研究表明，简单式屋顶绿化系统每年可节省空调降温能耗达 $6.307kWh/m^2$，参考我国煤电碳排放系数，绿色屋顶可减少二氧化碳排放量为 $6.118kg/(年\cdot m^2)$。

绿色屋顶对雨水径流的减排可有效减少城市排涝泵站的运行负荷，间接减少碳排放量。根据赵宝康等学者的研究，雨水提升泵站所用电耗与单位提升流量的关系为 $45.50\sim54.40kWh/1000m^3$，参考我国煤电碳排放系数，排水泵站运行二氧化碳排放量为 $44.135\sim52.768kg/1000m^3$。

绿色屋顶能够去除径流中的污染物，降低雨水处理所需要的能耗，从而减少碳排放。污水处理厂处理单位 COD 所需电耗不同，其加权平均耗电为 $0.330\sim0.360kWh/kg$，参考我国煤电碳排放系数计算，为 $0.321\sim0.351kg/kg$ COD。

（2）透水铺装

透水铺装是低影响开发技术中应用较为广泛，且技术较为简单的措施。通过透水铺装能够有效地减少城市微环境的热岛效应，与沥青铺装和混凝土铺装相比，透水铺装具有减小地表表面温度、碳螯合等作用，同时能够影响周边环境的地表水和空气温度。

透水铺装对碳排放的减排作用也体现在其对径流总量的削减作用，透水铺装相比较传统的混凝土铺装和沥青铺装，其表面具有更好的下渗能力，区域外排的雨水径流总量减少，从而降低了雨水泵站的运行能耗，且外排的雨水中污染物的总量也有所减少。这样同时削减了雨水泵站和排水管网的运行能耗，以及污水处理厂中处理 COD 等污染物的能耗，从而间接地减少了碳排放，实现了相应的碳效益。

（3）生物滞留设施/下凹式绿地

相同的绿地面积，由于生物滞留设施植被的复杂性和多样性，其对空气中的二氧化碳的吸收和固定作用要好于普通的绿地系统。且在生物滞留设施的布置中，可以通过进一步优化植物的种类和各种植物类型的配比，增加整个生物系统的碳汇量。对于下凹式绿地而言，其植物的固碳作用与普通的绿地系统没有明显的区别。

生物滞留设施的使用，使得相同的绿化面积下渗了更多的雨水径流，降低了雨水泵站及排水管网的运行能耗，同时使得区域内外排雨水径流的水质获得改善，降低了城市雨水处理的相关能耗，其对碳减排的效益可参考绿色屋顶对化石能源降耗减排的作用。

（4）其他低影响开发措施

其他低影响开发措施如植被缓冲带、植草沟等，均对区域内的径流总量和径流污染有一定的控制作用，因此也可以从绿化系统直接减排和化石能源降耗减排的角度来分析它们的碳减排效益。同时，还有蓄水池等贮存类的生物滞留设施，通过对雨水的贮存和水资源的再利用减少了城市对自来水的需求，从而进一步减少了由于生产自来水及管网配给等方面的能耗而产生的碳排放。并且，由于采取低影响开发措施，管道在相同的重现期下管径可进行相关的优化，从而减少了管网的混凝土使用量。研究表明，根据生产工艺不同，每立方米混凝土的碳排放量为 $187.84\sim224.96kg$。

3.5　工业和家庭用水碳减排技术

3.5.1　工业用水碳减排技术

工业用水具有以下几个特点，首先是用水量大，我国城镇工业取水量占全国总取水量的20％，但随着城市化和工业化进程的加快，城镇工业数量大幅增长，水资源供需将逐渐增大；其次是大量的工业废水直接排放，我国城镇工业废水排放量约占总排水量的49％，由于绝大多数有毒有害物质随工业废水排入水体，导致部分水源被迫弃用，加剧了水资源的短缺；此外，工业用水还具有用水效率总体水平较低和用水相对集中的特点。随着我国工业的迅猛发展，水资源问题、能源问题和污水排放问题日益突出，为保护生态环境，我国制定了一系列节能、节水、减排的政策、法规，督促工业企业进行降耗减排。

1. 优化循环冷却水系统

循环冷却水系统是工业生产中的重要组成部分，也是水耗、能耗较高的部分，如循环冷却水系统的用水量占整个工业用水量的70％～80％，又比如某内陆核电厂仅循环水泵耗电量就占全厂用电量的20％～30％。因此，循环冷却水系统的降耗减排对工业的降耗减排意义重大。

优化循环冷却水系统是工业企业降耗减排的有效途径，主要途径包括：优化水质稳定处理，系统清洗、预膜，在线监测控制以及优化冷却水塔和水泵等。

（1）优化水质稳定处理

水质稳定处理是提高循环冷却水系统浓缩倍数的常用方法，主要包括阻垢、缓蚀和杀菌处理，可分为化学法和物理法。化学法主要指向循环冷却水中投加阻垢剂、缓蚀剂和杀菌剂等水质稳定剂及加酸处理、软化处理（离子交换、石灰软化）等；物理法主要有胶球擦洗、旁流过滤（包括膜过滤），也有尝试利用电、磁、超声和光等手段处理冷却水，如电磁阻垢技术、静电水处理技术、超声波技术等。有时联合运用两类方法，以改善循环水水质、提高系统的浓缩倍数。

目前多采用设计合成、改性、复配等方法获取高效水质稳定剂，同时为减少循环冷却水排水中的磷含量，一般选用低磷或无磷药剂。水质稳定剂的使用效果取决于药剂本身的性能、冷却水的水质特点、系统的运行工况等诸多因素，因此一般需要先对工业循环冷却水系统进行调研，再通过实验室静态研究（静态阻垢、防腐、杀菌试验）和动态模拟试验，对水质稳定剂进行初步的评价和筛选，最后通过现场试验进一步验证药剂的可行性。化学法具有一定的弊端，如加药过程相对复杂、系统排水中的残留药剂污染环境等，而物理法不添加化学药剂，可同时进行阻垢、缓蚀、杀菌，国内已有一些企业尝试应用，并取得了一定的效果。如石家庄开发区德赛化工有限公司采用pH调节法高浓缩倍数运行技术和水处理专用药剂取得了年节水超50万t的效益；再比如武汉钢铁集团氧气有限责任公司，采用电化学技术取代传统的化学加药处理，取得了年节约新鲜水约17万t、节约运行成本约10万元的效益；解决了药剂排放的环保问题等。可见运行高效环保的水质稳定剂、新型环保物理技术以及高效旁滤等措施，可以提高系统的浓缩倍数、节水减排、降低运行成本，有利于保障系统的安全、经济运行，同时减轻对环境的危害。

（2）系统清洗、预膜

无论是新建的循环冷却水系统还是已运行一段时间的循环冷却水系统均需要进行清洗、预膜处理。对于新系统，设备和管道在生产、安装过程中可能会有一些碎片、油污、灰尘、锈蚀等沉积物，而老系统投运一段时间后，可能会由于结垢、腐蚀和微生物繁殖产生一些污垢，这些物质会恶化水质，降低换热器的换热效率，造成管道堵塞、系统泄漏等，严重影响系统的安全运行。清洗的目的是为了清除设备和管道中的污垢，预膜一般在系统清洗后进行，其作用是使清洗后的金属表面能形成一层均匀致密的保护膜，防止腐蚀。清洗一般包括物理清洗和化学清洗，预膜一般采用具有缓蚀效果的预膜剂处理金属表面。两者密切相关，相辅相成。

长期的工程经验表明，清洗和预膜是延长设备寿命、保障循环冷却水系统长期高效运行的一项重要措施，也对循环冷却水系统节水节能有着重要影响。为获得良好的清洗预膜效果，清洗预膜方案的设计需要充分考虑污垢的成分以及系统本身的特点，如水质、材质、结构等。如韩启飞采用静态腐蚀试验研制出了适合以地下水为补充水的循环冷却水系统低磷预膜剂 TS-52805A，将其应用于榆林某炼油厂循环冷却水系统，效果良好；杨喻等通过对现场垢样的分析和一系列评价实验筛选出 TS-271 清洗剂，并应用于石家庄某公司循环冷却水系统停车检修期间的清洗预膜中，现场清洗预膜效果良好；新疆中泰化学股份有限公司山西事业部聚氯乙烯装置循环冷却水系统经过在线化学清洗预膜，换热设备表面 90% 附着垢被去除，超温超压现象消除，增加了聚合反应的釜次，从而增加产量 20t，年增加利润 36 万元，同时大幅度降低了系统的运行电耗和水耗。

（3）在线监测控制

工业循环冷却水系统水量大、流程长，建立在线监测控制系统可以实时监控循环冷却水系统的运行情况，减少现场工作人员手工分析的工作量，解决人工分析的滞后性和片面性；可准确控制系统的加药量，稳定冷却水水质，减少系统的结垢和腐蚀，避免过量药剂的浪费；同时便于及时发现系统的异常，迅速处理事故，避免处理不及时造成冷却水的大置换排放损失与污水排放危害，因此建立循环冷却水系统在线监测控制系统是节水节能、经济安全运行的重要保障。

如孙墨杰等采用 C8051F020 微控制器研制了工业循环冷却水水质稳定性的在线监测装置，并在神华国华三河发电有限责任公司正式投入，该装置可实时反映现场循环冷却水的腐蚀结垢倾向。曹生现等开发了一种新型循环冷却水处理在线监控评价设备，应用于山东兖矿集团兴隆庄电厂 1 号机组，可实时评价水处理加药方案，有效抑制污垢、减轻腐蚀，系统的浓缩倍数由 2 提高至 4。天津国电津能热电有限公司 2 台 330MW 机组实施火电机组循环冷却水节能自动控制后，年节电 732.37 万 kWh、节省标煤 2490t，年减少 CO_2 排放量 6486t、减少粉尘排放量 3.68t。兖矿集团有限公司煤化分公司采用信息化技术控制循环水污染物浓度，消除换热设备泄漏事故 3 次，节约 600 万元停车维修费用，冷却水利用率由 75% 提高至 97%，每小时总排放污染物达标率由 85% 提高到 98%，年减少 COD 排放量 86t、节约排污费用 10 万元，并消除了安全隐患。黄春等设计了多参数监测的新型循环冷却水智能加药系统替换传统加药方式，药剂费用下降 25%，能耗降低 20%，水资源节约 31%，每年节省 225 万元。

（4）优化冷却水塔和水泵

冷却水塔和水泵是循环冷却水系统的重要组成部分，通过采用水轮机技术、水泵变频调速控制技术以及优化改造冷却水塔等措施，可以显著降低系统的水耗、能耗。

如乌鲁木齐某炼油厂原逆流式填料冷却塔风阻大、冷却效果差、运行费用高且污堵现象严重，将其改造成无填料喷雾冷却塔，同时利用冷却水喷淋前的剩余能量驱动冷却塔水动力风机替代原电驱动风机，使系统阻力降低46%，风机节电100%，年平均节省运行费用12.4万元。中海石油化学股份有限公司一期循环冷却水系统将原横流冷却塔改造为逆流塔，并合理配置配水系统和收水系统，年节电143.68万kWh、节水29568m³。新钢公司第一动力厂采用水泵变频技术，使水泵机组运行节能46%，年节约电费93万元。

2. 污水深度处理回用

污水回用于循环冷却水系统已经成为目前解决水资源供求矛盾的重要举措，一方面可以节约水资源，实现水资源的回收利用，另一方面可以有效减轻污水排放危害环境，并在一定程度上降低循环冷却水系统的运行成本，同时有助于企业树立良好的社会形象，因而具有重大的社会、环境与经济效益，是国内研究的一大热点。

目前国内已有不少企业采用中水作为循环冷却水系统的补水水源。中水也称为再生水，其水质介于污水与自来水之间，指生活污水和工业废水经过一定的技术处理后达到《循环冷却水用再生水水质标准》HG/T 3923—2007等标准的非饮用水，可回用于水质要求不高的场合，如城市景观补水、农业灌溉、工业循环冷却水等。中水量大、集中，受气候条件、洪枯水期等因素影响小，但中水中的悬浮物、盐类、有机物等含量较高，微生物种群复杂，碱度和硬度较高，回用于循环冷却水系统时将加剧系统的结垢、腐蚀与微生物滋生，严重威胁系统的安全，因此中水回用前必须进行深度处理。中水深度处理技术主要包括过滤、石灰软化、吸附氧化、曝气生化、离子交换、膜处理等。深度处理工艺的设计需要充分考虑中水的水质水量、循环冷却水系统的水质要求、浓缩倍数、系统材质与结构等实际条件，借鉴类似工程的运行经验或模拟试验结果，进行技术经济综合比较，以确定经济高效的中水深度处理方案，同时配合有效的阻垢、缓蚀、杀菌措施，确保系统的安全运行。其他污水，如工业生产废水、循环冷却水排污水和厂区生活污水等，经合适的深度处理工艺处理后也可回用于循环冷却水系统。

表3-7列举了一些污水回用于循环冷却水系统的工程实例，由表可知，污水回用于循环冷却水系统是一种有效的节水减排途径，企业在为我国的环保做出减排贡献的同时也获得了经济效益。

污水回用于循环冷却水系统的工程实例 表3-7

污水	回用处理工艺	效益
长春市北郊污水处理厂二级处理站出水	石灰混凝澄清＋过滤＋杀菌＋消毒	年节约水库用水约500万t、节约水费超300万元
城镇污水处理厂二级出水	曝气生物过滤（BAF）＋高效纤维过滤＋消毒	年节水量约103万m³，年减少COD排放量44.3t、BOD_5排放量15.5t、氨氮排放量10.3t
某化工厂二级出水	生物接触氧化＋臭氧氧化＋锰砂过滤	年节约86.40万m³自来水、节约自来水费536.54万元、减少COD排放量51.84t

污水	回用处理工艺	效益
济宁三号煤矿区生活污水	一级物化处理（格栅＋旋流除砂），二级生化处理（卡鲁塞尔氧化沟），三级深度处理（微絮凝过滤—生物活性炭滤池—消毒）	年节约深井水 164.25 万 t、经济效益 101.835 万元
张家港化学工业园区某二甲醚生产企业低浓度二甲醚生产废水	串联自循环活性污泥法＋混凝沉淀＋过滤＋ClO_2 消毒	年节省自来水费 27.91 万元、排污费 44.66 万元，年净收益 56.67 万元；年减少 COD 排放约 32.48t
国内某大型汽车厂达标排放废水	砂炭滤＋超滤	年节约新鲜自来水约 14 万 m^3、直接经济效益约 42 万元
东北某炼油厂污水	前处理（絮凝气浮池—BAF 池—气浮氧化池—高效精密过滤器—光激化高级氧化器—多腔生物活性炭滤器）＋双膜（UF-RO）	年节约补充新鲜水水费 47.85 万元、污水排污费 6.94 万元、脱盐水费 14.71 万元
某玻璃企业生产、生活混合污水	水解酸化＋曝气生物过滤＋超滤	年节水 14.4 万 m^3、收益 57.75 万元；年减少 COD 排放量 12.41t

3. 循环冷却水余热回收

工业循环冷却水中蕴含着大量余热，如火电厂循环冷却水带走的热量约占电厂能耗的10%～30%。若不回收此部分余热，一方面将造成巨大的能源浪费，另一方面将产生热污染，影响周边生态环境。采用循环冷却水余热回收技术可以提高工业能源利用率，替代部分常规供热，既减少了供热所需的能源消耗和污染物排放，又降低了系统的热排放，从而降低冷却水的蒸发量，节约水资源。

循环冷却水温度一般在50℃以下，属于低品位能量，而热泵是一种将低位热源的热能转移到高位热源的节能装置，一般分为压缩式热泵和吸收式热泵。热泵技术回收工业循环冷却水的低品位热能是一种绿色环保、高效节能、安全可靠的技术，在国内日益普及。

如北京京能热电股份有限公司使用吸收式热泵回收循环水余热用于城市供热，使得年增加供热能力 8.958×10^5GJ，年节能折合标准煤约 3.261 万 t、节水约 21.6 万 t；河北某电厂采用热电—热泵联合循环技术回收循环水余热用于城市供热，取得了年节省蒸汽总热值 477849.6GJ、效益 2580 万元，年节约电能 4.09×10^7kWh 的成果；来宾永鑫糖业有限公司采用第一类吸收式热泵回收蒸发系统末效汁汽和循环水余热用于加热混合汁，每小时回收热量约 5.87×10^7kJ，每榨 1 万 t 甘蔗相当于节约甘蔗渣 210t，节约大量木材；大唐长春第三热电厂采用第一类蒸汽型吸收式溴化锂热泵回收 1、2 号机组循环水余热用于加热南、北线热网回水，回收 120MW 热量，增加了供热面积 240 万 m^2。采用热泵技术回收循环冷却水余热在技术和经济上是可行的，可以在"节能减排"中发挥重要作用。

优化循环冷却水系统、污水深度处理回用以及循环冷却水余热回收是对工业循环冷却水系统在节能、节水、减排方面的优化措施。实践证明，工业循环冷却水系统的降耗减排不仅对生态环境有着重大意义，同时也能降低企业的生产成本，提高企业的竞争力，社会、环境和经济效益十分显著。

虽然我国工业企业在循环冷却水系统降耗减排方面已经取得了一定的成就，但仍具有很大发展空间，如我国的工业循环冷却水系统浓缩倍数仍然较低，而国外的循环冷却水系统浓缩倍数很高，甚至达到零排放。因此，国内工业企业应当不断探索，广泛借鉴，勇于尝试新技术，促进工业精细化发展，实现可持续发展的战略目标。

3.5.2 家庭用水碳减排技术

1. 家庭用水行为类别

家庭用水行为是产生水资源耗费的一切行为活动的总称。在家庭中，居民会配置满足不同需求的用水设备，通过行为使设备运行，以满足居住、生活需要。在住宅运行阶段，家庭用水行为的目的并不完全相同，有些是为了满足家庭中多人需求而产生的，有些则是为了满足行为主体个人需求而产生的，因此，根据用水主体的不同，用水行为可以分解为共享用水行为和独享用水行为两大类别。

（1）共享用水行为

共享用水行为是为了满足家庭中多人需求而产生的水耗行为。家庭是居民的组合，很多活动是共同进行的，如果这部分活动产生耗费，一般都属于共享用水行为。例如空气清新器用水、拖地用水等，均是满足家庭成员的共同需要而产生的。共享用水行为具有如下特点：能够满足家庭中多人的用水需要；只要有一个人需要就会产生。

（2）独享用水行为

独享用水行为是为了满足行为主体个人需求而产生的水耗行为。家庭中很多活动只能一个人完成，这些活动产生的水耗只能满足行为主体的需要，属于独享用水行为，例如洗浴用水、洁厕用水、个人饮用水等。由于目的不同，很少能够两个人以上共同使用。因此，独享用水行为具有如下特征：仅满足家庭成员中某一个人的用水需要；因个人生活、工作或兴趣的差异有不同的表现。

家庭用水占了城市生活用水的很大一部分，家庭生活用水能耗强度是指家庭生活用水过程中单位用水所消耗的能源，消耗能源的同时必然有二氧化碳的排出，研究水—能关系显得尤为重要。城市家庭终端用水类型主要包括洗浴用水、冲厕用水、洗衣用水、厨房用水、洗漱用水、饮用水、保洁用水七类。家庭终端用水能耗模式可分为两类：1）加热能耗，即通过消耗能源提高水温，以满足与水温相关的用水需求，例如洗浴用水、洗漱用水、饮用水、厨房用水、手洗衣物用水的加热；2）机械能耗，即通过消耗能源产生机械能，以满足与水的动能相关的用水需求，在家庭生活终端用水中，与水的动能相关的用水设备较少，最常见的是洗衣机。除洗衣机能耗外，各终端用水能耗等于加热能耗。

随着城市化的推进，家庭用水量将进一步增加，通过分析家庭用水方式、用水量、用水规律、家庭使用不同热水设备的能耗情况、影响家庭用水用能的因素，提出节能减排的新技术，提高对城市水系统能源消耗的认识程度，提高城市水资源需求管理水平，更好地促进城市资源利用效率的提高与可持续发展，也有助于推动城市水系统节水节能减排一体化的科学管理，提高人们节水节能的意识。建筑中水回用系统、建筑雨水利用系统减少了对原有供水的需求量，进而减少了建筑终端用水的碳排放，此外节水设备也是减少家庭用水碳排放的重要手段。

2. 建筑中水回用系统

"中水"是指水质介于上水（饮用水）和下水（污水）之间的一种可用水，与其相关的概念还有灰水、再生水和回用水等。"灰水"是指建筑内浴缸、淋浴和洗涤池中的污水以及其他水质相对较好的污水。建筑中水是指把民用建筑或建筑小区内的灰水收集起来，经过处理达到一定的水质标准并可回用的水。

建筑中水原水的选取需要满足一定的条件：有一定的水量，且水量稳定可靠；原水污染较轻，易于处理和回用；原水易于收集和集流；原水本身和经处理回用后对人体、中水用水器具、环境无害；原水处理过程中不产生严重污染等。根据建筑中水原水的选择条件，按其污染轻重顺序依次为盆浴和淋浴等的排水、盥洗排水、空调循环冷却系统排污水、冷凝水、游泳池排污水、洗衣排水。

建筑小区中水主要有以下几方面的用途：冲厕用水、绿化用水、浇洒道路用水、水景补充用水、消防用水、汽车冲洗用水、小区环境用水和空调冷却水补充。

中水水质的基本要求是：满足卫生要求，保证用水的安全性，相关指标有大肠杆菌数、细菌总数、余氯量、悬浮物、生物需氧量、化学需氧量等；满足感官要求，人们的感觉器官不应有不快的感觉，相关指标有浊度、色度和嗅味等；满足设备和管道的使用要求，中水的 pH、硬度、蒸发残渣、溶解性物质是保证设备和管道使用要求的指标，可使管道和设备不腐蚀、不结垢、不堵塞等。

建筑中水处理与回用系统是指单体建筑、局部建筑或小规模区域性的建筑小区各种排水经适当处理，循环回用于原建筑作为杂用的系统。中水系统一般由收集、处理和供应三部分构成。收集系统包括收集、输送中水原水到中水处理设施的管道系统和相关附属构筑物；处理系统包括中水处理设施和相关构筑物；供水系统包括把中水从水处理站输送到各个用水点的管道系统、输送设备和相关构筑物，并设置中水管网以及增压贮水设备。增压贮水设备有高架中水贮存池、中水高位水箱、水泵或气压供水设备等。

按照中水处理和利用方式的不同，建筑中水系统可以分为以下类型：

（1）直接回用系统

将灰水收集后不处理直接回用，如洗浴污水经冷却可以被直接用于花园的灌溉。要求中水贮存时间不能太长，以降低中水中的细菌数量，避免水质恶化。这种系统的水质较差，一般不用于建筑内的冲厕。

（2）短暂停留系统

在灰水贮存容器中进行简单的处理，如沉淀悬浮物、过滤表面污染物等。可用作建筑内的冲厕用水。这种系统一般直接安装在污水产生的房间内，省去了污水收集管网的建设。

（3）基本的物理和化学处理系统

这是最常用的建筑灰水回用系统。灰水经过滤除去水中的碎片和颗粒物，然后向贮存池中投入化学消毒剂阻止细菌的生长。该系统的缺点在于：化学消毒剂会对环境产生不利影响，增加了投加化学品和系统维护的费用。

（4）生物处理系统

处理过程包括沉淀、过滤、生物消化（利用生物细菌来处理灰水中的有机化学物质）。该系统的缺点在于：蒸发、植物截留和过滤导致处理后的中水水量减少。

（5）生物—机械处理系统

利用自动清洗过滤和膜生物技术、一系列处理池和生物处理技术处理灰水，最后一步是紫外线消毒，除去剩余的细菌。这种系统通常较易达到非饮用水的水质标准。

建筑中水回用减少了对原有供水的需求量，进而减少了城市供水系统从取水到净水阶段的碳排放。建筑中水回用还减少了城市排水和污水处理阶段的碳排放。中水回用作为开源节流的有效途径，将成为城市建筑给水排水的发展趋势，能够为家庭用水的节能减排发挥重要作用。

3. 建筑雨水利用系统

雨水作为一种自然资源，污染轻、水中有机物含量较少、溶解氧接近饱和、钙含量低、总硬度小。经简单处理后可用作生活杂用水、工业用水，要比回用生活废水更便宜，水质更可靠，细菌和病毒的感染率低，出水水质的公众接受性强。目前应用范围有：分散住宅的雨水收集利用系统；建筑群或小区集中式雨水收集利用系统；分散式雨水渗透系统；集中式雨水渗透系统；绿色屋顶花园雨水利用系统；生态小区雨水综合利用系统等。这些在雨水收集和利用方面的应用技术为节能减排绿色建筑的雨水利用打下了坚实的基础。

绿色建筑雨水综合利用技术是近10年兴起的一种雨水利用技术，可以很好地应用到绿色建筑小区中。这项技术利用生态学、工程学、经济学原理，通过设计的人工净化和自然净化系统，将雨水利用与景观设计相结合，从而实现环境、经济、社会效益的和谐与统一。具体做法和规模依据小区特点而不同，可以设计为绿色屋顶、水景、渗透、雨水回用等。随着技术的进步，还可以建造集太阳能、风能和雨水利用水景于一体的花园式可持续发展建筑。在绿色建筑中应用这项技术，可以做到雨水利用与生态环境、节约用水结合起来，对建筑环境有极大的改善作用，比直接排放后再进行处理的费用低，其直接经济效益和社会经济效益都非常大，如果条件合适可以大力提倡。

绿色建筑要采用节水的景观设计。设计时既要提出合理、美观的水景规划方案，还要满足节约用水，建立健全水景工程的池水、流水、跌水、喷水、涌水等设施。景观用水还应设置循环系统，并应结合中水系统或雨水回用系统进行水量平衡和优化设计，以便节约市政自来水用水量。

（1）建筑雨水系统的类型

城市建筑雨水的收集利用已发展成为一种多目标的综合性技术。雨水收集回用系统两大最基本的功能是：收集和贮存雨水；将贮存的雨水运输到用户终端。作为非饮用水用途时，只需在注入蓄水池前将雨水过滤即可；作为饮用水用途时，雨水还需要经过氯消毒或者紫外线消毒等处理措施。建筑雨水系统分为以下三类：

1）直接供水系统：该系统通过泵将贮水罐中的雨水抽送到终端用户。潜水泵通常放置在主贮水罐内部或外部，也可以放置在建筑第一层楼或地下室的一个小的二次贮水罐中。当雨水量不足时，自来水补给系统会向贮水罐提供自来水。

2）集水箱系统：该系统使用了一个集水箱，集水箱通常放置在屋顶。系统先用泵把雨水抽到集水箱中，然后在重力的作用下给用户供水。集水箱系统通常可以自动排水，当雨水量不足时，自来水补给系统可向集水箱补给自来水。

3）重力输送系统：重力输送系统包括一个在地面的贮水罐（通常放置在建筑外面，

其位置要高于用水点，这样可以使收集到的雨水在重力的作用下输送给用户）。这类系统不需要泵或者其他控制系统。这类系统的贮水容积较小，供水量也有限制。

（2）建筑雨水系统的组成结构

1）集水面。住宅或建筑的屋顶是雨水的集水面。一般来讲，收集过程中的雨水损失可根据径流系数确定。根据《建筑与小区雨水控制及利用工程技术规范》GB 50400—2006，不同屋顶及系统类型径流系数也不同，屋顶材质对雨水水质有很大影响。屋顶表面应采用对雨水无污染或污染较小的材料，不宜采用沥青或沥青油毡，有条件时可采用种植屋面。

2）输水系统（排水沟和落水管）。屋顶的雨水在排水沟汇集，通过落水管将其引至贮水箱内。对于饮用水系统，不能使用铅来进行排水沟的焊接，雨水的弱酸性水质可能会使材料中的铅溶解，致使水质受到污染。

3）截污系统（初期雨水分流器）。初期雨水分流器可以将初期雨水截走，避免其落入贮水箱。初期雨水分流装置有自动排除和人工操作两种方式。后者通常是在落水管下端接一分流管，分流管上设排污阀。降雨开始时将排污阀打开，使初期雨水经落水管、分流管、排污阀和排污沟顺利排除，当分流管排出的水由浊变清后，关闭排污阀让雨水自流入蓄水池中。然而，要分流多少体积的初期雨水并没有定论。雨前干旱时间、屋顶碎屑的量和类型、屋顶表面的材质、季节等都是需要考虑的因素。

4）贮存系统（蓄水池）。雨水收集利用系统都包括一个可以从屋面收集雨水的贮水箱。贮水箱的材质主要有钢筋混凝土、玻璃纤维、聚乙烯等几种。贮水箱可以全部或部分放在地下，也可以放在地表面或放在建筑内部，通常放在地下室或者第一层的机械设备间内。雨水蓄水池因位于不同的位置而具有不同特点。雨水蓄水池位于屋面时，比较节省能量，不需要给水加压，维护管理也较方便；雨水蓄水池位于地面时，最大的优点是维护管理较方便；雨水蓄水池位于地下室内时，这种结构适合于大规模的建筑，能够充分利用地下空间和基础。

5）处理或净化系统。用于非饮用水的雨水在注入蓄水池之前一般只需经过过滤处理。为了避免堵塞和频繁的维修，一般不推荐使用太细的过滤装置。

3.5.3　室内节水措施

据统计显示，生活用水在城市总供水量中所占的比例呈逐年增长趋势，而配水装置和卫生设备是水的最终使用单元，它们节水性能的好坏直接影响着建筑节水工作的成效，因而大力推广使用节水器具是实现用水终端节能减排的重要手段和途径。一项对住宅卫生器具用水量的调查显示冲洗便器用水和洗浴用水的量占整个家庭总用水量的50%以上。因此，《绿色建筑技术导则》中提到，为了提高用水效率，需要采用节水器具和设备。节水器具和设备不但要用在居住类建筑中，还要用在其他形式的建筑上。特别是用水以冲厕和洗浴为主的公共建筑中更要积极采用节水器具。节水器具首先要做到的就是避免跑、冒、滴、漏，满足使用功能后再通过设计和制造主动或者被动地减少无用耗水量，达到与传统的卫生器具相比有明显节水效果。目前，节水器具主要包括节水型水龙头、节水便器及节水便器系统、节水淋浴器、节水型洗衣机和自感应冲洗装置等。室内节水措施见表3-8。

室内节水措施一览表　　　　　　　　　　　　　　　　表 3-8

节水措施	节水原理及效果	备注
合理的给水分区	减少超压出流，使整个系统的用水器具更节水	套内分户用水点的给水压力不应小于 0.05MPa，入户管的给水压力不应大于 0.35MPa
减压阀等	将给水点处水压降至给水器具额定给水压力，防止超压出流	可以达到防治超压出流节水效果，但不能节能
节水型水龙头	具有手动或自动启闭和控制出水口流量功能，使用中能实现节水效果的阀类产品，在水压 0.1MPa 和管径 15mm 下，最大流量应不大于 0.15L/s	满足相同的饮用、厨用、洁厕、洗浴、洗衣等用水功能，较同类常规产品能减少用水量的器件、用具
节水型多功能淋浴喷头	通过对出水口部进行改进，增加吸氧舱和增压器，这样不仅减少了过流量，还使水流富含氧气	
节水便器	节水便器是在保证卫生要求、使用功能和排水管道输送能力条件下，不泄漏，一次冲洗水量不大于 6L 的便器	
节水型洗衣机	以水为介质，能根据衣物量、脏净程度自动或手动调整用水量，满足洗净功能且耗水量低的洗衣机产品	
恒温混水阀	用于冷、热水的自动混合，为单管淋浴系统提供恒温洗浴用水	
废水回收装置	能够将洗脸、洗菜的废水进行收集并过滤，能够用于自动冲厕的装置	将水重复利用，实现了最大限度节约用水
淋浴循环装置	采用热水支管循环的原理将支管中的冷水用于其他用途（如将该水量存入坐便器水箱用于冲洗厕所）	
真空节水技术	用空气代替大部分水，依靠真空负压产生的高速气水混合物，快速将洁具内的污水、污物冲吸干净，达到节约用水、排走污浊空气的效果	
合理设置水表	设计中除分户水表外还应合理设置分段总表，如下列部位：小区自市政给水管网接口的引入总管上；小区内每栋楼前的给水引入管上；经水池二次供水时的水池进水管上；消防水池和室外消防管网的进水管上；竖向分区供水的各分区干管上等	可以及时发现漏水点；可以配合水价政策促进群众节水

3.6　本　章　小　结

　　本章介绍了城市水系统碳减排技术的现状原理。从城市供水系统、污水系统和雨洪系统出发，描述了现阶段城市主要水系统温室气体国内外排放现状，提出了城市水系统在规划设计、运行维护方面面向"碳中和"的挑战，总结了各子系统开展碳减排的原理和思路。

　　本章分节介绍了城市供水系统、污水系统、雨洪系统的碳减排技术。城市水系统的电能燃料消耗、药品消耗以及管网逸散产生温室气体，是碳减排的重点对象。城市供水系统的碳减排技术聚焦于取配水系统和净水厂设施；城市污水系统则着重介绍了设备和工艺优化、新能源开发利用方面的技术；城市雨洪系统的覆盖面较大，限于篇幅原因，仅介绍了海绵城市的建设原则和减排效果。基于各个子系统的排放特征，从构筑物规划、管道材料与设计、新技术理念的运用、优化运维等方面总结了具体措施。

　　本章最后介绍了城市用水端的碳减排技术。城市水系统的构建是为了服务用水主体，节约型与低环境影响的用水方式可以有效降低城市水系统的负担，减少温室气体的排放。

第4章　城市水系统碳减排案例

4.1　城市供水系统的碳减排案例

4.1.1　延安市某净水厂

延安市某净水厂位于延安市东北部，供水对象为延安市城区及周边县，同时含有六个工业园区，简称"一区四县一镇六工业园"，设计处理规模为 60000m³/d。根据受水区分布、线路走向以及加压泵站、调蓄水库、净水厂等确定，输水线路总长 145.78km。目前该净水厂为在建项目，其特点主要体现在新设计方式对运行过程中的节能降耗的帮助。

1. 功能区叠加

由于该净水厂用地面积有限，考虑到净水厂未来可能的发展变化，在规划设计初期，满足当前供水要求的前提下，可对深度处理设备用地进行同步规划。因此在净水厂厂区规划设计中如何更有效地对厂区土地加以利用就显得尤为重要。

在土地资源紧张的情况下，针对未来可能存在的净水厂净水工艺提升改造，结合长远发展规划，对整个厂区用地进行近期、远期功能划分，并对厂区内地块进行预留，便于未来的发展。同时减少了因新发展导致的重新申购土地、新旧净水厂管线连接、管理维护运行等变化带来的一系列消耗。

由于该净水厂厂区面积有限，使用传统的规划方式仅能满足近期供水水质要求，一旦未来进行水质处理升级，立刻会面临需要重新购置土地，并且可能存在建设用地工艺高程上与原厂区不匹配的情况。同时由于净水厂建设用地周边已无其他闲置土地，导致远期可能存在需要引进设备解决工艺高差问题，并增加大量供水管线投资，以满足新旧厂区的连通问题，从供水能效、经济效益等多方面存在一定的浪费。因此在净水厂初期规划设计时便充分考虑节约土地，首先考虑的处理方式是建筑功能部分的叠加，以达到提高土地利用率的效果，并通过技术的支持在后期实施过程中加以实现。以净水厂加药间为例，将贮水池体与加药间合建，同时叠加部分配电功能（见图 4-1）。

由于池体内长期贮存有大量水，水内含有氧气，在流动的过程中会产生气体，增加池体内压强，因此池体上层板面可开排气孔至中间层，再由中间层排出。同时中间层上板面厚度为 300mm，便于管线的敷设，形成互不干扰的两个空间。由于池体与加氯加药室直线距离较近，大大减少了管线的敷设长度与药剂的反应时间。该建筑单体建成之后，会集工艺投加、检测、管理于一体，减少了人员的配置，也降低了因距离可能产生的损耗问题。

2. 综合管沟

由于净水厂用地面积有限，同时周边无其他可利用场地，除了将建筑功能进行叠加，

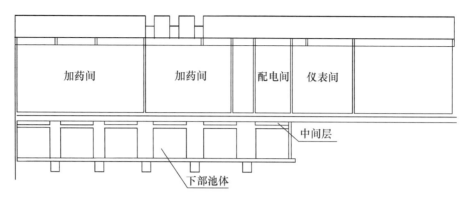

图 4-1 某净水厂贮水池和加药间结构剖面图

减少建筑用地的方式外，在净水厂规划设计初期便考虑将城市综合管廊的设计思路引入厂区管线规划中，采用多种方式进行管线的敷设，达到节约土地，并保留充分用地，保证远期净水厂工艺升级的目的。

据不完全统计，已建成的一般性净水厂，厂区内各类地下管线所占面积约为厂区总面积的 6%～10%，其比例虽然不算高，却直接影响着厂区的总体占地总量。目前我国大、中型净水厂厂区长宽一般都在 300m 以上，如一座设计规模为 20 万 m^3/d 的中型净水厂，厂区长宽为 200～300m，这就意味着每增加一根直埋敷设的管线，厂区占地相应增加 0.3～0.5 亩。

该净水厂作为中小型净水厂，厂区内管线若依照常规布置方式，管线排布横断面宽度一般不小于 8m。由于厂区用地紧张，规划初期便与总平面和竖向设计相协调，在进行厂区总平面布置时，按照工艺顺序，以减少占地、便于施工和维修为原则，结合工程特点，简化管网，采用集中和分散相结合的方式敷设地下管线，并确定路径。利用建筑物周边道路或空地进行敷设。根据节约型净水厂设计的务实性原则，对给水管线合理分布，在不影响供水安全的情况下，可适当地进行分散布置，降低投资成本。最终厂区内的主要管线采用管廊、管沟相结合的形式敷设，管线排布横断面宽度可减少至 4m，相对于直埋敷设方式减少了 50%。相邻管沟上凸出的阀门、检查井、水表井等附属构筑物，采用相互交错的布置方式，以便缩小管沟间距，达到场地集约化、运行低碳化的目的。

4.1.2 西安市某净水厂

西安市某净水厂是通过技术与管理相结合实现低碳运行的实际案例。净水厂总占地 17.33hm^2（260 亩），近期工程占地 160 亩，按远期规模一次征地。总处理规模为 50000m^3/d，一期设计处理规模为 20000m^3/d。主要供水区域为空港新城、泾河新城以及秦汉新城。

1. 光伏发电系统

净水厂厂址位于陕西关中地区，日照充足，大部分情况下采光较好，适宜采用光伏发电。为了更好地利用可持续能源，减少资源浪费，净水厂规划设计考虑以下两种方式与光伏发电相结合。

（1）利用建筑物外立面与光伏发电结合

净水厂内清水池区域面积较大、阳光充足，可充分利用太阳能光伏发电并网系统，与电网电力负荷结合向厂内厂前区或厂外负载供电。使用低压并网系统为所需的电气设备提供负载。如果电力不足或有富余时，通过局域电网进行调节，就地发电就地使用。

净水厂内单座清水池顶面与光伏发电结合。区域面积为 $3136m^2$，两座清水池均设计太阳能光伏发电并网系统，总面积为 $6272m^2$。选用 280W 的单晶硅多晶硅太阳能电池板，设计最大电量为 800kWh，年均发电量可达 154 万 kWh。

综合办公建筑屋面与光伏发电结合。净水厂综合办公楼中庭屋面采用光伏发电板与采光玻璃结合。局部使用天窗，防止内部空间光照过度，同时接收太阳能进行储存发电。中庭部分白天可以直接或间接采光，夜晚可通过光伏发电板提供电力照明。同时储存的电能用于办公照明，减少市政用电压力，降低净水厂运营成本，减少厂区用电产生的碳排放。

（2）净水厂厂区绿化与光伏发电结合

净水厂厂区内地面建筑相对较少，地下管线相对复杂。因此地面空间占据了厂区内的很大一部分，该项目充分利用这部分空间，将光伏发电与景观相结合，增强美观的同时满足景观的能源需求。并且即刻发电即刻使用，很大程度上节省了厂区内景观电网铺设的投资建设费用，减少了输变电的损耗，节省了土地资源。同时，增加了厂区内景观园林的观赏性，甚至可以补充厂区电力能源。光伏发电系统不仅能提供厂区日常管理所需的用电，减少能源的消耗，还因无污染能源的使用，减少污染物的排放量。净水厂年均节能减排量见表4-1。有效地达到了资源有效利用、减少碳排放、可持续发展的目标。

西安市某净水厂节能减排表　　　　　　　　　　　　　　表4-1

序号	项目	年减排量（t）
1	替代标煤	620.24
2	减少 CO_2	1652.3
3	减少 SO_2	11.2
4	减少 NO_x	5.51

2. 智慧水务平台

在管理方面，该净水厂建立了智慧水务平台。将管理统一平台智慧化运行，利用现代信息和通信技术对工程设计、施工、运行维护等关键信息进行感知、分析和整合，通过 CPS 网络实现全方位连通，构建出数字化、个性化的智慧水务管控一体化平台，实现物联网资讯整合与互联。智慧水务管控一体化平台各系统环节能实现自诊断、自适应，进而达到智慧化运行。智慧化系统框架见表4-2。

净水厂通过智慧水务系统的规划设计，对比一般性净水厂在很多方面具有无法比拟的优势。智慧水务系统将生产监控与运行管理有机地结合起来，注重智慧化，优化日常供水、提升应急调度能力，在保障安全供水的同时节约能耗、降低漏损，对净水厂节能减排、绿色低碳运行有重要意义。

智慧化系统总体框架表　　　　　　　　　　　　　　表 4-2

决策层、管理层、专家团队、员工			政府、用水企业、公众		
展现层	企业移动应用 APP、微信企业号		门户网站	公众移动应用 APP、微信公众号	
应用层	统一登录平台	业务应用体系			
		智慧决策	智慧服务	智慧运维	智慧生产
平台层	基础软件架构				
	数据共享交流服务	通用组件	日志	视频监控服务	工作流引擎	业务组件	移动应用开发框架
	水务 GIS 支撑平台	智慧给水排水应用开发框架			
		给水排水仿真建模平台	给水排水视频监控平台	给水排水数据分拆平台	
数据中心	高性能并行计算框架				
	给水排水数据集成与共享交换平台			分布式实时数据总线		
	元数据	基础数据	多媒体	实时数据	业务数据	空间数据	历史数据	模型
基础设施服务层	给水排水基础云平台				
	主机	网络		存储	其他	
感知层	供排水表	水位控制仪	消防漏水监测仪	管线探测仪	视频监控	其他监测、探测设备

4.2　城市污水系统的碳减排案例

4.2.1　德国 Steinhof 污水处理厂

　　几十年来，为了实现能源自给自足的碳中和运行目标，许多污水处理厂尝试了各种能源回收技术并尽可能地优化能源利用效率。德国早在 20 世纪末便开始关注污水处理厂的耗能及能量平衡问题，2006 年德国对 344 座污水处理厂进行能耗分析发现，污水处理厂平均能耗经运行优化后均降低了 50%，每年可节约能耗费用约 3 亿～4 亿欧元。德国 Steinhof 污水处理厂由于具有合理有效的能源回收途径，已经成为污水处理厂可持续运行的成功案例。Steinhof 污水处理厂能源回收方式有以下 4 种：

　　（1）沼气热电联产

　　剩余污泥是该厂能源回收的焦点，通过厌氧消化产甲烷方式实现污水中蕴含能量的回收。Steinhof 污水处理厂主流工艺为 A^2/O，平均处理水量为 $60650m^3/d$，平均污泥产量为 $510m^3/d$。为提高污泥厌氧消化 CH_4 生成量，该厂对污泥首先进行了热解预处理，并在厌氧消化过程中通过投加额外有机质来强化 CH_4 生成。初次沉淀池污泥和经浓缩的剩余污泥混合后送入消化池中，在 $38℃$ 中温条件下，污泥经厌氧消化产生生物气。消化池维持中温运行的热能需求为 $28.7kWh/(m^3 污泥·年)$，消化池和污泥泵共同电力需求为 $2.7kWh/m^3 污泥$。消化池平均生物气产量为 $4.47×10^6 m^3/年$，其中甲烷含量为 63%。甲烷热值为35.9MJ/m³，产生的甲烷总热能约为2.81×10⁷kWh/年。经厌氧消化产出的生物气需要通过活性炭过滤器纯化，这一过程需要耗能约为0.035kWh/m³生物气。净化后的生物气被输送至CHP热电联产单元，生物气在此处被转化成电能和热能，效率分别为36.7%和40%，相当于每年生产1.03×10⁷kWh的电和1.12×10⁷kWh的热。

（2）出水土地渗透深度处理

在春、夏季时，Steinhof污水处理厂出水流量中约45%被泵输送至厂外接纳出水的土壤下渗专用场地。通过重力作用，出水逐渐渗透进入土壤，在土壤天然化学（过滤、吸附）作用和生物（硝化、反硝化）作用下进一步得到净化。全年实际下渗水量为总出水量的68%。出水渗滤前后SS、COD、TN、TP的浓度分别从9mg/L、43mg/L、10mg/L、1mg/L变为11.5mg/L、36mg/L、6.3mg/L、0.8mg/L，SS的负增量是由于土壤颗粒输入所致。出水通过土壤下渗深度处理以及渗滤水收集管道系统收集后被排入附近的奥克河。通过水泵送往厂外下渗场地的出水能耗较低，仅需0.06kWh/m³。

（3）出水和稳定后的污泥抽送到农田再利用

在春、夏季时，55%的出水与消化污泥依靠重力在厂内混合后一同被输送至农业灌溉区，用作灌溉水及肥料；出水与污泥混合后被分流到4个大型泵站，随即进入农灌系统；农灌总能耗为0.37kWh/m³混合水。冬季时，全部出水均通过土壤渗透之后被排入地表水，但消化污泥需要单独进行磷回收处理。全年农业实际灌溉用水量为总出水量的32%。

（4）污泥消化液回收磷

在每年11月至次年3月冬季农闲时，Steinhof污水处理厂产生的消化污泥不再用作农业施肥，而是用于鸟粪石等磷酸盐化合物回收。在消化污泥脱水之前，首先添加$MgCl_2$，并采用吹脱方法来生产鸟粪石/磷酸盐化合物，吹脱过程电量需求为0.2kWh/m³污泥。回收时，鸟粪石/磷酸盐化合物不需要从污泥中分离出来形成磷酸盐产物，而是直接将含有鸟粪石/磷酸盐化合物的污泥脱水后在厂区贮存，待夏季农业生产期再运送至其他土地用作农用肥料。消化污泥固体含量从2.6%增至28.1%，使消化污泥体积大为减少（减至原污泥体积的9%）。离心脱水过程总能耗约为4.2kWh/m³污泥。

如果不考虑出水土壤渗透和农业灌溉输送能耗，出水靠重力流直接排入奥克河，该厂仅处理污水、污泥的年总耗电量为10008432kWh，该厂对自身用电量的补偿量为103%。Steinhof污水处理厂因能耗所致碳排量总计为37.5kgCO₂eq/（人口当量COD·年）。碳减排量由以下三部分构成：1）利用厌氧消化产生的能源物质—生物气（CH₄）发电、产热折算的碳减排量（79%）；2）出水/污泥中营养物质（N、P）回用于农业生产导致的碳减排量（28%）；3）出水农业灌溉导致的地下/地表水抽取节能折算碳减排量（7%）。通过这三部分的碳减排措施，Steinhof污水处理厂总外碳源的碳排放补偿量达到了114%。

4.2.2　新加坡再生水厂

能耗是实现污水处理目标的重要特征，而摆脱"以能消能"的传统污水处理模式是当今世界发展可持续污水处理的大势所在。新加坡在2013年提出了再生水厂（WRPs）能源自给率目标，以实现其节能减排、可持续发展计划。

新加坡公用事业局（PUB）正着眼于技术升级和设备改造，以适应未来再生水厂的应用需要。PUB制定出3个关键评价标准——出水水质、能源可持续性、环境可持续性，用以考察技术升级和设备改造可否取得预期阶段性控制目标。基于此标准，分析相关污水处理技术水平和节能降耗效果，已制定出污水处理工艺能源自给率三阶段目标。

（1）近期目标——棕色水厂改造

再生水厂基础设备改造主要以提升设备效率、降低能耗为手段以达节能降耗目标。再生水厂将采用更高效智能化的控制技术，安装高精度传感设备，以降低操作中的不必要能源消耗。通过变频器与进口叶轮控制来优化鼓风机效率，并将曝气头改为微孔曝气方式，降低曝气量和能耗。同时，采用高效沼气发电机来替代原有双燃料发电机，使发电能源转化效率从现有的 25%～30%提高到 5 年后的 38%。部分再生水厂改造将采用热电联产（CHP）技术，产生的热量将用于中温硝化（SHARON）或污泥干化，使能源转化效率加倍。

在现有再生水厂主流污水处理工艺基础上增加自养脱氮工艺，以节省因反硝化异养脱氮导致的碳源消耗量，使其形成剩余污泥并转化为能源（CH_4）。同时，ANAMMOX 之前的中温硝化（SHARON）因需氧量降低，也可节省 3%～5%的曝气能耗。因为膜生物反应器（MBR）可持续、稳定地提供优质出水，所以在未来再生水厂扩建中 MBR 工艺将被重点考虑。然而，MBR 工艺会额外增加耗电量 0.11kWh/m^3。但因以往下游高级处理流程中所使用的微滤/超滤（MF/UF）工艺会因上游增设 MBR 工艺而可以省去，这将会节省 0.13kWh/m^3的耗电量。结果，在 MBR 工艺增加后，再生水厂能耗不仅不会增加，还将略有降低（15%）。

再生水厂剩余污泥仅经浓缩脱水后厌氧消化不彻底，CH_4产量较低，污泥处理费用巨大。棕色水厂改造将增加污泥预处理过程，即通过化学、机械等预处理手段对污泥实施细胞破壁，以加速污泥中有机物分解，提高厌氧消化产 CH_4能力，预计可增加约 10%的CH_4产量，供沼气发电。同时，剩余污泥量将大幅度减少，从而降低剩余污泥处理费用。

（2）短期目标——新建绿色水厂

目前，新加坡 PUB 正建造大士再生水厂，该再生水厂设计处理生活污水量为 650000m^3/d，处理后的生活污水二级出水将作为生产 NEWater 的原水，而处理后的工业废水二级出水经膜过滤后可达到高纯水标准，用于工业生产。

大士再生水厂生活污水处理工艺根据新加坡情况，将采用 Bio-EPT、MBR、污泥预处理、侧流 ANAMMOX 工艺，并安装先进的传感设备、VFD/IV 鼓风机控制设备、微孔曝气装置。产生的沼气可出售给周边工厂使用，或利用高效沼气发电设备发电，实现能源自给率达 87%。短程反硝化工艺、热电联产技术也将用于未来水厂的升级改造。

（3）长期目标——未来绿色水厂

新加坡未来绿色水厂的目标是，2030 年后达到能源自给自足、实现碳中和运行。两个再生水厂工艺方案目前正在实验室中进行测试。其中，主流 ANAMMOX 工艺以及厌氧膜生物反应器（AnMBR）将在大约 10 年的时间内得到实验与中试验证，而主流 ANAMMOX 工艺是世界上目前所知最为节能的工艺。

理想条件下，Bio-EPT 将与主流 ANAMMOX 工艺相结合，Bio-EPT 对进水 COD 的高去除率可有效保护 ANAMMOX 反应器免受干扰，同时，降低曝气、碳源的需求，提高沼气产量。未来绿色水厂能源自给率预计将达到 103%，而主流 ANAMMOX 工艺与 AnMBR 的结合，将使能源自给率高达 144%。所以，在长期目标中，主流 ANAMMOX 工艺是最有可能实现再生水厂能源自给自足的保障工艺。为此，新加坡将加大对这一工艺的研究力度。

4.2.3 奥地利 Strass 污水处理厂

位于奥地利的 Strass 污水处理厂是欧洲效能最佳的污水处理厂之一，其在能源回收和碳中和方面的突出表现使其成为全球可持续运行污水处理厂的典范。

（1）厌氧氨氧化工艺

目前常用的污水处理工艺中，有机物被视为污染物，而且为了强化脱氮除磷，经常需要额外添加碳源。一种可行的解决方案是改变生物脱氮路径，即使用厌氧氨氧化工艺。厌氧氨氧化工艺的原理为：厌氧条件下，厌氧氨氧化细菌以氨为电子供体，以硝酸盐或亚硝酸盐为电子受体，将氨氧化成氮气。厌氧氨氧化细菌是自氧菌，且其活性受有机物浓度限制，所以反应过程无需额外添加碳源。与全程硝化相比可节省 60% 以上的供氧量。这不仅可以避免添加碳源，也可以通过增强一级沉降和/或使用高速率活性污泥法来获得更多污泥用于厌氧消化生产 CH_4。市政污水进入 Strass 污水处理厂后经高速率活性污泥法吸附可转化掉水中大部分悬浮物与溶解性有机物。消化后的熟污泥经机械脱水，消化液进入侧流 DEMON 工艺，严格控氧将污水中的部分 NH_3-N 氧化为 NO_2^-，随后，厌氧段使得剩余的 NH_3-N 与 NO_2^- 发生厌氧氨氧化反应生成氮气。DEMON 工艺需在线监测溶解氧和 NH_3-N 的浓度，在严格控氧的情况下获得最佳的出水水质。该污水处理厂生物处理单元采用两段式 AB 工艺，即：A 段为吸附（Adsorption）；B 段为生物降解（Biodegradation）。A 段对污染物的去除主要是通过该段活性强、世代时间短的细菌絮凝、吸附作用和生物合成作用来对水中固态与溶解性有机物进行吸附、转化去除，其中絮凝、吸附起主导作用。在 A 段，氮和磷也会因细菌合成或化学沉淀而明显减少。A 段水力停留时间（HRT）为 0.5h，污泥龄（SRT）为 12～18h，使得进水中约 60.7% 的 COD 得以去除，此段产生的剩余污泥量占剩余污泥总量的 81.7%，主要用于后续厌氧消化产 CH_4 过程。

B 段包括曝气池和二次沉淀池。在 B 段曝气池中生长的微生物除菌胶团微生物外，还有相当数量的高级真核微生物，这些微生物世代时间较长，并适宜在有机物含量较低的环境下生存和繁殖，可将进入 B 段的 COD 再消除 87%。加上 A 段去除的 60.7% 的 COD，A、B 两段总共可去除进水中 95.3% 的 COD。在 B 段曝气池中，NH_4^+ 通过硝化作用被氧化成 NO_3^-，部分 NO_3^- 通过生物体内的 SND（同步反硝化）作用生成 N_2 被去除。B 段曝气池内的混合液中溶解氧（DO）保持在 1～2mg/L，HRT 与 SRT 分别为 10h 与 10d。因需维持曝气池内必要的 DO 含量和缺氧/好氧环境，需对 B 段曝气池实施间歇曝气，所以此处为能量消耗最为集中的单元，占全厂总电能需求的 44.9%。该阶段产生的剩余污泥量占剩余污泥总量的 18.3%，与 A 段剩余污泥一起用于后续厌氧消化产 CH_4 过程。

（2）厌氧消化

将 A、B 段产生的剩余污泥经浓缩后应用于厌氧消化过程，厌氧消化产 CH_4 是整个污水处理厂能量回收的核心内容，中间沉淀池与二次沉淀池中产生的剩余污泥经浓缩后引入厌氧消化池。在污泥的厌氧消化工艺中，Strass 污水处理厂通过添加厨余垃圾（约 240g/m^3）进行共消化，以提高有机物含量促进生物气产量。生物气中 CH_4 含量为 58%～62%。消化产生的生物气以热电联产方式加以高效利用（电能转化效率为 40% 左右），产电量为 2.30kWh/m^3 生物气，电能用作鼓风机和提升泵等的运行电耗，热能用于消化池的加热和熟污泥的干化,多余热量经迅速冷却后随出水排出。消化后的熟污泥经机械脱水后一分为二,熟污泥被堆肥后用作肥料,消化液经侧流厌氧氨氧化工艺富集厌氧氨氧化细菌后回流至主流厌氧氨氧化工艺。

早在 2005 年,Strass 污水处理厂便通过厌氧消化产甲烷并热电联产实现了 108% 的能源自给率。目前,该厂利用剩余污泥与厂外厨余垃圾厌氧共消化,使得能源自给率高达200%。能源自给模式虽然通过降低用电需求和回收生物能抵消了一部分碳排放,但由于亚硝酸盐积累量较高,使得 N_2O 排放量较高。主流/侧流 DEMON 工艺产生的 N_2O 约占该模式下 N_2O 排放总量的 92.6%。这一部分温室气体排放很难通过其他处理方式来去除,不能用电中和掩盖"碳增量"。一项对 Strass 污水处理厂碳排放的研究表明,若我国市政污水行业应用 Strass 污水处理厂这种能源自给模式,温室气体排放量可减少 79.5%。未来,准确识别和定义"能耗中和"和"碳中和"的关系,是具有现实意义的。

4.2.4 美国 Sheboygan 污水处理厂

Sheboygan 污水处理厂是美国碳中和运行的榜样,通过开源与节流并举的技术措施不仅向美国而且也向世界展示了其污水处理能耗基本可以实现自给自足。

（1）能源回收

在增加能源回收效率方面,Sheboygan 污水处理厂已充分意识到污泥作为潜在绿色能源的巨大潜力,通过剩余污泥与食品废物厌氧共消化产生可再生能源 CH_4。产生的 CH_4通过热电联产（CHP）技术产电、产热,电能供污水处理厂运行使用,热能一方面为消化池维持中温（35℃）提供热量,另一方面可用于冬季污水处理厂内建筑物取暖。

向 Sheboygan 污水处理厂投加的高浓度食品废物通常为高 BOD、低 SS 的奶酪垃圾、啤酒厂废液等。由于这些添加物中高浓度、易降解有机物含量高,使得生物气产量大幅增加,CH_4 比例相应提高,进而可提高能源的回收效率。剩余污泥与高浓度食品废物共消化技术,也为这些来源于食品制造业的废弃物（在美国,食品垃圾占全部固废垃圾量的14%）能源化提供了有效途径,避免其填埋或自然氧化对环境造成的潜在危害。为充分利用污泥厌氧消化所产生的生物气,Sheboygan 污水处理厂于 2010 年增设了 2 台 200kW 的微型燃气轮机和 2 台热回收处理设备,使产电能力增加了 9600kWh/d,产热能力增加了9840kWh/d。到 2012 年,该厂可利用热电联产（CHP）技术产电 16800kWh/d、产热16120kWh/d,约能抵消污水处理厂耗电量的 90%、需热量的 85%,基本上实现了能源自给自足。

（2）节能措施

污水提升、回流及曝气设备的能耗在污水处理总能耗中所占比例最大（68.9%）,因此,为了从节流角度提高该厂能源自给自足率,Sheboygan 污水处理厂从 2005 年开始先后进行了一系列工艺升级改造和运行优化,包括水泵、鼓风机等机械设备的更新、安装气流控制阀、更新消化池加热设备、升级智能控制系统（PLC）、监视控制和数据采集系统（SCADA）等。

1）泵站升级改造

为了降低能耗,Sheboygan 污水处理厂将 2 台水泵的电机更换为高效变频电机（150kW）,并为这 2 台电机分别配备了 1 个变频驱动。另外 4 台水泵未进行升级改造,其中 3 台 186kW 的水泵仍采用普通电机，1 台 373kW 的水泵采用涡流电机。设备更新后每年可节省 20％的耗电量，2006—2011 年间共节省电量 1.08GWh，相当于减少 735t 碳排量。

2）安装气流控制阀

监测显示，Sheboygan 污水处理厂的曝气池在夜间和冬季溶解氧可高达 6mg/L。为了降低能源的浪费，该厂于 2009 年 1 月安装了气流控制阀，并通过升级 PLC 实现了对气池内 DO 的实时控制，最大限度地减少了能源浪费。气流控制阀的安装使曝气单元能耗总共降低了 17％。

3）SCADA 系统

SCADA 系统是监视控制和数据采集系统，在污水处理中有很高的实用价值。Sheboygan 污水处理厂建立了完备的 SCADA 自动化控制体系。一方面，根据不同时刻污水处理的实际变化动态控制曝气量、回流量等参数，使污水（泥）提升泵、回流泵、鼓风机处于最佳运行状态；另一方面，利用 SCADA 系统对远距离污水提升泵站进行远程操控，不仅缩减了人工费用开支，还降低了化学药剂的投加量和耗电量，大大降低了污水处理厂的运行成本。

通过开源与节流措施，到 2013 年 Sheboygan 污水处理厂已实现了产电量与耗电量比值达 90％～115％、产热量与耗热量比值达 85％～90％的佳绩，基本接近碳中和运行目标。

4.3　城市雨洪系统的碳减排案例

4.3.1　国内外海绵城市的实践经验

1. 国外海绵城市建设与雨水利用实践

海绵城市即把生态雨水调蓄作为城市的"绿色海绵"，美国主张在源头采用分散式、小尺度的技术手段来管理雨水径流，如加州富雷斯诺市的"LeakyAreas"地下水回灌系统，是雨水管理和精明增长理论相结合的产物，实现了环境保护和经济的共同发展；日本则对雨水利用实行补助金奖励制度，例如东京都墨田区 1996 年开始实行墨田区雨水利用补助金制度，对地下、中型和小型贮雨装置给予一定的补助，水池补助 40～120 美元/m³，雨水净化器可以补助 1/3～2/3 的设备价，促进雨水资源化利用的推广；英国城市雨水利用方式是模仿场地开发之前其自然水文过程，利用雨水径流以清除环境污染物，结合降低洪水风险、改善水质、回灌地下水，满足社区需要以及提供生物栖息地等；新西兰实行具有指导意义的水资源管理政策，其主要内容是在城市发展时不仅要满足城市区域规划、政策规划的要求，而且要尽量降低对城市水环境的影响，减少雨水径流带来的污染，规定新开发区域需设置雨水收集和处置设施；澳大利亚将城市整体水文循环与城市的发展和建设过程相结合，把城市发展对水文的负面影响降到最低，将雨水处理和景观结合，减少地表径流和洪峰流量，应用的尺度从城市分区到街区、地块，持续阶段从前期规划设计到之后的建设和维持。

2. 国内雨水利用现状

（1）深圳市光明新区

国内对于海绵城市的建设集中在近几年，深圳市光明新区在规划建成区的工程设计中，按照低影响开发理念配套设置雨水综合利用措施，将道路路面雨水汇集进入两侧的生物滞留带进行渗滤、滞蓄，用于补充地下水，利用径流控制、削减峰值流量，修复水文生态；光明新区于2011年10月被住房和城乡建设部确定为全国首个低影响开发雨水综合利用示范区。2016年4月，以光明凤凰城为试点区域，深圳市成功入选第二批"国家海绵城市建设试点城市"。光明新区探索城市可持续发展道路，在国内率先引入低影响开发理念，全面建设低影响开发雨水综合利用示范工程，积极开展海绵城市规划建设。从表面看，光明新区光明城站西侧的38号路等道路，与其他道路没什么不同。其实，这条道路采用下凹式绿地（种植耐旱耐涝的本土植物等）、透水路面等工程措施：在车行道、自行车道和人行道采用各种温控及再生透水建材等新型材料；在道路中央和两侧绿化带建设下凹式绿地，将雨水汇集后经下凹式绿地过滤、滞蓄、渗透、净化，超设计能力的雨水最后通过溢流口进入市政雨水管道。这些工程措施带来的好处是道路年径流总量控制率可达50%，中小雨不产生汇流，在4~11mm/h的降雨时，径流总量和峰值削减率最高可达95%和84%，洪峰延迟12~34min，污染物削减率超过40%。

其中，公共建筑示范项目主要采用建设绿色屋顶、雨水花园、植草沟、透水铺装、生态停车场等工程措施。如光明新区群众体育中心，建设了近万平方米的绿色屋顶和1.3万m^3的透水广场、生态停车场，透水面积超过场地面积的70%，配建500m^3地下蓄水池，收集经绿色屋顶等设施净化后的雨水用于绿化浇洒，累计年雨水利用量超过1万m^3，年径流总量控制率可达50%以上。

（2）浙江省嘉兴市海绵城市

浙江省嘉兴市利用海绵城市理念在城市建设方面进行了有益的尝试，被国家水专项办公室列为示范城市。如嘉兴地区所有新建和改建项目必须设置雨水径流污染控制设施，在雨水排放口末端设置物理处理及生态处理设施，削减雨水中的COD、SS等污染物。建筑小区、开放空间等用地尽量设置雨水收集、贮存、处理和回用水管网等雨水利用设施。在新开发区域和空间条件较好的改建区域，采用植被浅沟、渗透沟渠、透水地面等入渗方式，减少雨水径流外排总量，实现雨水径流渗透补给浅层地下水。

（3）陕西省西咸新区海绵城市

陕西省西咸新区是立足创新城市发展方式的国家级新区，按照小区地块、市政道路、景观绿地、雨水系统四个层次来推广海绵城市的低影响开发，除了小区内部、市政道路采用雨水花园和下凹式绿地吸收雨水，各地块间建立中央雨水系统，利用生态绿廊下注6~8m，将两侧2~3个街区约15km^2范围内的地表径流通过地表水沟、市政排水管等直接或间接地收集，成为城市雨水利用核心项目。

（4）湖南省宁乡县海绵城市

1）道路与自然排水系统

原有水系形成的自然排水系统，是海绵城市生态雨水管理的重要组成部分。宁乡县处于丘陵地区，地形复杂多变，规划区内各等级水线纵横交错。针对现有情况，实施道路本体透水化与道路选线分级化相结合的规划措施，通过规范规划建成区内道路网设计及建设方式，改造实际建成区道路的不透水结构形式，控制和减少道路干扰体对生态水系格局的潜在和累积性影响。

城市道路网的调整主要集中在：①优化城市主干道。将原本 12 种宽度的主干道调整为 7 种宽度，实施改变道路线型、增加生态水系雨水口等优化措施，标准化、合理化、生态化主干道建设模式。②简化城市次干道，减少道路与水系的冲突点。将次干道的部分交通量转移到高等级道路，并对高等级道路的道路宽度、路板结构进行梳理。③通过中、小型桥梁保留原水系通廊，实现城市地块之间水系网络的整合与连贯，提高生态水网的完整度。在地块内部可采用雨水花园和下凹式绿地，将道路收集的雨水通过植物、土壤进行净化，渗入地下，溢流的雨水导向下沉广场或进入收集池。④将道路两侧的绿化带建设为生物滞留带，采用道路立缘石豁口的方式将机动车道雨水径流引入绿化带，并设置过滤池对路面初期雨水进行截污，土壤饱和后的下渗雨水及溢流雨水通过溢流井排入配套设置的超标雨水径流排放系统。

2）城市不透水面改造

受经济目标、政策条件等因素的影响，宁乡县实际建成区不透水面积所占比例较高，实际建成区面积为 34.16km²，不透水面积约为 32.15km²，所占比例高达 94.13%。城市传统商贸业集中区域，建筑密度较高，加上区内较多的道路广场用地，不透水率高达 98.51% 左右。部分居住区除了公园及楼房前后的少量空地，没有其他开敞空间。城市植被覆盖集中在公园内、近公园区和沿河两侧的绿色开敞空间，占到土地面积的 5.87%，仅为不透水地面的 1/16。同时受地形影响，城区所处周边径流汇聚盆域，城市排水压力较大，针对城市现状，在进行各地块硬质地面的海绵化处理时，采取"排、渗"结合方式，在整合原有工程排水的基础上，综合利用雨水渗透控制策略。

借鉴国内外雨水利用的经验，考虑宁乡县现有基础条件特征，对地块改造采取以下措施：①在城市规划建成区内控制容积率，建设开发契合现有地形，保留足够的生态用地，适当开挖河湖沟渠、增加水域面积，保护雨水湿地，推行绿色屋顶。②在实际建成区内最大限度还原建设之前的水系通道，以汇水线为中心，向两侧扩张 5~15m 植被保护区，结合汇水点设置下凹式绿地、植草沟，形成水生态廊道，总计还原生态水系绿地 0.69km²，同时建设渗井、渗沟、渗池等雨水利用设施，改变城市传统雨水排水方式 3.16km²。③在新建生活小区、公园或条件允许的实际建成区内的小区中推行雨水集蓄利用系统，将小区内屋面和路面的雨水径流收集利用，减弱城市暴雨径流量和污染物排放量、减少水涝和改善环境。④在降雨径流形成的源头进行分散处理，对实际建成区地面材料进行更新，采用人工铺设的透水性地面，如多孔嵌草砖、碎石地面、透水性混凝土路面等，通过一系列、小规模的构造做法，弱化城市硬质地面 0.93km²，以点带面，局部简单、经济地微观化处理城市雨水管理问题。

4.3.2 低影响开发技术的应用案例

美国西雅图 HighPoint 住宅区就是一个典型的 LID 设计原则充分得以应用的住宅区。在该住宅区的设计中，综合使用了多种技术进行雨洪管理，例如植草沟、雨水花园、调蓄水池、渗透沟等。住宅区的雨水主要来自屋顶、道路和广场等，设计者根据场地条件的不同运用了不同的技术和措施来模拟自然的水文过程，雨水通过植被浅沟的引导和输送，汇入北部的池塘中，经过净化和处理后达到相关标准的雨水最终才能排到朗费罗河流域，保证了河流的生态平衡，保护了生物的栖息环境。

LID 技术在该住宅区的成功应用不仅在于设计者因地制宜地将 LID 的原理和相关技术运用到整个住宅区的重建过程中，取得了良好的效果，为该区域的环境保护和资源节约做出了巨大的贡献。更值得一提的是，设计者利用这些技术与园林景观相结合，创造性地将池塘公园、袖珍公园和儿童游戏场地等多功能开放空间的地下部分设计成了地下贮水设施，并通过减少道路宽度和街边植被浅沟的设置来营造舒适的步行系统，将一个人口密度较大的住宅区营造成了一个生态、舒适、优美的绿色住宅区。

High Point 住宅区对于 LID 技术的应用主要体现在：对于不透水铺装面积的控制、对于屋顶排水的要求、植被浅沟、调蓄水池以及其他 LID 措施等。

1. 对于不透水铺装面积的控制

High Point 住宅区的一大特点就是街道和停车场都使用了透水铺装，它是华盛顿州中唯一使用透水铺装的街区。这也是自然开放式排水系统的主要内容之一。透水铺装的使用可以有效减少雨水径流量，减轻城市排水系统的负担，同时能够过滤雨水中的污染物，补充地下水。虽然透水铺装比起不透水铺装耐久度低而且造价较高，但是其带来的长期经济利益是十分可观的。

High Point 住宅区对雨水排放的控制以单栋住宅为核算单元，对区域内的每一个单元的建筑及其附属环境进行独立的雨水量计算。屋面、铺装等增加雨水径流量范围的排水设计必须满足美国排水公约和 High Point 社区管理委员会所制定的相关标准。一旦未达到标准，就需要通过更换透水铺装或者减少铺装面积两种方式来解决。

除了更换透水铺装外，在不影响通行和停车的情况下减少铺装面积同样是个有效的方法。这个办法更加适合于铺装面积较大的区域，而且可以增加该区域的绿地率，一举两得。好莱坞车行道现有的长度和宽度都超过了通车的正常要求，造成了不必要的浪费，设计者运用减少道路的长度或者道路中间增加种植带来减少道路宽度的方法，有效解决了这个问题。设计者还将居住区内的街道宽度从 10m 缩减到 7.5m，不仅可以减少不透水铺装的面积，而且尺度适宜的街道空间还可以提高传统居住空间的品质。

若以上措施仍然达不到降低雨水排放量的要求，则利用雨水花园来处理多余的雨水，因为雨水花园可以增加雨水的过滤和下渗。雨水花园的做法通常是在一小块低洼地种植大量当地植物。当降雨来临时可通过自然水文作用，如渗透、过滤等对雨水截流。流经雨水花园的雨水径流在汇入植草浅溪前可以使自身的污染物降低 30%。

由于雨水花园多使用当地植物，所以对当地气候变化、土壤、水质等因素有更强的适应能力。雨水花园造价低廉，使用乡土植物，无需刻意养护管理，可有效节省建设和管理的开支，同时还具有丰富的景观效果。建造雨水花园的其他好处还有补充地下水源、降低雨水径流量、减小洪峰流量以及维护生态系统平衡等。

2. 对于屋顶排水的要求

该住宅区内的建筑密度较高，屋顶汇水面积较大，因此屋顶雨水的收集与利用对于住宅区的自然开放式排水系统来说是一个重要的组成部分。设计者根据每家每户住宅场地的面积、条件和美学需求选择了多种屋顶排水方式，能够使屋顶雨水迅速地收集或者排入植被浅沟或是公共雨洪排放系统中去。

美国排水公约和 High Point 社区管理委员会对于屋顶排水的要求是100％的屋顶雨水可以排到自然开放式系统中或是公共雨洪排放系统中，否则就需要采取相应的措施进行改善。屋顶雨水的排放过程可以分成落水阶段和导流阶段。落水阶段是屋顶雨水通过落水管的引导落入地面的过程，为了减缓雨水落下对于地面的冲击并且减小雨水的流速，设计者设计了四种方式，分别是导流槽、雨水桶、涌流式排水装置和敞口式排水管。

导流槽是一块尺寸约为0.6m（长）×0.3m（宽）×0.5m（厚）且具有一定坡度的石板或混凝土板，它与落水管相连，可以降低从屋顶流下的雨水的流速，并引导雨水的流向。这个装置简单实用，在居住区中被大量应用。但是应该保证导流槽有一定的埋深和基础的厚度，以避免其被水冲走或是下沉，同时其坡度不宜超过8％。为了景观效果，导流槽还可以根据住户的喜爱设计成不同风格和样式，成为居住区独特的环境艺术品，为居住区景观添色。

雨水桶用于收集屋顶雨水，其作用相当于一个简易廉价的蓄水池。其结构简单、易于养护，普遍适用于居住区、商业区和工业区。雨水桶的结构通常是：桶开口用于接收来自落水管的雨水，内部设一层滤网过滤掉屋面落水中的碎屑，下部连接水龙头，以便雨水作为其他水源使用（如灌溉）时易于获取。有的雨水桶还设置了溢水管，溢水管下紧接挡水石或导流槽，可以更好地利用雨水资源。需要注意的是，雨水桶易于滋生蚊虫，故在进水口处应设置相应的屏障。雨水桶的容量可以根据屋面面积设计或需要贮存的水量设计。同时，雨水桶也可以与更大的贮水设备相连接，放置的位置应结合景观效果考虑。

涌流式排水装置和敞口式排水管都是运用管道排水的设施，它们距离地表至少要有0.2m的埋深。根据场地的规模、铺装材料和一些其他条件的限制，从屋顶落下的雨水没有必要直接排到周边的汇水线上去，便可以采取这种方式，当管道达到可以向外排水的地段时，便可以利用涌流式排水装置或敞口式排水管将雨水排出。

导流阶段是将落入地面的屋顶雨水通过地表导流、导流渠、阶梯式导流渠和导流花园等方式排到汇水线中，最终流向住宅区的调蓄水池中。设计者根据场地规模、地表条件和坡度大小等因素提供了不同的导流方式。

3. 植被浅沟

High Point 住宅区的整个自然开放式排水系统中有一个独特的由植被浅沟组成的网络系统，这个系统沿着住宅区内的每条道路分布，在道路一侧或两侧的绿化带上设置。它对来自街道和屋顶的雨水进行收集、吸收和过滤，然后排入地下，最终排入公共雨洪排放系统。植被浅沟是指在地表沟渠中种有植被的一种工程性措施，一般通过重力流收集处理径流雨水。当雨水流经植被浅沟时，在沉淀、过滤、渗透、吸收及生物降解等共同作用下，径流中的污染物被去除，达到雨水径流收集利用和径流污染控制的目的。在 High Point 住宅区，植被浅沟沿街布置，路缘石开口，可以使得雨水流入，道路一般为单坡向路面，可将雨水导入植被浅沟中。根据区域排水量的大小，植被浅沟的深浅和宽度可以变化，深和宽的植被浅沟最后便成为一个滞留水池。池中设有溢流口，水深超过溢流口的高度就通过雨水管道直接进入居住区北部的调蓄水池中。

4. 调蓄水池

调蓄水池有很大的蓄水能力，是一种具有良好滞洪、净化等生态功能的雨洪控制利用设施。可以用来贮存大量雨水用于灌溉、保存净化水源等。调蓄水池可以是开放的水塘，或者是设置于地上或地下的密闭容器。在城市绿地中开放的调蓄水池可以结合园林景观进行统筹安排其位置、形状、容积，并与其他造园要素一起精心安排，形成雨水景观。

在 High Point 住宅区中，来自街道和屋顶的雨水通过汇水线的引导，最终都汇入了位于居住区北部的池塘中，池塘最深达 4.7m，可以容纳 27123m³ 的水量。雨水在这里沉淀、过滤、渗透后才流向朗费罗河流域，保证了河流的生态平衡，保护了生物的栖息地。400m 长沿着池塘的散步道、斜坡草坪、栈桥和宽阔的水面，使得这里成为居民最喜爱的活动场地。

5. 其他 LID 措施

在 HighPoint 住宅区内，还运用了其他的 LID 措施，如屋顶花园、渗透沟、土壤改良等。渗透沟是一个填满了石头的沟渠，十分适用于小型区域的排水要求。雨水先集中在沟表面，经过一定时间后渗入地下。需要注意的是，应防止渗透沟堵塞影响渗透效果。如果在雨水进入渗透沟之前加入预处理，会使渗透沟使用期限更长，效率更高。预处理的方式可以采用砂滤带或者植草沟等。一些研究表明，绿色屋顶能够有效吸收一些重金属和营养物质，如钙、铜、铅、锌、氮等。绿色屋顶还能够改善室内温度，减少空调等电器的能耗。绿色屋顶的结构由下至上依次是：不透水层、排水层、覆土层和植被。不透水层用来保护建筑屋顶不受雨水侵蚀，通常使用高质量的防水膜。排水层收集没有被覆土层吸收的多余雨水，可以通过自身结构排出屋顶。覆土层用来过滤雨水同时给植被提供生长的介质。植物选择应以浅根系植物为主，以防止植物根系刺穿绿色屋顶结构。这些植物还应具有良好的再生能力，能够抵抗直接的太阳辐射，耐干旱、霜冻和大风。

住宅区在重建过程中往往需要进行清理，由于部分植被和土壤被移走，致使场地原有的土壤环境遭到不同程度的破坏，这一过程直接改变了土壤团粒结构、土壤孔隙、土壤中的有机物和土壤中生物的正常活动。改善土壤的方法有堆肥、增加覆土、添加营养物或石灰等。改善后的土壤所含营养物质和渗透能力都会有所加强，更利于雨水渗透和植被生长。

美国西雅图 High Point 住宅区利用 LID 技术成功的实践和其完整的自然开放式排水系统是他们对于环境承诺的一部分，是资源保护和节能减排中的范例。设计者创造性地运用了 LID 措施，不仅解决了环境保护与资源利用的问题，而且创造了多功能的开放空间和优美的园林景观，是景观与工程结合的典范。

4.4 工业和家庭用水的碳减排案例

4.4.1 工业用水碳减排案例

1. 德赛化工循环冷却水高效浓缩技术

高浓缩倍数运行一体化装置是将循环冷却水处理技术、自动控制技术和信息化技术有效集成，开发出循环冷却水高浓缩倍数节水一体化装置，保障了循环冷却水系统高浓缩倍数运行的安全性和可靠性。其创新之处在于：将循环冷却水科学管理的理念物化于循环冷却水高浓缩倍数节水一体化装置，实现了循环冷却水碱度的精确调节和药剂浓度的自动校正，该系统主要由阻垢缓蚀药剂自动投加、杀菌剂的加入及控制、循环冷却水 n_1 值自动调节、浓缩倍数自控调节、循环冷却水运行参数监测和计算机管理系统组成。

（1）阻垢缓蚀药剂自动投加系统。自动加药系统采用进口加药装置，可根据冷却水的补水流量和电导率的大小，实现远程控制计量泵的加药速度，实现阻垢缓蚀药剂的比例式投加，保持循环冷却水中药剂浓度的稳定，完全能够满足要求。同时，还可根据不同季节、不同负荷、不同补水量的具体要求，实时调整，减少费用，降低劳动强度。

（2）pH值自控调节系统。精确控制循环冷却水的碱度、pH值是搞好循环冷却水高浓缩倍数运行的关键，采用在线、快速、准确、连续的监测方法，适时自动调节，自动精确计量加酸，严格控制循环冷却水的碱度和pH值，使其值保持在最佳范围，保证循环冷却水系统安全、稳定运行。

（3）浓缩倍数自控调节单元。浓缩倍数自动调节系统由采集单元、控制单元、执行单元组成，使补排水实时进行，加大了补排水的频率，同时降低了每次补排水的数量，确保系统参数稳定在较小范围内。

（4）循环冷却水运行参数监测和计算机管理系统。循环冷却水系统运行性能及稳定程度能够通过冷却水运行的各种参数很好地反映出来，这些参数包括冷却塔的进出口温度、电导率、n_1值、集水池液位等。这些参数通过PLC传到工控机，由计算机管理系统进行记录分析，通过参数的变化趋势能够反映出系统的运行状态，为循环冷却水的管理人员提供第一手的资料，及时发现问题，排除不稳定因素。

2. 燕山石化公司循环冷却水精密过滤技术

燕山石化公司水气中心六供水车间第四循环冷却水处理系统承担着为丁基装置供应循环冷却水的任务，该循环冷却水场的设计处理能力为8000t/h。与其配套的旁滤水处理系统采用重力式无阀滤池，该滤池由2组4个罐体组成，设计过滤水量为400t/h。为解决重力式无阀滤池反冲洗时自耗水量较大、故障率高等问题，车间对原有过滤系统进行了改造，将其中1组2个罐体更换为5个罐体并联运行的精密过滤器，从而解决现有重力式无阀滤池存在的诸多问题，达到了节水降耗、改善水质的目的。

（1）旁滤系统概述

生产中为了保证循环冷却水系统浊度在规定范围内，部分循环冷却水必须经过旁滤池的过滤处理再回到循环冷却水系统中。通过过滤处理，可以在不影响循环冷却水系统正常运行的情况下去除水中大部分微生物。目前，国内循环冷却水系统常用的旁滤形式有普通快滤池、虹吸滤池、重力式无阀滤池以及压力滤罐等。重力式无阀滤池在中、小型水厂及北方等地区使用较多，但按照传统设计单池面积较小，因此，现在的给水设计工艺选择中很少采用。

（2）精密过滤器在循环冷却水旁滤处理中的应用

精密过滤器采用专用无机、永久性介质作为滤料，可以降低出水浊度，去除循环冷却水中大部分微生物，并且降低反冲洗水耗；其采用的顶端布水器和横向出水器，可以保证运行过程中能平衡分布水流，从而有效保证过滤及反冲洗效果；精密过滤器采用气动两用三通阀，在设备正常运行的同时可利用其他罐体的滤后水进行单罐体反冲洗，减少水量消耗；其采用的触屏用户界面的智能控制系统，可以控制系统全自动运行，节约人工成本。

（3）改造效果

出水水质良好。所更换的精密过滤器采用非常细小的颗粒作为过滤介质，能去除循环水中更为微小的悬浮物，自运行以来，滤后水浊度降低 50％，BOD₅指标明显降低。

反冲洗水量小，反冲洗效果好，节约运行成本。改造后的精密过滤器单罐反冲洗水由其他罐滤后水提供，减少了反冲洗自耗水量，反冲洗水量小。新的旁滤系统可有效去除循环冷却水中的悬浮物，从而减少循环冷却水补水量，并且降低对循环冷却水补水的水质要求，保证并提高了循环冷却水系统运行的稳定性。旁滤系统改造前、后指标对比见表 4-3。

旁滤系统改造前、后指标对比　　　　　　　　　　　　表 4-3

指标名称	改造前	改造后
过滤水量（t/h）	390～400	390～400
出水浊度（NTU）	＜12	＜6
平均反冲洗水量（t/d）	120～150	80～100
反冲洗时间（min）	7～8	3
反冲洗周期（h）	60	6

改造后，第四循环冷却水旁滤系统年节约水费约 26.22 万元，年节约药剂成本约 11.20 万元。精密过滤器体积小、易安装、易扩展、易拆卸。精密过滤器采用灵活安装方式，可根据现场需要单排安装也可并排安装，可通过增加滤罐数量的方式实现过滤系统扩充，可通过拆卸单罐方式进行拆迁。开车后根据系统设定的反冲洗要求进行自动反冲洗，无需人工操作，管理简单，节省人工成本。

4.4.2　家庭用水碳减排案例

1. 建筑中水回用系统

胡学斌等以重庆大学 B 区学生宿舍生活污水和雨水的混合水模拟建筑中水，采用生物接触氧化和人工湿地组合工艺在夏季以及冬季条件下对模拟中水进行处理，定期对出水的 COD、BOD₅、总氮、总磷等常规指标进行检测，结果表明，经过生物接触氧化和人工湿地组合工艺处理后的出水可以稳定达到《城市污水再生利用　景观环境　用水水质》GB/T 18921—2002（注：现行版本为《城市污水再生利用　景观环境用水水质》GB/T 18921—2019）。

2. 建筑雨水利用系统

深圳市某大型公共建筑，总规模 5 万 m²，一期 35658m²，为申报国家绿色建筑三星，该项目的设计方案将雨水进行充分的利用达到景观水补充以及道路冲洗、公厕冲刷等回用要求，雨水径流系数为 0.55，深圳市多年平均降雨量为 1960mm，则建筑区域内年可收集雨水量为 5.39 万 m³，能够满足该项目建筑区域的景观补水要求。

4.5　本　章　小　结

本章介绍了城市供水系统碳减排的 2 个案例。延安某净水厂通过功能区叠加和综合管沟的布置，达到了场地集约化和运行低碳化的目的；西安某净水厂通过采用光伏发电系统来减少厂区用电产生的碳排放，同时智慧水务系统的使用对保障安全供水、节约能耗、降低漏损、绿色低碳运行有重要意义。

本章介绍了城市污水系统碳减排的 4 个案例。德国 Steinhof 污水处理厂通过沼气热电联产、出水土地渗透深度处理、污泥再利用以及污泥消化液回收磷等技术减少了碳排放量。新加坡再生水厂制定出了"棕色水厂改造、新建绿色水厂、未来绿色水厂"的三阶段目标，能源自给率不断提高；拟采用智能控制系统、主流 ANAMMOX 工艺、厌氧膜生物反应器等技术来达到能源自给和碳中和。奥地利 Strass 污水处理厂采用厌氧氨氧化工艺和厌氧消化，实现了能源自给和碳中和目标。美国 Sheboygan 污水处理厂采用厌氧消化和 SCADA 系统等一系列开源和节流的措施，已实现了产电量与耗电量比值达 90%～115%，基本接近碳中和目标。

本章介绍了城市雨洪系统的国内外经验和 1 个案例。雨水是重要的城市水资源。针对雨水处理和利用（也称低影响开发），国内外已经开展了长期和深入的研究，并形成了海绵城市典型工程措施（如下凹式绿地、生物滞留带、透水路面等）。美国西雅图 High-Point 住宅区是一个典型的低影响开发应用的住宅区，应用了不透水路面、雨水花园、植草沟、调蓄水池等一系列工程措施，协调解决和满足了环境保护与资源利用、多功能开放空间和优美园林景观的多方需求。

本章最后介绍了 2 个工业用水碳减排案例和 2 个家庭用水碳减排案例。工业用水的循环冷却水高效浓缩技术和精密过滤技术，能够克服现有技术的不足，达到改善水质、节能降耗的目的。家庭用水碳减排方面，主要介绍了建筑中水和雨水利用的案例。

第5章 城市水系统碳排放强度评估

5.1 碳排放评估的原理和方法

伴随着环境污染的日趋严重，各个国家开始重视环境审计。作为环境审计的一部分，碳审计的研究引起了国内外的广泛关注。我国碳审计发展时间较短，国内学者主要是对碳审计的基本概念框架进行了界定，或是通过借鉴国外的最新举措，对我国碳审计的未来发展进行了展望。2020年国际能源署单独对我国碳排放情况和排放目标所做的统计，如图5-1所示。不难看出，我国二氧化碳排放量不断增加，且与我国所制定的2030年减排目标尚有较大差距。对于城市水系统的碳排放评估更少有人考虑，因此城市水系统的碳排放评估迫在眉睫。

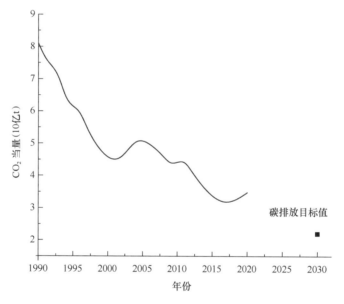

图 5-1 中国二氧化碳排放量（1990—2020年）以及减排强度目标（2030年）

对于不同层面的城市水系统碳排放评估，有不同的调查方案和计算流程。但总的来说，无论对于哪个层面，基本的方法都主要包括以下两种：排放因子评估法和生命周期评估法。

5.1.1 排放因子评估法

1. 基本概念

排放因子评估法，简而言之，就是把有关人类活动发生程度的信息（活动数据）

（Activity Data，AD）与单位活动的排放量或清除量的系数结合起来，估算碳排放的一种方法。这些系数称作排放因子（Emission Factor，EF）。基本方程如式（5-1）所示。有些情况下，可以对基本方程进行修改，以便纳入除估算因子外的其他估算参数。

$$排放 = AD \times EF \tag{5-1}$$

2. 评估步骤

第一步，确定评估层面和范围。一般来说，排放因子评估法适用于任何层面的碳排放评估。

第二步，编制评估清单。基于评估层面和范围，根据温室气体来源的关键性，建立一个分层次和类别的人类活动排放清单。可以参考已有的清单或者《IPCC国家温室气体清单指南》中的分类。一般来说，评估清单应该具备一致性、完整性等特征。

第三步，确定排放因子。对于评估清单中的每一项活动需确定其排放因子。

一般来说，能源使用的排放因子与燃料相关，其他活动的排放因子的确定需要考虑直接排放与间接排放。对于关键活动的排放因子，可以通过实地监测和模型计算的办法来确定；而对于非关键活动的排放因子，可直接利用《IPCC国家温室气体清单指南》中提供的缺省值。

选择排放因子的基本要求如下：

（1）来源于公认的可靠资料，如来自于IPCC公布的排放因子；

（2）满足相关性、一致性、准确性的原则；

（3）在计算期内具有时效性；

（4）考虑量化的不确定性。

排放因子按照数据质量依次递减的顺序分为下列六类，应选择数据质量较高的排放因子。

（1）测量/质量平衡获得的排放因子：包括两类，一是根据经过计量检定、校准的仪器测量获得的因子；二是依据物料平衡获得的因子，如通过化学反应方程式与质量守恒推估的因子。

（2）相同工艺/设备的经验排放因子：由相同的工艺或者设备根据相关经验和证据获得的因子。

（3）设备制造厂商提供的排放因子：由设备制造厂商提供的与温室气体排放相关的系数计算所得的排放因子。

（4）区域排放因子：研究区域所在的特定地区或区域的排放因子。

（5）国家排放因子：研究区域所在的特定国家或国家区域内的排放因子。

（6）国际排放因子：国际通用的排放因子。

第四步，收集活动数据。根据评估清单，确定相关活动的量，主要通过调查、建模等方式完成。例如，统计供水系统的供水量和某污水处理厂的药剂使用情况等。

第五步，核查或调整清单。主要对评估清单的完整性、时间序列一致性和不确定性进行评估，可采用专家审核等方式进行评估。在核查时应该注意温室气体的清除量。

排放因子评估法的评估效果依赖于活动数据清单的质量，当清单不够详细时，容易引起活动数据统计缺失，这时就需要进行局部的监测和模拟计算。例如，由于采用了新工艺，某废水处理厂按照IPCC提供的清单进行碳排放评估时，发现并没有太多关于该工艺的描述，而该工艺的改进实际上大大减少了碳排放。此时，为了保证碳排放评估的准确性，该废水处理厂应采用生命周期评估法对新工艺的过程碳排放进行重点评估，以满足编制清单的需求。

3. 排放因子的确定

（1）源自废水的 N_2O 间接排放

源自废水的 N_2O 排放的缺省 IPCC 排放因子是 0.005（0.0005～0.25）kgN_2O-N/kgN。此排放因子基于有限现场数据，以及关于河流与港湾发生硝化作用和反硝化作用的特定假设。第一个假设是所有氮均随着污水一起排放；第二个假设是河流和港湾中产生的 N_2O 与硝化作用和反硝化作用直接关联，即与排放到河流的氮直接关联。

（2）源自废水的 CH_4 直接和间接排放

污水处理 CH_4 排放时主要的活动水平数据是污水中有机物的总量，以生化需氧量（BOD）作为重要的指标，包括排入海洋、河流或湖泊等环境中的 BOD 和在污水处理厂处理系统中去除的 BOD 两部分。另外还有 CH_4 排放因子的确定，可通过 CH_4 最大产生能力（B_0）和 CH_4 修正因子（MCF）计算得到。

MCF 表示不同处理和排放途径或系统达到 CH_4 最大产生能力（B_0）的程度，也反映了系统的厌氧程度。《广东省市县（区）级温室气体清单编制指南（试行）》推荐的 MCF 可以通过表确定（见表 5-1）。其中，排入环境部分的 MCF 采用推荐值 0.1；处理系统部分的 MCF 根据我国实际情况，利用相关参数，采用全国平均值 0.165，作为推荐值。该指南建议有条件的市县（区）尽可能针对各自的实际情况获得特有的 MCF。CH_4 最大产生能力，表示污水中有机物可产生最大的 CH_4 排放量，本指南推荐生活污水为每千克 BOD 产生 0.6kg 的 CH_4，工业废水为每千克 COD 产生 0.25kg 的 CH_4。建议有条件的市县（区）可以通过实验获得市县（区）特有的 B_0 值。

生活污水各处理系统的 MCF 推荐值 表 5-1

处理和排放途径或系统的类型	备注	MCF	范围
未处理的系统			
海洋、河流或湖泊排放	有机物含量高的河流会变成厌氧的	0.1	0～0.2
不流动的下水道	露天而温和	0.5	0.4～0.8
流动的下水道（露天或）	快速移动，清洁源自抽水站的少量 CH_4	0	0
已处理的系统			
集中耗氧处理厂	必须管理完善，一些 CH_4 会从沉积池和其他料袋排放出来	0	0～0.1
集中耗氧处理厂	管理不完善，过载	0.3	0.2～0.4
污泥的厌氧浸化槽	此处未考虑 CH_4 回收	0.8	0.8～1.0
厌氧反应堆	此处未考虑 CH_4 回收	0.8	0.8～1.0
浅厌氧化粪池	若深度不足 2m，使用专家判断	0.2	0～0.3
深厌氧化粪池	深度超过 2m	0.8	0.8～1.0

（3）电力消耗的 CO_2 间接排放

为规范地区、行业、企业及其他单位核算电力消费所隐含的二氧化碳排放量，确保结果的可比性，国家发展和改革委员会应对气候变化司组织国家应对气候变化战略研究和国际合作中心研究确定了中国区域电网的平均二氧化碳排放因子，并征询了相关部门和专家的意见。其结果可供政府、企业、高校及科研单位等核算电力调入、调出及电力消费二氧化碳排放量时参考引用。根据我国区域电网分布现状，将电网边界统一划分为东北、华北、华东、华中、西北和南方区域电网，不包括西藏自治区、香港特别行政区、澳门特别行政区和台湾省。

国家应对气候变化战略研究和国际合作中心编制的《2011年和2012年中国区域电网平均二氧化碳排放因子》中2012年中国区域电网平均二氧化碳排放因子推荐值见表5-2。

区域电网电力的 CO_2 排放因子推荐值　　　　　　　　　表5-2

电网	省（直辖市、自治区）	排放因子 （tCO_2/MWh）
华北	北京市、天津市、河北省、山西省、山东省、内蒙古自治区①	0.8843
东北	辽宁省、吉林省、黑龙江省、内蒙古自治区②	0.7769
华东	上海市、江苏省、浙江省、安徽省、福建省	0.7035
华中	河南省、湖北省、湖南省、江西省、四川省、重庆市	0.5257
西北	陕西省、甘肃省、青海省、宁夏回族自治区、新疆维吾尔自治区	0.6671
南方	广东省、广西壮族自治区、云南省、贵州省、海南省	0.5271

① 除赤峰、通辽、呼伦贝尔和兴安盟外的内蒙古地区采用"华北区域电网"排放因子；

② 赤峰、通辽、呼伦贝尔和兴安盟采用"东北区域电网"排放因子。

（4）药剂生产过程的 CO_2 间接排放

在污水/污泥处理单元及供水单元中需要使用不同的化学药剂，而这些化学药剂在生产和运输过程中都会产生碳排放。因而污水处理厂在使用这些化学药剂的同时，这部分碳排放就成了污水处理间接的碳排放。实际污水/污泥处理所用药剂量可从设计手册、项目书中获取或直接调研污水处理厂数据，而相关化学药剂温室气体排放因子可从文献中获取。

5.1.2 生命周期评估法

1. 生命周期评估发展历史

生命周期评估（Life Cycle Assessment，LCA）的历史可以追溯到1969年。美国可口可乐公司委托美国中西部研究所对不同饮料容器从原材料采掘到废弃物最终处理的全过程，进行跟踪定量分析它们生命周期过程中的资源消耗和环境释放特征，进而确定哪种容器对自然资源的消耗最小、排放的污染物最少。该研究分析了大约40种材料，量化了各种材料生产消耗的能源和原料用量，以及它们在生产过程中排放的污染量。研究结束后，美国环保署（USEPA）于1974年发表了一份报告，提出了一系列LCA的早期研究框架。

LCA得到广泛关注并迅速发展是在20世纪80年代末。随着各种环境问题的日益显现与恶化，全球环保意识普遍增强，可持续发展思想普及，社会开始关注LCA的各项研究成果，LCA迅速发展。1990年，国家毒理学与化学学会（Society of Environmental Toxicology and Chemistry，SETAC）首次召开了有关LCA的国际研讨会。在这次会议上，"生命周期评估"的概念被首次提出。

1997—2000 年，关于 LCA 的国际标准《环境管理—生命周期评估—原则与框架》ISO 14040、《环境管理—生命周期评估—目标与范围确定》ISO 14041、《环境管理—生命周期评估—清单分析、生命周期影响评估》ISO 14042 和《环境管理—生命周期评估—生命周期解释》ISO 14043 相继颁布（2006 年更新了版本）。参照国际标准，我国相继出台了《环境管理 生命周期评价 原则与框架》GB/T 24040—1999、《环境管理 生命周期评价 目的与范围的确定和清单分析》GB/T 24041—2000（2008 年更新后为《环境管理 生命周期评价 原则与框架》GB/T 24040—2008 和《环境管理 生命周期评价 要求与指南》GB/T 24044—2008）等国家标准。2002 年又发布了《环境管理 生命周期评价 生命周期影响评价》GB/T 24042—2002《环境管理 生命周期评价 生命周期解释》GB/T 24043—2002（2008 年更新后为《环境管理 生命周期评价 原则与框架》GB/T 24040—2008 和《环境管理 生命周期评价 要求与指南》GB/T 24044—2008）。至此，LCA 已经成为企业在可持续经营与环境保护上的重要评估工具。

目前，LCA 已经纳入 ISO 14000 环境管理系列标准而成为国际上环境管理和产品设计的一个重要支持工具。根据 ISO 14040：1999 的定义，LCA 是指对一个产品系统的生命周期中输入、输出及其潜在环境影响的汇编和评价，具体包括互相联系、不断重复进行的四个步骤：目的与范围的确定、清单分析、影响评估和结果解释。生命周期评估是一种用于评估产品在其整个生命周期中，即从原材料的获取、产品的生产直至产品使用后的处置，对环境影响的技术和方法。

作为新的环境管理工具和预防性的环境保护手段，生命周期评估主要应用在通过确定和定量化研究能量与物质利用及废弃物的环境排放来评估一种产品、工序和生产活动造成的环境负载；评价能源材料利用和废弃物排放的影响以及评价环境改善的方法。

2. 生命周期评估定义

关于 LCA 的定义，尽管表述不尽相同，但各国机构采用的评估框架与内容已经趋向一致，其核心是：LCA 是对贯穿产品生命周期全过程的环境因素和潜在影响的研究。PAS 2050：2008 标准指出，生命周期评估按照研究范围可以分为以下两种类型：

（1）从商业到消费者的评价。包括产品在整个生命周期内（从原料开采、加工、运输、使用到废弃）所产生的碳排放，也称"从摇篮到坟墓"的评价（见 ISO 14044）。

（2）从商业到商业的评价。包括产品从原料开采、加工、运输直至到达下游企业被进一步加工或者使用之前所释放的 GHG 排放（包括所有上游排放），也称"从摇篮到大门"的评价（见 ISO 14040）。

另外，LCA 按照其技术复杂程度可分为以下三类：

（1）概念型 LCA。根据有限的、通常是定性的清单分析来评估环境影响。它不宜作为市场促销或公众传播的依据，但可以帮助决策人员识别哪些产品在环境影响方面具有竞争优势。

（2）简化型或速成型 LCA。它涉及全部生命周期，但仅限于进行简化的评估，如使用通用数据（定性或定量）以及标准的运输或能源生产模式，着重最主要的环境因素、潜在环境影响及生命周期步骤。其研究结果多用于内部评估和不要求提供正式报告的场合。

（3）详细型 LCA。包括 ISO 14040 标准要求的目的与范围的确定、清单分析、影响评估和结果解释全部步骤。常用于产品开发、组织营销和包装系统选择等。

不同的研究应根据研究意图与目的选用适宜的 LCA 方法，见表 5-3。

不同类型 LCA 的适宜用途　　　　　　　　　　　　　表 5-3

项目	概念型 LCA	简化型 LCA	详细型 LCA
产品设计	✓	✓	✓
环境标识		✓	
市场规划	✓	✓	
绿色评估	✓	✓	

3. 生命周期评估步骤

《环境管理　生命周期评价　要求与指南》GB/T 24044—2008 将 LCA 分为相互关联的四个步骤，即目的和范围的确定、清单分析、影响评价和结果解释，如图 5-2 所示。

（1）目的和范围的确定。根据应用意图和决策者的信息需求，确定评估目的，并根据评估目的来确定研究范围，包括系统功能、功能单位、系

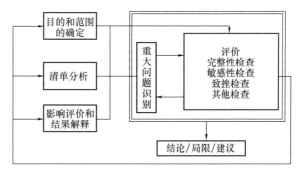

图 5-2　LCA 框架及各阶段的关系

统边界、环境影响类型、数据要求、假设和限制条件等。这是 LCA 的第一步，直接影响到整个评估工作程序以及最终研究结论的准确度。

（2）清单分析。清单分析是一份关于研究产品或生产活动整个生命周期过程的数据清单，这份数据清单记录了会形成环境负荷的相关物质的输入和输出量信息。清单分析主要包括数据收集与确认、数据与单元过程的关联、数据与功能单位的关联、数据的合并、功能单位的修改等工作。

（3）影响评价。影响评价就是对产品或生产活动生命周期过程中的各种环境影响进行评价。它需要对清单分析阶段所识别的环境影响进行分类、特征化和加权，使清单数据进一步与环境影响联系起来，让非专业的环境管理决策者更容易理解。

（4）结果解释。根据规定的目的和范围，综合考虑清单分析和影响评价的发现，客观地分析结果、形成结论、解释结果的局限性，提出建议。说明应易于理解并完整一致。

5.2　城市供水系统的碳排放评估方法

5.2.1　供水处理系统碳排放分类

城市供水系统的碳排放可以按排放方式、供水过程不同进行划分。

1. 按排放方式分类

按照排放方式，供水系统碳排放可分为直接排放和间接排放。

供水系统的直接碳排放包括两类。第一类为材料运输活动中燃油消耗产生的碳排放，需运输的材料包括基础设施建设所需的建筑材料（如水泥、砂石、钢筋、管材、管道附件

等）和净水处理所需的化学试剂（如聚合氯化铝、聚丙烯酰胺、聚合硫酸铁等）等；第二类为净水过程中生化反应产生的碳排放。

供水系统的间接碳排放包括两类。基础设施建设需要建筑材料，净水处理需要消耗化学试剂，生产这些材料和试剂造成的碳排放为物耗间接碳排放；各种材料运输活动和机械设备活动需要消耗电能，机械设备包括增压输水或提升水头时用到的水泵、曝气时用到的鼓风机、生物处理时用到的搅拌机等，生产这些电能造成的碳排放为能耗间接碳排放。

2. 按供水过程分类

按照供水过程，供水系统碳排放可以划分为取水、净水和配水三部分，每部分碳排放可以按材料生产、材料运输、设备运行、能源生产等活动类型进一步划分。

（1）取水过程

取水工程是供水工程的重要组成部分。它的任务是从水源取水，并送至水厂或终端用户。由于常见取水环境为地表水取水，因此取水构筑物主要类型有：

1）岸边式取水构筑物：直接在岸边建造进水井并安装管道、水泵组成的综合工程设施。适用于河岸较陡、岸边有一定水深，水质及地质条件较好，水位变幅不大的水源。

2）河心式取水构筑物：从河心取水的工程设施。通常由取水头部、进水管（自流管或虹吸管）、集水井、泵站四部分组成。适用于河岸较平坦，枯水期主流离岸较远，岸边水深不足或水质不良，而河心有足够水深或较好水质的水源，适用范围较广。

3）斗槽式取水构筑物：在岸边式取水构筑物前面设置进水斗槽的取水综合设施。斗槽可在河流岸边用堤坝围成，或在岸边开挖而成，设置斗槽的目的是便于泥沙在斗槽中沉淀和防止冰凌进入取水口。适用于取水量较大、河流含沙量较大或冰凌严重的水源地段。

4）活动式取水构筑物：把取水设备与浮船或缆车组合而成的取水综合设施。投资少，建设快，易于施工，有较大的适应性与灵活性。适用于水位变动幅度较大，或供水要求甚急的取水工程。但活动式取水构筑物易受水流、风浪、航运等影响，操作管理比较复杂，故取水的安全可靠性较差。

取水过程的碳排放包括：取水构筑物建设所需材料的生产和运输活动产生的碳排放；建设施工设备和抽水泵站运行能量消耗产生的直接碳排放；材料运输、施工活动和泵站运行等活动需要消耗能源，这些能源生产过程的碳排放。

（2）净水过程

净水工程是城市供水工程的核心内容。给水处理工艺流程的选择与原水水质和处理后的水质要求有关。一般来讲，地下水只需要经过消毒处理即可，对含有铁、锰、氟的地下水，则需要采用除铁、除锰、除氟的处理工艺。地表水为水源时，生活饮用水通常采用混合、絮凝、沉淀、过滤、消毒的处理工艺。如果是微污染原水，则需要进行特殊处理。给水处理工艺流程选择见表5-4。

一般给水处理工艺流程选择 表5-4

可供选择的净水工艺流程	适用条件
1. 原水→简单处理（如用筛网隔滤）	水质要求不高，如某些工业冷却用水，只要求去除粗大杂质
2. 原水→混凝、沉淀或澄清	一般进水悬浮物含量应小于 2000～3000mg/L，短时间允许到 5000～10000mg/L，出水浊度约为 10～20NTU，常用于水质要求不高的工业用水

续表

可供选择的净水工艺流程	适用条件
3. 原水→混凝、沉淀或澄清→过滤→清毒	1. 一般地表水厂广泛采用此流程，进水悬浮物含量应小于 2000～3000mg/L，短时间允许到 5000～10000mg/L，出水浊度小于 2NTU； 2. 山溪河流浊度经常较低，洪水时含砂量大，也可采用此流程，但在低浊度时可不加凝聚剂或跨沉淀直接过滤
4. 原水→接触过滤→消毒	1. 一般可用于浊度和色度低的湖泊水或水库水处理，比常规流程省去沉淀工艺； 2. 进水悬浮物含量一般小于 100mg/L，水质稳定、变化较小且无藻类繁殖； 3. 可根据需要预留建造沉淀池（澄清池）的位置，以适应今后原水水质的变化
5. 原水→调蓄预沉、自然预沉或混凝预沉→混凝、沉淀或澄清→过滤→消毒	1. 高浊度水二级沉淀（澄清），适用于含砂量大的原水处理，砂峰持续时间较长时，预沉后原水含砂量可降低到 1000mg/L 以下； 2. 黄河中上游的中小型水厂和长江上游高浊度水处理时已较多采用两级混凝沉淀工艺

净水过程的碳排放包括：净水设施建设需要建筑材料，净水处理需要消耗化学试剂，生产这些材料和试剂造成的碳排放；运输建筑材料和化学试剂时消耗能源产生的直接碳排放；施工设备、水泵和净水设备运行能量消耗产生的直接碳排放，还包括净水过程生化反应产生的温室气体排放；材料运输、施工和水处理等活动都要消耗能源，生产这些能源造成的碳排放。

（3）配水过程

配水工程的碳排放类型与取水工程类似。给水的用途通常分为生活用水、工业生产用水和市政消防用水三大类，生活用水是人们在各类生活活动中直接使用的水，主要包括居民生活用水、公共设施用水和工业企业生活用水。居民生活用水是指居民家庭生活中饮用、烹饪、洗浴等用水，是保障居民身体健康、家庭清洁卫生和生活舒适的重要条件。公共设施用水是指机关、学校、医院、宾馆、车站、公共浴场等公共建筑和场所的用水，其特点是用水量大、用水地点集中，该类用水的水质要求基本上与居民生活用水相同。工业企业生活用水是工业企业区域内从事生产和管理工作的人员在工作时间内的饮用、烹饪、洗浴、冲洗等生活用水，该类用水的水质与居民生活用水相同，用水量则根据工业企业的生产工艺、生产条件、工作人员数量、工作时间安排等因素而变化。工业生产用水是指工业生产过程中为满足生产工艺和产品质量要求所需用水，又可以分为产品用水（水成为产品或产品的一部分）、工艺用水（水作为溶剂、载体等）和辅助用水（冷却、清洗等）等，工业企业门类多系统庞大复杂，对水量、水质、水压的要求差异很大。

为了满足城市和工业企业的各类用水需求，城市供水系统需要具备充足的水资源、取水设施、水质处理设施及输水和配水管道网络系统，如图5-3所示。

配水过程的碳排放包括：配水构筑物建设

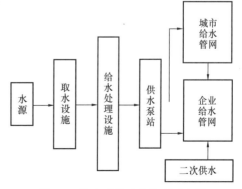

图 5-3　给水系统功能关系示意图

所需材料的生产和运输活动产生的碳排放；建设施工设备和抽水泵站运行能量消耗产生的直接碳排放；材料运输、施工活动和泵站运行等活动需要消耗能源，生产这些能源造成的碳排放。

5.2.2 供水系统碳排放评估

1. 取水过程碳排放

此过程主要考虑抽水泵站运行能量消耗产生的直接碳排放。水泵是给水排水工程不可缺少的设备。城市的水源水（天然水体）需要通过取水泵站、送水泵站以及加压泵站的连续工作（增压），才能够被输送到水厂和各个用水终端。对于城市中排泄的生活污水和工业废水，经排水管渠系统汇集后，也必须由中途提升泵站、总提升泵站将其抽送至污水处理厂，经过处理后的污水再由另一个排水泵站（或用重力自流）排入江河湖海中，或者排入农田作灌溉之用。按照泵的作用原理，可以将泵分为叶片式（包括离心式、轴流式、混流式）、容积式和其他类型。各类型泵的适用范围不尽相同。一般而言，在城镇及工业企业的给水排水工程中，普遍使用的水泵是离心式和轴流式两种。

此过程电力消耗产生的 CO_2 排放量由式（5-2）计算得到。

$$CO_{2em} = W_{total} \times S_e \times EF_{CO_2} \times 10 \tag{5-2}$$

式中　CO_{2em}——取水过程消耗电力产生的 CO_2 排放量，$tCO_2 eq/$年；

　　　W_{total}——地表水取水量，万 $m^3/$年；

　　　S_e——取 $1 m^3$ 地表水的耗电量，kWh/m^3；

　　　EF_{CO_2}——电网排放因子，tCO_2/MWh，取值见表 5-2。

2. 净水过程碳排放

（1）药剂生产过程的碳排放

由于药剂生产造成的 CO_2 间接排放量（$kgCO_2/d$）为：

$$M_{CO_2,药剂生产} = \Sigma M_i \times EF_{iCO_2} \tag{5-3}$$

式中　M_i——生产药剂 i 总质量，kg/d；

　　　EF_{iCO_2}——生产药剂 i 过程的 CO_2 排放因子，$kgCO_2/kg$。

常见净水药剂生产过程的 CO_2 排放因子见表 5-5。

常见净水药剂生产过程的 CO_2 排放因子　　　　　　　　　　表 5-5

药剂种类	药剂生产过程的 CO_2 排放因子（$kgCO_2/kg$）
氢氧化钠	0.84
三氯化铁	1.15
硫酸亚铁	0.11
盐酸	0.35
再生活性炭	2.80
液氯	0.002

（2）药剂运输过程的碳排放

由于药剂运输造成的 CO_2 间接排放量（$kgCO_2/d$）为：

$$G = L \times F \times Q \times f_u/100 \tag{5-4}$$

式中 G——汽车行驶碳排放量，g；

    L——运输距离，km；

    F——汽车百公里油耗，L/l00km；

    Q——油品热值，MJ/L；

    f_u——燃料碳排放因子，g/MJ。

对于碳排放因子，采用 IPCC 推荐的汽车使用过程中汽柴油燃料的碳排放因子数据。相关汽车油耗和油品性质数据列于表 5-6。

汽油车油耗及油品性质数据   表 5-6

油品种类	油品热值 Q（MJ/L）	燃料碳排放因子 f_u（g/MJ）
汽油 RON 92	32.1	70.8
汽油 RON 95	32.2	70.8
柴油 CTI 45.5	36.6	74.1
柴油 CTI 51.5	36.8	74.1

（3）水泵和净水设备运行产生的碳排放

此过程电力消耗产生的 CO_2 排放量由式（5-5）计算得到。

$$CO_{2em} = W_{total} \times S_e \times EF_{CO_2} \times 10 \tag{5-5}$$

式中 CO_{2em}——净水过程消耗电力产生的 CO_2 排放量，$tCO_2\,eq$/年；

    W_{total}——给水处理厂的处理量，万 m^3/年；

    S_e——1m^3 地表水的净水耗电量，kWh/m^3；

    EF_{CO_2}——电网排放因子，tCO_2/MWh，取值见表 5-2。

3. 配水过程碳排放

此过程电力消耗产生的 CO_2 排放量由式（5-6）计算得到。

$$CO_{2em} = W_{total} \times S_e \times EF_{CO_2} \times 10 \tag{5-6}$$

式中 CO_{2em}——配水过程消耗电力产生的 CO_2 排放量，$tCO_2\,eq$/年；

    W_{total}——配水区域用水量，万 m^3/年；

    S_e——1m^3 配水的耗电量，kWh/m^3；

    EF_{CO_2}——电网排放因子，tCO_2/MWh，取值见表 5-2。

5.3 城市排水系统的碳排放评估方法和案例

5.3.1 污水处理系统碳排放分类

1. 按处理物质分类

污水处理厂碳排放按处理物质分为污水处理过程和污泥处理过程。

污水处理过程通常分为一级处理、二级处理和三级处理，如图 5-4 所示。

污水一级处理的主要目的是去除污水中的悬浮物、漂浮物或可沉无机砂粒。此阶段污水由市政管网流入污水处理厂之后，先经过粗格栅、细格栅、曝气沉砂池和初次沉淀池等初级处理，随后经提升泵提升至生物处理单元。在初级处理阶段，可去除污水中的悬浮性

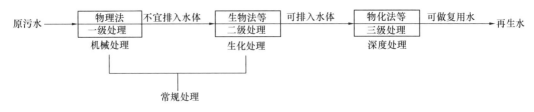

图 5-4　污水处理方法及功能

颗粒、杂质和一部分有机物，实现固液分离的目的。污水经一级处理后，悬浮物的去除率为 70%～80%，BOD_5 的去除率只有 30% 左右。另外，在上述一级处理流程中，也有把"格栅和沉砂池"算作预处理阶段，将污水处理过程分为四部分。

　　污水二级处理的主要任务是去除污水中呈胶体和溶解状态的有机污染物（即 BOD_5），以及能使湖泊、水库等缓流水体富营养化的氮、磷等可溶性无机污染物，BOD 的去除率可达 90% 以上。通常采用生物处理作为二级处理的主体工艺，20 世纪 70 年代以来，在污水处理工程中较多采用的是活性污泥法及其变种工艺技术（氧化沟法、A^2/O 法等）。近年来随着新型水处理材料的开发及水处理工艺的不断改进，物理化学或化学方法的二级处理过程日渐发展。例如，属于表面过滤机理的膜分离技术等。一级和二级组合处理方法是城镇污水处理经常采用的方法，所以又称为常规处理法。

　　污水三级处理的目的在于进一步去除二级处理所未能去除的污染物质，包括微生物、未能降解的有机物，以及可导致水体富营养化的植物营养性无机物等。三级处理的方法是多种多样的，例如化学处理法、生物处理法和物化处理法的许多处理单元都可用于三级处理。通过三级处理 BOD_5 可从 20～30mg/L 降至 5mg/L 以下，同时能够去除大部分的氮和磷等剩余污染物质。三级处理可以理解为污水处理厂的深度处理，即在常规处理之后，为了去除更多有机物及某些特定污染物质（如氮、磷）而增加的一项处理流程。

　　污泥处理过程通常分为污泥处理和污泥处置。城市污水处理产生的污泥含有大量有机物富有肥分，可以作为农肥使用，但又含有大量细菌、寄生虫卵以及从生产污水中带来的重金属离子等，需要作稳定化与无害化处理。污泥处理处置过程会产生大量的 CO_2 和 CH_4，是污水处理厂碳排放的一个主要来源。污泥处理工艺主要包括厌氧消化、堆肥等；处置工艺包括卫生填埋、土地利用、污泥焚烧等。

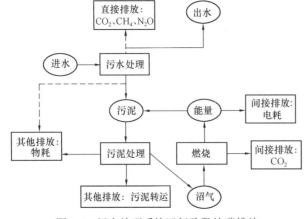

图 5-5　污水处理系统运行阶段的碳排放

2. 按排放方式分类

　　针对污水处理系统的碳排放研究，一般以污水处理过程为核心。我国现阶段城市污水处理一般以二级处理为主，重点分析二级生物处理工艺的碳排放。根据《温室气体议定书：企业核算与报告准则》将污水处理厂碳排放划分为直接排放和间接排放两个部分（见图 5-5）。

　　城市污水处理厂温室气体的直接排放主要来自于生物处理过程中

有机物转化时 CO_2 的排放、污泥处理过程中 CH_4 的排放、脱氮过程中 N_2O 的排放、净化后污水中残留脱氮菌的 N_2O 的释放。

城市污水处理厂间接碳排放包括能耗间接排放和物耗间接排放。其中耗能环节主要包括污水提升单元、曝气单元、物质流循环单元、污泥处理处置单元以及其他处理环节中机械设备的电能消耗。生产这些电能造成的碳排放为能耗间接碳排放。通过合理的折算因子可将污水处理厂的耗电量转化为碳排放量。折算因子与国家或地区的能源结构有关，例如，北京市电网电力 CO_2 排放因子为 $0.8843kgCO_2/kWh$，深圳市电网电力 CO_2 排放因子为 $0.5271kgCO_2/kWh$。城市污水处理厂处理工艺单元运行需要消耗的药剂主要包括用于污水 pH 调节的石灰、用于补充碳源的甲醇、用于污水后续消毒的液氯，以及污泥浓缩脱水过程中需投加的絮凝剂、助凝剂等。每种药剂在其生产及运输等过程中涉及的温室气体排放量，以相应的排放系数进行衡量。例如，石灰的碳排放系数为 $1.74kgCO_2\,eq/kg$，甲醇的碳排放系数为 $1.54kgCO_2\,eq/kg$。

5.3.2　污水处理系统碳排放评估

2006 年《IPCC 国家温室气体清单指南》的第五卷第六章为污水处理碳排放的计算。由于 IPCC 指南是用于指导国家尺度上的碳排放，而且要适用于各个国家，尤其要考虑到绝大部分国家的基础数据较少，因而只是基于人均排放量的粗略计算。IPCC 鼓励各个国家或地区根据各自的具体情况开发自己的详细计算模型。目前，已有许多国家在 IPCC 指南的基础上，提出了适合当地的计算模型。一些组织或机构正在研究污水处理厂厂级尺度上的碳排放详细计算方法，但目前还没有形成权威的计算模型。对于污水处理系统，基本的碳排放计算方法与供水系统中的投入产出法、物料平衡法、排放因子法都相同，只是所用材料和数据不同。而其区别于供水系统最大的特点是温室气体的直接排放是主要的碳排放来源。因此，本节主要介绍污水处理系统中不同温室气体的计算方法。

1. 污水处理碳排放过程

污水处理过程直接排放的温室气体主要有三种，分别是 CO_2、CH_4 和 N_2O。其中，CH_4 和 N_2O 排放量需根据各自的全球温室效应增温潜势转化为 CO_2 当量，两者 100 年间增温潜势分别为 21 和 310。为直观评价处理每单位污水产生的碳足迹效应，本研究以处理每 m^3 污水所产生的 CO_2 当量（$kgCO_2\,eq/m^3$）建立碳排放核算方法。

（1）厌氧处理过程 CH_4 的直接排放

估算污水厌氧处理过程 CH_4 排放量（$kgCH_4/d$）的公式如式（5-7）所示。

$$M_{CH_4} = [Q \times (COD_e - COD_o) \times 10^{-3} \times 0.47 \times B_o \times MCF] \tag{5-7}$$

式中　Q——污水处理厂日处理流量，m^3/d；

COD_o——污水处理厂进水 COD 浓度，mg/L；

COD_e——污水处理厂出水 COD 浓度，mg/L；

　0.47——华南地区平均 BOD/COD 推荐值；

　B_o——CH_4 最大产生能力，$kg/kgBOD$；

MCF——CH_4 修正因子。

为了更好地评价污水处理厂处理每吨水的碳足迹效应，进行单位转换，即污水厌氧处理过程中 CH_4 直接排放的 CO_2 当量（$kgCO_2\,eq/m^3$）为：

$$M_{CO_2 eq,CH_4} = 21 \times M_{CH_4,total} \tag{5-8}$$

（2）好氧处理过程 CO_2 的直接排放

好氧处理过程排放的 CO_2 主要由有机物好氧分解和微生物内源呼吸产生，根据 Monteith 提供的静态核算模型，有机物好氧分解（以 COD 计算）和微生物内源呼吸生成 CO_2 的化学反应式分别如式（5-9）、式（5-10）所示。

$$2\,C_{10}H_{19}NO_3 + 25O_2 \longrightarrow 20CO_2 + 16H_2O + 2NH_3 \tag{5-9}$$

$$C_5H_7O_2N + 5O_2 \longrightarrow 5CO_2 + 2H_2O + NH_3 \tag{5-10}$$

该过程中产生的 CO_2 直接排放量（$kgCO_2/m^3$）为：

$$M_{CO_2} = (1.1aQ - 1.1cyY_{好氧}Q) \times (COD_{o,好氧} - COD_{e,好氧}) \times 10^{-3}$$
$$+ 1.947Q \times HRT_{好氧} \times MLVSS_{好氧} \times K_d \times 10^{-3} \tag{5-11}$$

式中　　a——碳的氧当量，取 1.47；

　　　　c——常数，细菌细胞的氧当量，取 1.42；

　　　　Q——好氧生物反应池的进水流量，m^3/d；

$COD_{o,好氧}$——好氧生物反应池进水 COD 浓度，mg/L；

$COD_{e,好氧}$——好氧生物反应池出水 COD 浓度，mg/L；

　　　　y——MLVSS/MLSS；

　　$Y_{好氧}$——好氧生物反应池污泥产率系数，$kgMLVSS/kgBOD_5$，范围为 $0.4 \sim 0.8$，通常取 0.68；

$HRT_{好氧}$——好氧生物反应池水力停留时间，d；

$MLVSS_{好氧}$——好氧生物反应池混合液挥发性悬浮固体平均浓度，mg/L；

　　　K_d——衰减系数，d^{-1}，Monteith 稳态模型中取 0.05。

（3）厌氧处理过程 CO_2 的直接排放

根据 Monteith 静态模型和化学计量关系，厌氧过程由有机物削减和微生物内源代谢产生的 CO_2 的化学反应式分别如式（5-12）、式（5-13）所示：

$$0.02C_{10}H_{19}O_3N + 0.094H_2O \longrightarrow 0.004C_5H_7O_2N + 0.049CO_2 + 0.115CH_4 +$$
$$0.016HCO_3^- + 0.016NH_4^+ \tag{5-12}$$

$$0.05C_5H_7O_2N + 0.2\,H_2O \longrightarrow 0.075CO_2 + 0.125CH_4 + 0.05HCO_3^- + 0.05NH_4^+ \tag{5-13}$$

该过程中产生的 CO_2 直接排放量（$kgCO_2/m^3$）由式（5-14）计算：

$$M_{CO_2,厌氧} = 0.27Q \times (COD_{o,厌氧} - COD_{e,厌氧}) \times 10^{-3} + 0.58Q$$
$$\times HRT_{厌氧} \times MLVSS_{厌氧} \times K_d \times 10^{-3} \tag{5-14}$$

式中　　Q——厌氧生物反应池的进水流量，m^3/d；

$COD_{o,厌氧}$——厌氧生物反应池进水 COD 浓度，mg/L；

$COD_{e,厌氧}$——厌氧生物反应池出水 COD 浓度，mg/L；

$HRT_{厌氧}$——厌氧生物反应池水力停留时间，d；

$MLVSS_{厌氧}$——厌氧生物反应池混合液挥发性悬浮固体平均浓度，mg/L；

　　　K_d——衰减系数，d^{-1}。

（4）反硝化外加碳源产生的 CO_2 排放

在目前的生活污水处理实际工程运行中，反硝化阶段碳源不足是一个普遍情况，特别是我国生活污水进水有机物浓度偏低。故在反硝化阶段，需要由外界投加碳源促进脱氮，而常用的外加碳源是甲醇，从全球大气碳库总量的角度来分析，是名副其实的化石碳。甲醇投加后，作为电子供体促进反硝化进而被氧化成 CO_2 排放至大气中。

该过程由于外加碳源造成的化石源 CO_2 直接排放量（$kgCO_2/d$）为：

$$M_{CO_2,反硝化} = \Sigma(M_i \times EF_{iCO_2}) \tag{5-15}$$

式中　M_i——污水处理反硝化阶段外加碳源 i 总质量，kg/d；

　　　EF_{iCO_2}——外加碳源 i 的 CO_2 排放因子，$kgCO_2/kg$。

不同外加碳源的 CO_2 排放因子不同，常见外加碳源的 CO_2 排放因子见表 5-7。

常见外加碳源的 CO_2 排放因子　　表 5-7

外加碳源类别	外加碳源的 CO_2 排放因子（$kgCO_2/kg$）
甲醇	1.375
乙酸钠	1.073
葡萄糖	1.467
蔗糖	1.544

（5）污水处理过程 N_2O 的间接排放

污水处理厂出水的 N_2O 排放量由式（5-16）、式（5-17）计算得到。

$$E_{mN_2O} = TN \times EF_{N_2O} \times 44/28 \times 10^4 \tag{5-16}$$

$$E_{N_2O} = E_{mN_2O} \times GWP_{N_2O} \tag{5-17}$$

式中　E_{mN_2O}——污水处理厂出水的 N_2O 排放量，$t/年$；

　　　TN——污水处理厂出水总氮排放量，万 $t/年$；

　　　EF_{N_2O}——N_2O 排放因子，$tN_2O\text{-}N/tN_2\text{-}N$；

　　　$44/28$——N_2O/N_2 分子量之比，计算时取 1.57；

　　　E_{N_2O}——N_2O 排放量折算为 CO_2 当量的排放量，$tCO_2eq/年$；

　　　GWP_{N_2O}——N_2O 全球增温潜势值，取 310。

（6）电力间接碳排放

污水处理过程电力消耗产生的 CO_2 排放量由式（5-18）计算得到。

$$CO_{2em} = W_{total} \times S_e \times EF_{CO_2} \times 10 \tag{5-18}$$

式中　CO_{2em}——污水处理过程电力消耗产生的 CO_2 排放量，$tCO_2eq/年$；

　　　W_{total}——污水处理厂处理污水总量，万 $m^3/年$；

　　　S_e——污水处理厂处理 $1m^3$ 污水的耗电量，kWh/m^3；

　　　EF_{CO_2}——电网排放因子，tCO_2/MWh，取值见表 5-2。

（7）药剂生产过程的间接碳排放

由于药剂生产造成的 CO_2 间接排放量（$kgCO_2/d$）由式（5-3）计算得到。

常见污水处理药剂生产过程的 CO_2 排放因子见表 5-8。

常见污水处理药剂生产过程的 CO_2 排放因子

表 5-8

药剂种类	药剂生产过程的 CO_2 排放因子（$kgCO_2/kg$）
石灰	1.74
甲醇	1.54
聚合氯化铝	1.62
聚丙烯酰胺	1.5
六水合氯化铁	2.71
其他絮凝剂	2.5
液氯	0.002
其他消毒剂	1.4
氢氧化钠	0.84
其他药剂	1.6

（8）药剂运输过程的间接碳排放

由于药剂运输造成的 CO_2 间接排放量（$kgCO_2/d$）由式（5-4）计算得到。

2. 污泥处理直接碳排放过程

（1）厌氧消化

厌氧消化，是目前处理剩余污泥的有效手段，即在无氧条件下，由专性厌氧细菌或兼性菌降解有机物，最终生成甲烷气（或称沼气），同时污泥得到稳定。生成的沼气经过热电联产可以进行能源回收，而其中的 CH_4 经过燃烧后转化为 CO_2 直接排放至大气中。

综上，污泥厌氧消化总温室气体排放量（$kgCO_2 eq/m^3$ 污泥）为：

$$M_{CO_2 eq, total} = M_{CO_2, 厌氧消化} + 21 M_{CH_4, 厌氧消化} = 11.6 HRT_{厌氧消化} \times MLVSS_{污泥厌氧池} \times K_d \times 10^{-6}$$
$$+ 272 (VSS_{o, 污泥厌氧} - VSS_{e, 污泥厌氧}) \times 10^{-6} \quad (5-19)$$

式中　$HRT_{厌氧消化}$——污泥厌氧消化池水力停留时间，d；

$MLVSS_{污泥厌氧池}$——污泥厌氧消化池中混合液挥发性悬浮固体平均浓度，mg/L；

K_d——衰减系数，d^{-1}；

$VSS_{o, 污泥厌氧}$——厌氧消化池进泥 VSS，mg/L；

$VSS_{e, 污泥厌氧}$——厌氧消化池排泥 VSS，mg/L。

（2）堆肥

污泥堆肥可以杀灭寄生虫卵、病毒和病菌，同时提高污泥肥分，是农业利用的有效方法。常用的污泥堆肥方法为好氧堆肥，由于通风条件良好，污泥中的可降解有机物（DOC）基本上被转化为 CO_2，产生并释放至大气中的 CH_4 量低于污泥初始碳含量的 1%至几个百分点，可以忽略不计。因此，污泥好氧堆肥处理过程产生的 CO_2 直接排放量（$kgCO_2/d$）为：

$$M_{CO_2 eq, 堆肥} = FCF_{堆肥污泥} \times M_{CO_2, 堆肥} + 298 M_{N_2O, 堆肥} = 47.9 M_{污泥}$$
$$\times 10^{-3} + 298 M_{污泥} \times EF_{N_2O, 堆肥} \times 10^{-3} \quad (5-20)$$

式中　$FCF_{堆肥污泥}$——堆肥污泥中化石碳比例，本核算方法中取 12%；

$EF_{N_2O, 堆肥}$——污泥堆肥过程的 N_2O 排放因子，gN_2O/kg 堆肥污泥，干重取 0.6，湿重取 0.3。

3. 污泥处置直接碳排放过程

（1）卫生填埋

目前我国城镇污水处理厂污泥处置方式主要是深度脱水后进行卫生填埋，但是由于剩余污泥中含有一定量的有机物，在填埋场厌氧密闭的条件下，会产生 CO_2 和 CH_4 并最终排放至大气中。按照 IPCC 和静态经验模型中关于污泥填埋的质量平衡算法，污泥填埋所造成的 CO_2 和 CH_4 直接排放量计算如下：

$$M_{CH_4,填埋} = M_{污泥} \times DOC \times DOC_f \times MCF \times F \times 16/12 \tag{5-21}$$

$$M_{CO_2,填埋} = M_{污泥} \times DOC \times DOC_f \times (1-MCF \times F) \times 44/12 \tag{5-22}$$

式中　DOC——污泥中可降解的有机碳比例，采用 IPCC 发展中国家推荐值，15%；

　　　DOC_f——可分解的 DOC 比例，采用 IPCC 推荐值，50%；

　　　MCF——CH_4 修正因子，厌氧填埋时取 1；

　　　F——产生的填埋气中 CH_4 比例，采用 IPCC 推荐值，50%。

（2）土地利用

污泥土地利用可以实现其资源化，但是污水处理厂剩余污泥中含有的致病菌、重金属和微有机污染物等会影响作物生长和人类健康。所以尽管该方式是目前污泥处置的主流方式之一，但也受到越来越多的质疑，而且污泥土地利用前最好先进行堆肥处理。污泥土地利用过程中释放的主要是 CH_4，而 CO_2 和 N_2O 产生的量较少可以忽略，则该过程产生的总温室气体量（$kgCO_2 eq/d$）为：

$$M_{CO_2 eq,土地利用} = 21 \times M_{污泥} \times EF_{CH_4,土地利用} \times 10^{-3} = 66.8 \times M_{污泥} \times 10^{-3} \tag{5-23}$$

式中　$EF_{CH_4,土地利用}$——污泥土地利用的 CH_4 排放因子，gCH_4/kg 污泥，取 3.18。

（3）焚烧

污泥焚烧是在污泥干化充分降低含水率的基础上，必要时外加辅助燃料（如煤或燃油等），在高温下将有机物氧化的过程，在此过程中有 83% 的碳以气体形式损失。因为污泥焚烧不同于微生物处理，是完全的化学氧化过程，故该过程所产生的 CO_2（IPCC 中称为矿物碳，即本书中所说的化石碳）在以往的碳排放核算方法中也有计算。故根据 IPCC 等质量平衡计算法，该过程产生的化石源 CO_2 直接排放量（$kgCO_2/d$）为：

$$M_{CO_2 eq,焚烧} = 0.38 M_{污泥} \times d_m \times CF + 310 M_{污泥} \times EF_{N_2O,焚烧} \times 10^{-3} \tag{5-24}$$

式中　$M_{污泥}$——需焚烧污泥的质量，kg；

　　　d_m——需焚烧污泥中干物质含量（湿重），%；

　　　CF——干物质中的碳比例（总的碳含量），%；

$EF_{N_2O,焚烧}$——污泥焚烧过程的 N_2O 排放因子，gN_2O/kg 焚烧污泥，干重取 0.99，湿重取 0.9。

4. 污泥处理、处置间接碳排放过程

（1）电力间接碳排放

污泥处理过程中需要消耗大量的电能，主要发生在鼓风机、污泥脱水设备等设施，而电能的生产过程会排放温室气体，所以传统处理方法作为"高耗能"单位，正日益受到关注。污泥处理过程电力消耗与污水处理过程相似，因此污泥处理过程电力消耗产生的 CO_2 排放量由式（5-25）计算得到。

$$CO_{2em} = W_{total} \times S_e \times EF_{CO_2} \times 10 \tag{5-25}$$

式中　CO_{2em}——污泥处理过程消耗电力产生的CO_2排放量，$tCO_2eq/$年；

W_{total}——污水处理厂处理污泥总量，万$m^3/$年；

S_e——污水处理厂处理$1m^3$污泥的耗电量，kWh/m^3；

EF_{CO_2}——电网排放因子，tCO_2/MWh，取值见表5-2。

（2）药剂生产过程的间接碳排放

由于药剂生产造成的CO_2间接排放量（$kgCO_2/d$）由式（5-3）计算得到。

常见药剂生产过程的CO_2排放因子见表5-8。

（3）药剂运输过程的间接碳排放

在污泥处理过程中需要使用不同的化学药剂，而这些药剂在运输过程中造成的CO_2间接排放量（$kgCO_2/d$）由式（5-4）计算得到。

5.4　城市雨洪系统的碳排放评估方法和案例

5.4.1　与碳排放相关的排水活动和阶段

城市面源污染防治的主要措施为初期雨水截流和处理。在城市化过程中，随着不透水地面增加，降雨径流量增大、汇流时间缩短、峰值流量增大，造成城市内涝风险加大。对于城市低洼地带产生的内涝，传统解决方法是通过设立排涝泵站来降低风险。

城市雨洪系统的生命周期同样可以划分为建设、运行、日常维护和废弃回收等阶段。每一阶段的活动都会产生相应的碳排放。

建设阶段的碳排放主要来自于建筑材料生产、运输和现场施工等活动。雨水排水系统的建筑材料包括建设厂房、泵站、管网及其附属构筑物所需的管材、水泥、砂石、钢筋等。

运行阶段的碳排放一方面来自于初期雨水的截流和输送；另一方面来自于排涝活动。降雨过程中，汇水区径流经地表汇入排水管网，一定量的初期径流经过限流井后进入截流管，再经雨水泵站或重力自流输送到污水处理厂处理；而超过截流量的径流被直接排入附近的河道。当暴雨强度超过设计暴雨强度，进入管网的径流量超过其设计流量时，管道发生溢流，并在低洼地区发生内涝。目前，为快速解决城市内涝问题，一般在城市易涝区设置排涝泵站，用水泵把积水抽到离溢流发生点最近的河道或渠道。

日常维护阶段的碳排放主要来自于对管渠损坏、裂缝、腐蚀等的维修，以及管渠内清淤、可燃气体和有毒气体的控制等。

废弃回收环节中，如PVC管、钢管等老化更新，均会产生相应的碳排放。

5.4.2　城市暴雨管理的碳排放评估方法

城市雨洪系统的生命周期通常可划分为建设、运行、日常维护和废弃回收等阶段。日常维护阶段的碳排放主要基于维护活动的统计数据来估算；废弃回收阶段的碳排放具有诸多不确定性，一般根据建设阶段的碳排放按照一定比例进行粗略估算。本书重点介绍雨洪系统运行阶段碳排放的估算。此过程中需消耗大量的电能，主要发生在鼓风机、水泵等设施，而电能的生产过程会排放温室气体，所以传统处理方法作为"高耗能"单位，正日益受到关注。此过程电力消耗产生的 CO_2 排放量由式（5-26）计算得到。

$$CO_{2em} = W_{total} \times S_e \times EF_{CO_2} \times 10 \tag{5-26}$$

式中　CO_{2em}——雨洪系统运行过程消耗电力产生的 CO_2 排放量，$tCO_2 eq/年$；

　　　　W_{total}——雨洪系统雨水总量，万 $m^3/年$；

　　　　S_e——运输 $1m^3$ 雨水的耗电量，kWh/m^3；

　　　　EF_{CO_2}——电网排放因子，tCO_2/MWh，取值见表5-2。

5.5　工业和家庭用水行为的碳排放评估方法

5.5.1　工业用水行为的碳排放评估方法

1. 工业碳排放过程

工业企业碳排放核算的企业边界包括企业生产系统、直接为生产服务的辅助系统和附属生产系统（不包括污染治理设施）。与上述系统直接相关，但活动水平数据不能量化的活动和设施，全部纳入企业边界。工业企业碳排放核算的排放边界包括三种。其中直接排放包括燃料燃烧排放和工业生产过程排放，前者包括企业燃烧煤、石油、天然气等燃料产生的碳排放；后者包括生产中生物过程或物理化学工艺造成的碳排放，如水泥、钢铁的生产，啤酒的发酵等。间接排放包括企业消耗外购电力、热力（蒸汽）产生的碳排放。例如，企业生产照明、温湿度调节、动力传输等消耗的外购电力，企业使用热力设备消耗的外购蒸汽等。除了直接和间接两种碳排放类型，还存在一种特殊的排放情况，包括：企业生产并外输能源产生的碳排放，包括输出燃料、电力和蒸汽等产生的碳排放；企业产生的温室气体，但经封存和转移作为纯物质、产品的碳排放。在以上所确定的企业边界和排放边界内，基于设施对各类碳排放源进行识别，如表5-9所示。

工业企业碳排放源识别　　　　　　　　　　　　　　　　表 5-9

序号	排放边界	排放源类型	设施举例	温室气体种类					
				CO_2	CH_4	N_2O	HFC_S	PFC_S	SF
1	直接排放	固定/移动燃烧源	电站锅炉、发电内燃机、工业熔炉、工业窑炉、叉车等	✓		*			
		工业生产过程排放源	水泥回转炉、水泥立窑、合成氨造气炉、炼钢转炉、啤酒发酵罐等	*	*	*	*	*	*
2	间接排放	购买电力和蒸汽消耗源	电加热炉窑、电动机系统、交流电焊机、泵系统、再生器（炼油业）等电力和蒸汽使用终端（各种用热设备）	✓					

序号	排放边界	排放源类型	设施举例	温室气体种类					
				CO_2	CH_4	N_2O	HFC_S	PFC_S	SF
3	特殊排放	输出能源	输出燃料	√					
			输出电力和蒸汽	√					
		封存和转移	封存温室气体	√	＊	＊	＊	＊	＊
			转移温室气体	√	＊	＊	＊	＊	＊

注：1. √表示该类碳排放源主要排放的温室气体；＊表示可能排放的温室气体；

2. 在实际中，并非所有识别的排放源都需要核算，个别排放源由于活动水平数据的不确定性大，缺少核算方法或实质贡献率小等因素可在报告中予以排除；

3. 特殊排放中的"排放源类型"和"设施举例"分别为对生产的能源和产生温室气体的特殊处理类型和方式。

2. 工业碳排放核算

碳排放计算采用排放因子法，即：选择相应活动水平数据收集方式，收集水平活动，并根据相应的排放因子和全球变暖趋势计算碳排放量。

（1）碳排放总量（$AE_总$）

企业排放边界内的碳排放总量计算：

$$AE_总 = AE_{直接} + AE_{间接} - AE_{特殊} \tag{5-27}$$

式中　$AE_总$——碳排放总量，$tCO_2\,eq$；

$AE_{直接}$——直接排放量，$tCO_2\,eq$；

$AE_{间接}$——间接排放量，$tCO_2\,eq$；

$AE_{特殊}$——特殊排放量，$tCO_2\,eq$。

（2）直接排放量（$AE_{直接}$）

企业直接排放量：

$$AE_{直接} = AE_{燃烧} + AE_{工业} \tag{5-28}$$

式中　$AE_{直接}$——直接排放量，$tCO_2\,eq$；

$AE_{燃烧}$——燃料燃烧排放量，$tCO_2\,eq$；

$AE_{工业}$——工业生产过程排放量，$tCO_2\,eq$。

（3）间接排放量（$AE_{间接}$）

企业间接排放量：

$$AE_{间接} = AE_{入电} + AE_{入汽} \tag{5-29}$$

式中　$AE_{间接}$——间接排放量，$tCO_2\,eq$；

$AE_{入电}$——外购电力排放量，$tCO_2\,eq$；

$AE_{入汽}$——外购蒸汽（热力）排放量，$tCO_2\,eq$。

（4）特殊排放量（$AE_{特殊}$）

企业特殊排放量：

$$AE_{特殊} = AE_{输出} + AE_{封转} \tag{5-30}$$

式中　$AE_{特殊}$——企业特殊排放量，$tCO_2\,eq$；

$AE_{输出}$——输出能源排放量，$tCO_2\,eq$；

$AE_{封转}$——封存和转移排放量，$tCO_2 eq$。

5.5.2　家庭用水行为的碳排放评估方法

1. 终端用水与碳排放

在集中供水的城镇中，终端用水是指从城市供水管进入住宅单元内，并为各个基本组成部分所使用的水，主要包括水龙头用水、便器用水、洗衣机用水、洗碗机用水、淋/沐浴用水等。

居民终端用水单元能耗主要考虑需要加热部分。首先需要调查居民终端用水单元热水的使用比例，再根据用水量和单位水加热所需能耗（如将水从 13℃ 加热到 54℃ 的能耗为 $0.204kWh/m^3$）计算出终端用水的能耗。根据 Sattenspiel 和 Wilson（2009）的估算，仅考虑水加热情况下几种常见居民终端用水单元能耗范围为 $5.7×10^4 \sim 2.0×10^5 kWh/m^3$。如果其他能耗也考虑在内，能耗数值会更高。

本节主要考虑终端用水内嵌碳排放和加热过程能耗的碳排放，不考虑制冷、增压的碳排放。因此，终端用水的碳排放包括两个部分：冷水部分的碳排放和加热部分的碳排放。对于冷水而言，其碳排放的计算将归入供水和水处理系统，在终端用水的加热中，除了洗手间，其他基本组成部分均会使用冷水和热水，而热水需要能量来加热。这种能量的消耗取决于所用水的体积以及冷水和热水之间的温度差，具体能耗公式如下：

$$E = \frac{mc\Delta T}{3.6×10^6 × \eta} \tag{5-31}$$

式中　E——能耗，kWh；
　　　m——所用水的质量，kg；
　　　c——水的比热容，$4190J/(kg·℃)$；
　　　ΔT——水温的变化，℃；
　　　η——加热系统的效率；
$3.6×10^6$——kWh 与 J 的转换系数。

碳排放量计算公式如下：

$$CO_2 = \sum_i (E_i × EF_i) \tag{5-32}$$

式中　CO_2——CO_2排放量，kg；
　　　EF_i——第 i 种能源的 CO_2 排放因子，$kgCO_2/kWh$。电能和天然气为室内主要使用的能源。

（1）水龙头用水

水龙头是最末端的取水用具。水龙头的样式很多，适用于不同场所，如普通（冷）水龙头、热水龙头、混合水龙头、浴盆水龙头、淋浴水龙头、洗衣机水龙头、旋转出水口水龙头、手持可伸缩式水龙头（洗涤盆用）、机械式自动关闭水龙头、电控全自动水龙头、自动收费（插卡）水龙头以及净身器水龙头等。

水龙头每次使用的出水量取决于流量和用水持续时间。水龙头的供水能力除了受到本身结构的影响外，还受到管网给水压力的制约。水龙头的流量是指在规定的压力下，必须达到的最低供水能力。近年来考虑到节约用水的要求，国家标准（规范）中还对超过规定压力时水龙头的最高供水量提出了限制。

现行的给水排水标准主要考虑管网末梢最不利给水点的用水，对不同类型的水龙头都有详细明确的要求，如洗面器水龙头在给水压力为 0.5MPa 时，出水量不少于 0.15L/s；浴盆（缸）水龙头在给水压力为 0.5MPa 时，出水量不少于 0.2L/s。

（2）便器用水

冲水便器是洗手间内的主要用水器具。按照坐便器冲水原理分类，市场上的坐便器基本分为直冲式和虹吸式两大类。

1）直冲式坐便器是利用水流的冲力来排出废物，存水面积较小，水力集中，冲污效率高。但是，直冲式坐便器的缺陷在于冲水声音大，且由于存水面较小，易出现结垢现象，防臭功能也不如虹吸式坐便器好。

2）虹吸式坐便器的结构是排水管道呈"∞"型，在排水管道充满水后会产生一定的水位差，借冲洗水在便器排污管内产生的吸力将废物排走。虹吸式坐便器冲水时先要放水至很高的水面，然后才将废物冲走，所以要具备一定水量才可达到冲净的目的，每次至少要用 8～9L 水，相对来说比较费水。

现代便器在做到舒适、方便、美观、卫生和低噪声的基础上，用水量由最初的 13～19L/次减少到 6L/次，甚至更少。目前大部分冲水便器均使用优质的自来水，这是一种很大的水资源浪费。冲水便器仅仅是用水作运输介质，对水质要求不高，应尽量创造条件使用中水。

（3）洗衣机用水

洗衣机是生活中普及率较高的用水器具，使用率很高，耗水量很大。我国生产和使用的洗衣机主要有波轮式和滚筒式两类，两者各有利弊。滚筒式较波轮式大约省水 50％，但电耗增加 1 倍；波轮式洗净度较高，但用水量太大，对衣物也有较大磨损。

（4）洗碗机用水

洗碗机使人们不再为饭后的洗碗犯难，解脱了部分体力劳动。但洗碗机要比人工洗涤用水多，而且洗碗机很难适应洗涤我国家庭的所有锅、碗、瓢、盆。因此，虽然洗碗机在我国已经问世多年，但一直没有普及。在目前水资源紧缺的情况下，不宜提倡发展使用这种用水器具。

（5）淋/沐浴用水

据粗略估计，洗浴用水要占城镇人口生活用水的 1/3。最基本的洗浴方式是淋浴。简单淋浴喷头方便卫生。研究显示，能够达到基本舒适淋浴的最少水量是 7～9L/min。但根据实际测量，一些宾馆饭店的淋浴喷头水量达到 25～30L/min。人们追求舒适的洗浴方式，带有多个横向喷头的沐浴浴盆（池）应运而生。浴盆沐浴较一般淋浴多消耗数倍的水，在水资源短缺的地区不应该提倡推广。

2. 建筑中水回用与碳排放

本节主要考虑两个方面的问题：一是建筑中水回用的碳排放；二是建筑中水回用对水系统碳排放的影响。

本节将建筑中水回用的碳排放研究边界限定在建筑小区内的灰水收集系统、中水处理系统和中水供水系统。中水供水系统包括中水管网和增压贮水设备，如图 5-6 所示。与再生水厂污水回用碳排放计算方法相同，建筑中水回用的活动也包括材料生产、材料运输、设备运行、能源生产四个部分，具体的碳排放包含以下几个方面。

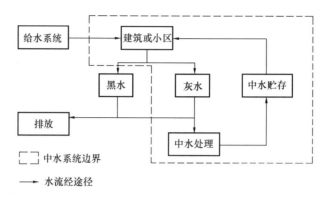

图 5-6　建筑中水系统的碳排放研究边界

　　（1）材料生产。在建设阶段，建设灰水收集系统、中水处理系统、中水管网和增压贮水设备需要建筑材料、管材和相关仪表设备等；在运行阶段，中水处理需要使用药剂。生产这些材料所需的碳排放归类到材料生产的碳排放中。（2）材料运输。材料运输活动的碳排放指将材料从出产地运送到相应的目的地，运输过程中能源消耗所产生的直接碳排放。（3）设备运行。设备运行活动的碳排放，主要是指中水处理过程中生化反应产生的温室气体，以及水泵等相关设备运行时消耗能量所产生的直接碳排放。（4）能源生产。能源生产活动的碳排放，主要是指设施建设过程、材料运输过程、中水处理过程、增压配水过程等消耗的能源在其生产过程中的碳排放。能源消耗包括在各个阶段的电力消耗，如水泵、增压设备运行等，也包括汽油、柴油等能源消耗，如运输过程汽车对汽油、柴油的消耗。

　　建筑中水回用减少了对原有供水的需求量，进而减少了城市供水系统中从取水到净水阶段的碳排放。建筑中水回用减少的碳排放可以根据供水需求的减少量、供水系统单位取水和水处理的碳排放、城市污水减少量、排水系统单位污水输送碳排放和污水处理系统单位污水处理碳排放进行计算，即中水回用减少的碳排放＝城市供水需求的减少量×（单位取水碳排放＋单位水处理碳排放）＋城市污水减少量×（单位污水输送碳排放＋单位污水处理碳排放）。

5.6　城市水系统碳排放评估的方法和工具

5.6.1　基于排放因子法的污水处理厂碳排放核算

　　碳中和本质上是通过节能减排和固碳技术等方式，实现二氧化碳等温室气体排放的"收支相抵"。因此在评估污水处理厂或工艺技术的碳中和潜力与成效过程中，对于碳排放的准确核算是必不可少的关键步骤。常见的温室气体排放核算方法包括排放因子法、质量平衡法、实测法等。其中排放因子法在适用范围、计算理解难度、结果准确度等方面有着一定的优势，是污水处理厂温室气体排放核算中的重要方法。本节基于排放因子法建立污水处理厂碳排放核算的范式，用以进行工艺技术的评估。

　　从排放方式角度，污水处理厂碳排放计算可以分为直接排放和间接排放两类。直接碳排放通常包括污水处理厌氧区或污泥厌氧处理过程中产生的 CH_4 和 N_xO，部分专家学者不包含生源性有机物（生源碳）在处理过程中产生的 CO_2，原因是这部分碳来源于植物光合作用，故这部分有机物处理产生的 CO_2 不会导致大气中碳总量净增长。本节给出的核算方法以污水处理厂为边界，因此在计算中纳入了 CO_2 的排放贡献。间接碳排放从能耗和物耗角度考量：污水处理过程中消耗大量电能与热能，这部分能量在生产过程中造成的碳排放将在此被计入核算；污水和污泥处理过程中添加的化学药剂在生产、保存、运输过程中造成的碳排放也将通过间接的方式纳入核算范围。直接和间接各过程对应的物质排放量和消耗量通过相应排放因子进行转换，最终以 CO_2 排放当量的形式统一加和，得到污水处理厂碳排放的核算值。

为保证不重不漏，在建立核算方法与计算文件时从各过程的角度分类，分别针对污水处理单元、污泥处理单元、供水单元和管网单元开展碳排放的核算。其中污水处理单元碳排放包括厌氧处理过程 CO_2 的直接排放、好氧处理过程 CO_2 的直接排放、缺氧处理过程 N_2O 的直接排放、污水处理过程中 CH_4 的直接排放、反硝化外加碳源产生的 CO_2 直接排放，以及电力消耗、化学药剂添加、运输过程导致的间接碳排放及出水剩余 COD 和 TN 对应的 CH_4 和 N_2O 间接排放。污泥处理单元碳排放包括厌氧消化过程、堆肥过程、卫生填埋过程、土地利用过程、焚烧过程和污泥运输过程的直接与间接碳排放。供水单元又细分为取水过程、净水过程和配水过程，取水过程和配水过程考虑电力消耗导致的间接碳排放，净水过程在考虑电耗间接碳排放的同时，也将运输过程和药剂生产过程导致的间接碳排放一并纳入计算。管网单元主要计算的是泵站的电力消耗导致的间接碳排放。

将以上所提到的直接与间接碳排放成分分别乘以相应的排放因子，加和可得到污水处理厂碳排放总量。将各个成分的计算过程分列于 Excel 当中，编写得到了便捷式的污水处理厂碳排放核算工具。输入污水处理厂的运行参数和各过程关键数值，根据预设的各地区各成分排放因子即可输出各过程的 CO_2 排放当量以及污水处理厂碳排放总量。

5.6.2 基于生命周期分析的概念工艺评估

1. 基本原则

为了判断工艺适用性和方案的比选优化，需要进行污水处理工艺的技术评估。随着污水处理技术的成熟和发展，污水处理工艺的技术评估方法也不断成熟和完善；其中对于设定排放标准下的污水处理工艺的技术经济性的讨论最为充分。但是随着人们对污水处理过程认识的不断深入，对污水处理工艺有了更多关注点，除了对污水处理效果提出更高要求外，加强了对于新兴污染物的去除、温室气体的排放、污泥的处理处置和系统的环境影响等的关注。目前，传统的评价方法难以涵盖污水处理工艺的全部效益和影响。

对污水处理工艺的技术评估的方法，已经从单一的技术经济分析来衡量污水处理的经济效益，到考虑多种因素的层次分析和环境影响分析，到多指标的生命周期分析和系统分析来衡量污水处理的可持续性。分析比较的指标也已经从单因素的分析评估逐渐发展为多角度多指标的综合分析评估。

针对目前对污水处理概念工艺的技术评估尚不全面的问题，借鉴生命周期评估法的基础，对污水处理厂的各类影响和效益进行讨论分析，构建概念工艺可以进行技术评估的综合物质能量清单，构建评估指标体系综合反映污水处理厂的技术经济性和环境友好性。

2. 评估范围

为了对污水处理厂的综合效益有全面把握的同时避免过重的工作量，提高评估的合理性和准确性，需要统一的评估范围。充分考虑污水处理系统的可能排放尤为重要，污水处理厂从建设到运营到退役期都需要有人力和物力的投入，都会对环境产生影响。污水处理厂不仅要将进入的污水净化后排入受纳水体，而且不可避免地产生废气和固体废弃物，例如剩余污泥作为污水处理的一种副产物，其处理处置过程产生的各类影响应当考虑到污水处理系统内。同时，污水处理厂也会占用许多公共资源和服务，例如排放的尾水需要在受纳水体中进行稀释。

出于针对性的考虑，本节以污水处理工艺的可持续性为评估目标，污水处理工艺是关注的重点，整个污水处理系统涵盖的范围越大越好，以污水为参考点包括污水的收集和运输、污水的处理以及污泥的处理处置、尾水在受纳水体中的净化、与污水处理相关的生产活动，还包括发电厂的供电、处理设施基础建设材料的生产、水处理药剂的生产和运输过程，还有相关的人类活动过程，以及随着带来的生态变化。但是对于污水处理工艺的技术评估，不应该过分扩大系统边界，避免造成数据收集的困难和评估结果的弱化。所以污水处理系统中因处理工艺不同而产生相应物质能量流动变化的部分都应当是评估的范围，在空间上应当包括污水处理厂、发电厂、污泥处置设施和运输以及受纳水体。

从操作可行性考虑，一些过程的复杂性和不易获知性，使得评估时需要对其进行一定的简化，选择有代表性的排放与物耗。鉴于污水处理厂建设期和退役期的环境影响数据资料甚少，故排除在评估范围之外；原料生产过程的数据来源稀缺，也排除在评估范围之外。

3. 指标体系

根据概念工艺的特点，衡量概念工艺的效益与差异需要扩大系统的评估范围，对于技术评估指标体系也有相应的要求：污水处理厂是人类经济活动的产物，必须遵循经济市场的规则，指标体系中应当包含反映概念工艺的技术经济性的指标。环境效益和影响的分析不应当仅考虑污水处理过程，而应该综合水质净化、废弃物排放等多方面因素。出于生态可再生性的考虑，指标体系中应该包含有对概念工艺的可再生性进行考察的指标。

污水处理厂是人类生产活动的产物，所以污水处理厂首先具有经济属性；人类活动会影响周围环境，水质净化作为污水处理厂的基本要求，在污水处理过程中也会产生其他的污染物负担，故污水处理厂也具有环境影响属性。从生态系统的视角，污水净化的过程在自然界中就已存在，污水处理厂作为一种特殊的净水方式，还具有一定的生态属性。为了对污水处理工艺进行综合评估，须建立一种包括社会经济、环境影响、生态效益的评估指标体系。将污水处理工艺的可持续性分为三个层次：第一个是人类经济活动视角的社会经济层，第二个是人类活动环境影响视角的环境影响层，第三个是生态系统学视角的生态系统层。

社会经济层考察污水处理工艺的成本，包括基建投资和运行成本带来的经济效益。选用的评估指标为投资收益率，比较投资的优劣。计算公式为：

$$投资利润率＝年平均利润总额/投资总额×100％ \tag{5-33}$$

环境影响层考察污水处理工艺在改善水质的同时，产生其他排放和污染情况，即考察对环境产生的总体影响。默认污水处理厂具有正的环境效益，污水处理厂的其他负面环境影响会削弱环境效益的大小，采用输入端的环境影响减去输出端的环境影响的方法，表现污水处理系统的污染削减及环境效益。计算方法以生命周期分析的 ReCiPe2008 评价方法为基础，参考 ReCiPe2008 的终结点评价指标，选择的指标包括气候变化、生态毒性、酸化、富营养化、土地占用、人体毒性、臭氧层削减、颗粒物影响和光化学影响。并将这些指标按照影响的类型分为生态环境影响、人体健康影响和资源开采影响。

生态系统层考察工艺系统对环境资源的利用效果，以及工艺对人类活动的依赖性，分析系统的可再生性。引入能值对工艺的资源能源投入进行核算。指标值的计算是通过对自然资源、可再生资源、人类社会投入资源的相对量的考察，分析该系统在生态系统中资源利用的来源和可持续性。能值计算的相关指标有能值产出率 EYR、环境负载率 ELR 和能值可持续发展指数 ESI，计算公式如下：

$$EYR = \frac{N+R+F}{F} \tag{5-34}$$

$$ELR = \frac{N+F}{R} \tag{5-35}$$

$$ESI = \frac{EYR}{ELR} \tag{5-36}$$

式中　　N——不可再生资源能值总量，sej；

　　　　R——可再生资源能值总量，sej；

　　　　F——社会购入资源能值总量，sej；

　　EYR——能值产出率，总能值投入与社会购入资源能值之比；

　　ELR——环境负载率，不可再生资源与社会购入资源能值之和与可再生资源能值之比。

选择 ESI 作为指标，ESI 值越大，说明工艺对自然资源利用程度越高，对人类社会的投入需求越小，生态友好性越强。

综合技术评估的指标体系如图 5-7 所示。

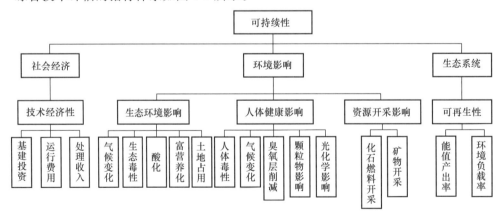

图 5-7　综合技术评估的指标体系

4. 指标权重

利用层次分析法确定综合评估指标权重。对于指标值范围尚且未知的概念工艺，采用一种极值差比的方法进行不同决策方案的指标的规范化，对于指标 a_j，标准化的公式为：

$$z_{ij} = \frac{a_{ij} - a_{j,\min}}{a_{j,\max} - a_{j,\min}}, i = 1, 2, \cdots, n \tag{5-37}$$

式中　$a_{j,\max}$、$a_{j,\min}$——分别为指标 a_j 的最大值和最小值。

按照上述方法将不同工艺方案的指标结果进行指标的规范化后，即得到一个单位统一化的决策矩阵。

采用 $2^{1/2}$ 的指数标度方式构造判断矩阵，对应的相对重要性程度如表 5-10 所示。

重要性程度与指数标度对应表

表 5-10

重要性程度描述	重要性程度级别之差	指数标度值 a^n（本书 a 取 $2^{0.5}$）	指数标度判断分值
同等重要	1	a^0	0
稍微重要	3	a^2	2
明显重要	5	a^4	4
非常重要	7	a^6	6
（前者比后者）极端重要	9	a^8	8

该综合评估方法中存在两个层次的权重确定，一是归一化到环境影响层的生态环境影响、人体健康影响和资源开采影响；二是归一化到最终综合评估结果的社会经济层、环境影响层和生态系统层。通过专家咨询，按照几何平均的方式综合各专家结果得到重要性判断表分别如表 5-11、表 5-12 所示。

重要性判断表 1

表 5-11

指标	技术经济	环境影响	生态系统
技术经济	1	2^{-2}	$2^{-2.5}$
环境影响	2^2	1	1
生态系统	$2^{2.5}$	1	1

重要性判断表 2

表 5-12

指标	生态环境改善	人体健康影响	资源能源消耗
生态环境改善	1	$2^{-0.5}$	2^2
人体健康影响	$2^{0.5}$	1	$2^{3.5}$
资源能源消耗	2^{-2}	$2^{-3.5}$	1

指标单层排序即按照每个层次将各个指标进行相对权重的排序，其过程为计算出判断矩阵的最大特征根和相应的特征向量，并进行一致性检验。设 $B = (b_{ij})$ 为判断矩阵，其最大特征根为 λ_m，对应的特征向量为 ν，求解方法采用方根法，步骤如下：

（1）计算判断矩阵行向量的集合平均值向量 $M = [m_1, m_2, \cdots, m_n]^T$；其中 $m_i = \sqrt[n]{\prod_{j=1}^{n} b_{ij}}$，$i = 1, 2, \cdots, n$。

（2）将 M 规范化得到权重向量 $W = [w_1, w_2, \cdots, w_n]^T$。

（3）求解 B 的最大特征根近似值 $\lambda_{\max} = \frac{1}{n} \sum_{i=1}^{n} \frac{(Aw)_i}{w_i}$；其中 $(Aw)_i$ 是权重矩阵 M

右乘判断矩阵 **A** 的列向量的第 i 个分量。

（4）一致性检验。计算 $CI=\dfrac{\lambda_m-n}{n-1}$，根据随机一致性计算 $CR=CI/RI$，当 $n\geqslant2$ 时，$CR<0.1$ 通过一致性检验。RI 为平均随机一致性指标，当 $n=3$ 时，取 0.58。

按照上述步骤计算得到的权重矩阵及一致性检验结果，见表 5-13。

权重矩阵及一致性检验结果　　　　　　　　表 5-13

层次	指标	权重	一致性检验结果	
可持续性层	技术经济	0.095	λ_m	3.013
	环境影响	0.426	CR	0.012
	生态系统	0.479	通过一致性检验	
环境影响层	生态环境改善	0.336	λ_m	3.054
	人体健康影响	0.598	CR	0.046
	资源能源消耗	0.067	通过一致性检验	

进而得到的层次总排序，见表 5-14。

层次排序表　　　　　　　　表 5-14

指标体系		层次单排序		层次总排序
社会经济	技术经济性	1	0.095	0.095
环境影响	生态环境改善	0.336	0.426	0.143
	人体健康影响	0.598	0.426	0.255
	资源能源消耗	0.067	0.426	0.028
生态系统	可再生性	1	0.479	0.479

5.6.3　碳排放评估的软件工具

1. WEST 工具

WEST 是 water-energy sustainability tool 的缩写，即水系统能源可持续发展工具（Stokes 和 Horvath，2006）。该软件在加利福尼亚州能源委员会公共利益能源研究（PIER）计划的资助下，由美国加利福尼亚州大学伯克利分校土木与环境工程学院开发。该软件可用于评估水系统的建设、运行和维护各个阶段的能源消耗和碳排放情况，对比不同供水方式的直接或间接的能源消耗和环境影响，包括材料生产（混凝土、管道和化学试剂）、材料运输、建设和维护阶段设备的使用、能源生产（电力和燃料）以及污泥处置。

WEST 针对供水和污水处理系统，基于生命周期思想，提出了一个简单的框架，分析能源消耗和温室气体排放以及其对环境的影响。WEST 主要专注于材料运输、设备运行和能源生产过程的评估。

WEST 可用于评估材料生产、材料运输、设备运行和能源生产等活动的碳排放，还可以让用户评估比 WEST 范围更广的材料投入。例如，用户可以自定义电力的排放因子，可以分析如乙醇和生物柴油这样的替代能源。WEST 还可以分析卡车、火车、飞机等运输过程中的环境影响，以及设备建设和维护期间的碳排放。对废弃物处置的一些有限的分析也包括在内。输入的数据是原材料的费用（美元）和化学品的质量（kg），输出的结果是能源消耗（MJ）和碳排放质量（g）等。

WEST 不同于传统估算碳排放的方法。传统方法一般只考虑电力或能源消耗，而 WEST 考虑了整个生命周期的所有过程。例如，评估光伏发电的电力生产过程，太阳能发电板制造所产生的环境影响就要被考虑在内，包括采矿、加工、运输、生产所有的生命周期过程。评估混凝土的生产过程同上，包括采矿、用水、加工水泥（碳排放集中的过程）、运输等整个生命周期链的影响。

WEST 可以解决以下七个方面的问题：

（1）材料选择：管道的材料（水泥、金属还是塑料），是否在配水过程中建设水泥或者金属的蓄水池；

（2）方法选择：哪种消毒方法对环境危害更为严重；

（3）能源选择：提高电力生产效率产生的环境影响；

（4）供应和运输方式选择：交通工具、购买地点等；

（5）处理过程的碳排放评估；

（6）处置过程如何减少碳排放；

（7）水资源可持续发展。

2. 碳云软件

碳阻迹（北京）科技有限公司（以下简称碳阻迹）是我国第一家专注于碳排放管理的软件及咨询服务提供商，专业为企业机构提供碳排放管理的咨询、培训、软件以及碳中和等产品和服务。碳阻迹于 2011 年由牛津大学硕士晏路辉创办，其排放因子数据库具有涵盖国家广、纳入时间长、覆盖行业多、数据信息全等优点。数据涵盖中国、英国、美国、日本、韩国、澳大利亚、欧盟、联合国政府间气候变化专门委员会（IPCC）、世界银行、世界资源研究所（WRI）等国家和地区或其他国际机构的数据。数据库涵盖全球近 200 个国家、地区和国际机构。数据年份从最早的 1999 年到最近的 2019 年，跨度达 20 年之久。数据除了来源于国内外官方数据库、专家和有关文献外，还有碳阻迹根据项目经验和需求，整理调研出的行业数据和国际知名企业公布的数据，实用性和针对性强。数据包含生命周期的各个阶段，从原材料、生产制造、运输、使用到废弃物处置再生等，均可找到对应的数据。

"企业碳排放计量管理平台"是碳阻迹自主研发的核心产品，这是我国第一款面向组织的碳排放管理软件，目前已经取得数十项软件著作权，作为中国唯一代表入围世界银行的气候变化软件大赛，并且"企业碳排放计量管理平台"软件项目入围英国大使馆文化教育处"绿色生活行动"的前六强。该软件已经拥有超过 100 家国内外客户。

碳云（Ccloud）是碳阻迹推出的一款碳足迹评价软件，它遵循生命周期理念，按照 ISO 和 PAS 等国际通用标准进行设计，并且覆盖全行业。软件融入了碳阻迹积累六年的六万条排放因子数据，用户可清楚查看并使用数据库中的数据，包括数据对应的来源、年份以及其他额外信息，方便快捷。产品碳足迹是指某个产品在其整个生命周期内的各种 GHG 排放，即从原材料一直到生产（或提供服务）、分销、使用和处置/再生利用等所有阶段的 GHG 排放。其范畴包括二氧化碳（CO_2）、甲烷（CH_4）和氮氧化物（NO_x）等温室气体。

软件根据中国用户的习惯做了本土化创新，除可以计算碳足迹外，还可以以其计算在不同情况下的碳减排量。用户可以按照模块化的操作，通过选择阶段，添加活动数据和排放因子等，计算得到产品的碳足迹或减排量；可以查询能源、原料、废弃物等排放因子，并可通过国家、年份等信息筛选排放因子数据。此外，用户输入目的地和出发地可查询运输里程；可以输入产品的有关信息，如活动数据、活动数据来源等，自动生成按照 ISO 标准编制的 Word 版本的报告；后续还会开放更多功能，如热值转化、熵值计算等，方便用户理解碳足迹，计算产品碳足迹。

5.7 本 章 小 结

本章首先介绍了排放因子评估法、生命周期评估法两种评估方法。排放因子评估法就是把有关人类活动发生程度的信息（活动数据）与单位活动的排放量或清除量的系数结合起来，估算碳排放的一种方法。生命周期评估法是对贯穿产品生命周期全过程的环境因素和潜在影响的研究。

本章分节介绍了供水系统、排水系统、雨洪系统、工业家庭用水过程的碳排放评估方法。城市水系统碳排放评估大致可以分为直接排放和间接排放。直接排放包括水处理工艺中产生 CO_2 的直接碳排放、产生其他污染气体的直接碳排放；污泥处理中厌氧消化、堆肥、卫生填埋、土地利用、焚烧产生的直接碳排放。间接排放包括不同处理工艺中泵站运行产生的电力间接碳排放、处理过程使用药剂生产及运输过程的间接碳排放、系统运行中耗电产生的间接碳排放。

本章最后介绍了基于排放因子法、生命周期评估法对污水处理厂进行碳排放核算的方法和工具，并介绍了 2 个可用于碳排放评估的软件。碳排放评估是碳排放研究的一个重要手段，可用于估算现状碳排放、预测碳排放趋势和制定节能减排策略等。

下 篇　实　践　篇

第6章　南方某水务系统碳排放审计与评估

6.1　碳排放审计方法

1992年联合国大会上就气候变化问题达成了作为纲领性文件的《联合国气候变化框架公约》（UNFCCC），专门负责控制CO_2等温室气体排放工作，以应对全球气候变化带给经济和社会的不利影响。1997年，公约缔约国第三次会议制定了《〈联合国气候变化框架公约〉京都议定书》，简称《京都议定书》（Kyoto Protocol），为发达国家规定了有法律约束力的定量化减排和限排指标。2007年，为解决《京都议定书》承诺期结束后没有法律性文件约束各成员国这一问题，制定了"巴厘岛路线图"（Bali Roadmap），敦促各方进一步紧密合作。2009年底，公约缔约国第十五次会议在丹麦首都哥本哈根召开，发达国家与发展中国家正式形成两大阵营，经过12天的艰苦谈判，最终达成了不具法律约束力的《哥本哈根协议》（Copenhagen Accord），在一定程度上反映了碳排放问题已经日益与国际政治关系联系在一起，成为政治地理的新问题。

《IPCC国家温室气体清单指南》是迄今为止门类最为齐全、体系最为合理的清单，涉及人类生产生活的各个领域和各个流程，是各国政府向IPCC报告本国碳排放类型和数量的重要参考文本。为世界各国建立国家温室气体清单和减排履约提供了最新的方法和规则，其方法学体系对全球各国都具有深刻和显著的影响。

目前，使用范围较广、兼具宏观和微观特点的碳排放审计方法有排放因子法、质量平衡法和实测法3种。

6.1.1　排放因子法

排放因子法（Emission-Factor Approach）是IPCC提出的第一种碳排放估算方法，也是目前广泛应用的方法。其基本思路是依照碳排放清单列表，针对每一种排放源构造其活动数据与排放因子，以活动数据和排放因子的乘积作为该排放项目的碳排放量估算值。

碳活动数据主要来自国家相关统计数据、排放源普查和调查资料、监测数据等；排放因子可以采用IPCC报告中给出的缺省值（即依照全球平均水平给出的参考值，见表6-1），也可以自行构造。

排放因子数据获取来源

表 6-1

文献类别	出处	备注
IPCC 指南	IPCC 网站	提供普适性的缺省因子
IPCC 排放因子数据库	IPCC 网站	提供普适性的缺省因子和各国实践工作中采用的数据
国际排放因子数据库	美国环保署网站	提供有用的缺省值或可用于交叉检验
EMEP/CORINAIR 排放清单指导手册	欧洲环境机构网站（EEA）	提供有用的缺省值或可用于交叉检验
来自经同行评议的国际或国内杂志的数据	国家参考图书馆、环境出版社、环境新闻杂志、期刊	较为可靠和有针对性，但可得性和时效性较差
其他具体的研究成果、普查、调查、测量和监测数据	大学等研究机构	需要检验数据的标志性和代表性

6.1.2　质量平衡法

质量平衡法（Mass-Balance Approach）是近年来提出的一种新方法。根据每年用于国家生产生活的新化学物质和设备，计算为满足新设备能力或替换去除气体而消耗的新化学物质份额。该方法的优势是可反映碳排放发生地的实际排放量，不仅能够区分各类设施之间的差异，还可以分辨单个和部分设备之间的区别；尤其是在年际间设备不断更新的情况下，该种方法更为简便。

6.1.3　实测法

实测法（Experiment Approach）基于排放源的现场实测基础数据，进行汇总从而得到相关碳排放量。该方法中间环节少、结果准确，但数据获取相对困难，投入较大。现实中多是将现场采集的样品送到有关监测部门，利用专门的检测设备和技术进行定量分析，因此该方法还受到样品采集与处理流程中涉及的样品代表性、测定精度等因素的干扰。目前，实测法在我国的应用还不多。

6.1.4　综合评估审计方法

综合比较碳排放审计中排放因子法、质量平衡法和实测法的优缺点、适用对象和应用现状，如表 6-2 所示。

3 种方法的比较

表 6-2

方法	优点	缺点	适用对象	应用现状
排放因子法	1. 简单明确易于理解；2. 有成熟的核算公式和活动数据、排放因子数据库；3. 有大量应用实例参考	对排放系统自身发生变化时的处理能力较质量平衡法差	社会经济排放源变化较为稳定，自然排放源不是很复杂或忽略其内部复杂性的情况	1. 广为应用；2. 方法论的认识统一；3. 结论权威

方法	优点	缺点	适用对象	应用现状
质量平衡法	明确区分各类设施设备和自然排放源之间的差异	需要纳入考虑范围的排放中间过程较多，容易出现系统误差，数据获取困难且不具权威性	社会发展迅速、排放设备更换频繁，自然排放源复杂的情况	1. 刚刚兴起； 2. 方法论认识尚不统一； 3. 具体操作方法众多； 4. 结论需讨论
实测法	1. 中间环节少； 2. 结果准确	数据获取相对困难，投入较大。受到样品采集与处理流程中涉及的样品代表性、测定精度等因素干扰	小区域、简单生产排链的碳排放源，或小区域、有能力获取一手监测数据的自然排放源	1. 应用历史较长； 2. 方法缺陷最小但数据获取最难； 3. 应用范围窄

　　由于排放因子法、质量平衡法和实测法的核算方法不同，因此评估对象的尺度也有较大区别。排放因子法比较通用，常用于政策管理；质量平衡法和实测法实施成本比较高，经常用于研究过程。3 种方法的尺度和对象如图 6-1 所示。

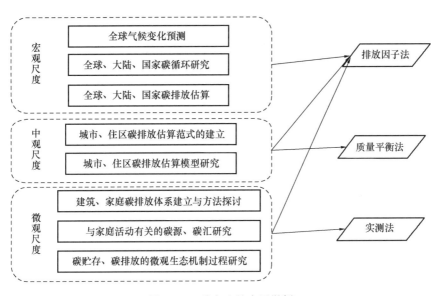

图 6-1　3 种方法的应用举例

　　根据上述分析，基于排放因子法、质量平衡法和实测法的特点，综合考虑适用性、准确性、简易性等因素，以排放因子法为主制定了一项针对城市水务企业碳排放核算的方法体系。根据计算过程编制了 Excel 文件，计算界面如图 6-2 所示。

	污水处理厂内部碳排放核算内容		单位	数值	不同阶段GHG排放的CO_2当量（$kgCO_2$/d）
污水处理过程排放	厌氧处理过程CO_2的直接排放	厌氧生物池的进水流量Q	m³/d		0
		厌氧生物池的进水COD浓度$COD_{0,厌氧}$	mg/L		
		厌氧生物池的出水COD浓度$COD_{e,厌氧}$	mg/L		
		厌氧生物池$HRT_{厌氧}$	d		
		厌氧生物池混合液的$MLVSS_{厌氧}$	mg/L		
	好氧处理过程CO_2的直接排放	好氧生物反应池的进水流量Q	m³/d		0
		好氧生物反应池进水COD_0	mg/L		
		好氧生物反应池出水COD_e	mg/L		
		y=MLVSS/MLSS			
		好氧生物反应池HRT	d		
		好氧生物反应池混合液的MLVSS	mg/L		
	缺氧处理过程N_2O的直接排放	污水处理厂日处理量Q	m³/d		0
		入厂污水TN平均浓度$\rho_{in,tN}$	mg/L		
		出厂污水TN平均浓度$\rho_{out,TN}$	mg/L		
	污水处理过程CH_4的直接排放	污水处理厂日处理流量Q	m³/d		0
		污水处理厂进水COD_0	mg/L		
		污水处理厂出水COD_e	mg/L		
	反硝化外加碳源产生的CO_2排放	甲醇总质量	kg/d		0
		乙酸钠总质量	kg/d		0
		葡萄糖总质量	kg/d		0
		庶糖总质量	kg/d		0
	合计				0
	电力碳排放	污水日处理总量W_{total}	m³/d		0
		处理1m³污水的耗电量S_e	kWh/m³		
		当地电网排放因子	$kgCO_2$/kWh	0.5271	
		区域电网排放因子 EF_{CO2} ▼	$kgCO_2$/kW ▼	数值 ▼	
		广东省、广西壮族自治区、云南省、贵州省、海南省		0.5271	
	CH_4间接排放	污水处理厂出水COD排放量	kg/d		0
	N_2O间接排放	污水处理厂出水总氮排放量TN	kg/d		0
	污水处理过程碳排放总量				0

图 6-2 污水处理系统碳排放强度的计算文件

6.2 城市水系统处理单元碳排放评估方法

6.2.1 供水单元碳排放

供水系统的碳排放主要包括取水头部所用水泵的电耗、净水过程所用药剂的生产过程碳排放以及运输药剂的汽车燃油排放、配水过程的泵站运行。

1. 电力生产过程 CO_2 间接排放

（1）计算公式及说明

水处理系统在运行过程中需要电力供应，在生产这些电力过程中会排放 CO_2。依据《城镇污水处理厂污染物去除协同控制温室气体核算技术指南（试行）》，电力产生的 CO_2 间接排放量（$kgCO_2$/d）的计算公式如式（6-1）所示。

$$M_{CO_2,电力} = Q \times S_e \times EF_{CO_2,电网} \tag{6-1}$$

式中 Q——给水厂日取水量，m³/d；

S_e——取 1m^3 水源水的耗电量，kWh/m^3；

$EF_{CO_2,电网}$——电网排放因子，kgCO$_2$/kWh。

（2）参数说明

需输入参数：给水厂日取水量，m^3/d；取 1m^3 水源水的耗电量，kWh/m^3；

已设定参数：广东省电网排放因子 $EF_{CO_2,电网}$＝0.5271。

2. 药剂生产过程 CO$_2$ 间接排放

（1）计算公式及说明

在供水单元常需要使用消毒剂对水质进一步处理，这类药剂在生产过程中会产生碳排放。本核算方法针对此类碳排放的计算公式如式（6-2）所示。

$$M_{CO_2,药剂生产} = W \times EF_{CO_2,药剂生产} \tag{6-2}$$

式中　　W——给水厂药剂消耗量，kg/d；

$EF_{CO_2,药剂生产}$——药剂生产过程的 CO$_2$ 排放因子，kgCO$_2$/kg。

（2）参数说明

需输入参数：给水厂使用药剂种类及消耗量 W；

已设定参数：药剂生产过程的 CO$_2$ 排放因子 $EF_{CO_2,药剂生产}$，经文献调研，提供下列药剂生产过程的 CO$_2$ 排放因子：氢氧化钠，0.84；三氯化铁，1.15；液氯，0.002；硫酸亚铁，0.11；HCl，0.35；再生活性炭，2.8。

3. 运输过程 CO$_2$ 间接排放

（1）计算公式及说明

给水厂在药剂运输过程中，车辆燃油会产生碳排放。依据文献资料，汽车使用阶段的碳排放量（kgCO$_2$/d）主要通过式（6-3）计算得到。

$$M_{CO_2,运输} = (L \times F \times q \times f_u)/10 \tag{6-3}$$

式中　L——运输距离，km/d；

　　F——汽车百公里油耗，L/100km；

　　q——油品热值，MJ/L；

　　f_u——燃料碳排放因子，g/MJ。

（2）参数说明

需输入参数：运输距离 L；汽车百公里油耗 F；

已设定参数：根据指定油品（柴油 CTI 45.5），热值 q＝36.6、碳排放因子 f_u＝74.1。

6.2.2　供水排水管网碳排放

管网碳排放主要来源于能耗，即泵站的电力消耗。

（1）计算公式及说明

计算公式同式（6-1）。

（2）参数说明

需输入参数：管网系统日输送水量，m^3/d；运输 1m^3 水的耗电量，kWh/m^3；

已设定参数：广东省电网排放因子 $EF_{CO_2,电网}$＝0.5271。

6.2.3 污水处理单元直接排放

1. 厌氧处理过程 CO_2 直接排放

（1）计算公式及说明

根据 Monteith 静态模型和化学计量关系，厌氧过程由有机碳削减和微生物内源代谢产生的 CO_2 的化学反应式分别如下式所示：

$$0.02C_{10}H_{19}O_3N + 0.094H_2O \rightarrow 0.004C_5H_7O_2N + 0.049CO_2 + 0.115CH_4 +$$

$$0.016HCO_3^- + 0.016NH_4^+ 0.05C_5H_7O_2N + 0.2H_2O \rightarrow 0.075CO_2 + 0.125CH_4 + 0.05HCO_3^-$$

$$+ 0.05NH_4^+$$

以上过程中产生的生源性+化石源 CO_2 直接排放量（$kgCO_2/d$）由式（6-4）计算得到。另外，IPCC 认为污水处理过程中生源性产生的 CO_2 是生物成因，不应纳入国家排放总量，因此不进行计算。因此，厌氧处理过程中产生的化石源 CO_2 直接排放量（$kgCO_2/d$）由式（6-5）计算得到：

$$M_{CO_2 \cdot 生源+化石} = 0.27Q(COD_o - COD_e) \times 10^{-3} + 0.58Q \times HRT \times MLVSS \times K_d \times 10^{-3}$$

$$(6-4)$$

$$M_{CO_2 \cdot 厌氧} = FCF \times M_{CO_2 \cdot 生源+化石} \tag{6-5}$$

式中　FCF——化石源的 CO_2 直接排放量比例；

　　　Q——厌氧生物反应池的进水流量，m^3/d；

　　COD_o——厌氧生物反应池进水 COD 浓度，mg/L；

　　COD_e——厌氧生物反应池出水 COD 浓度，mg/L；

　　　HRT——厌氧生物反应池水力停留时间，d；

　MLVSS——厌氧生物反应池混合液挥发性悬浮固体平均浓度，mg/L；

　　　K_d——衰减系数，d^{-1}。

（2）参数说明

需输入参数：厌氧生物反应池的进水流量 Q；进出水 COD 浓度 COD_o、COD_e；水力停留时间 HRT；MLVSS 平均浓度；

已设定参数：$FCF = 10\%$，即污水处理过程中由进水 COD 转化产生的 CO_2 直接排放量中，化石来源的 CO_2 直接排放量比例（FCF）为 10%；$K_d = 0.05$，根据文献中的 Monteith 稳态模型取推荐值 0.05。

2. 好氧处理过程 CO_2 直接排放

（1）计算公式及说明

好氧处理过程排放的 CO_2 主要由有机物好氧分解和微生物内源呼吸产生，根据 Monteith 提供的静态核算模型，有机物好氧分解（以 COD 计算）和微生物内源呼吸生成 CO_2 的化学反应式分别如下式所示：

$$2C_{10}H_{19}NO_3 + 25O_2 \rightarrow 20CO_2 + 16H_2O + 2NH_3$$

$$C_5H_7O_2N + 5O_2 \rightarrow 5CO_2 + 2H_2O + NH_3$$

好氧处理过程中产生的化石源 CO_2 直接排放量（$kgCO_2/d$）由式（6-6）计算得到：

$$M_{CO_2,好氧} = FCF \times \big[(1.1aQ - 1.1cyY)(COD_o - COD_e) \times 10^{-3}$$
$$+ 1.947Q \times HRT \times MLVSS \times K_d \times 10^{-3}\big] \tag{6-6}$$

式中　a——碳的氧当量，取 1.47；

　　　c——常数，细菌细胞的氧当量，取 1.42；

　　　Q——好氧生物反应池的进水流量，m^3/d；

　　COD_o——好氧生物反应池进水 COD 浓度，mg/L；

　　COD_e——好氧生物反应池出水 COD 浓度，mg/L；

　　　y——MLVSS/MLSS；

　　　Y——好氧生物反应池污泥产率系数，$kgMLVSS/kgBOD_5$；

　　HRT——好氧生物反应池水力停留时间，d；

MLVSS——好氧生物反应池混合液挥发性悬浮固体平均浓度，mg/L；

　　　K_d——衰减系数，d^{-1}。

（2）参数说明

需输入参数：好氧生物反应池的进水流量 Q；进出水 COD 浓度 COD_o、COD_e；水力停留时间 HRT；MLVSS 与 MLSS 的比值 y；

已设定参数：$FCF = 10\%$；$K_d = 0.05$；碳的氧当量 $a = 1.47$；细菌细胞的氧当量 $c = 1.42$；好氧生物反应池污泥产率系数 $Y = 0.68$，范围为 $0.4\sim0.8$。

3. 缺氧处理过程 N_2O 直接排放

（1）计算公式及说明

污水处理的脱氮过程是 N_2O 的主要来源。污水处理过程中去除 TN 产生的 N_2O 排放量（$kgCO_2/d$）由式（6-7）计算得到：

$$M_{N_2O} = GWP_{N_2O}\big[(Q(TN_o - TN_e)/10^{-3}) \times EF_{N_2O} \times C_{N_2O/N_2}\big] \tag{6-7}$$

式中　Q——污水处理厂缺氧段处理水量，m^3/d；

　　TN_o——进厂污水的总氮浓度，mg/L；

　　TN_e——出厂污水的总氮浓度，mg/L；

　EF_{N_2O}——污水中单位质量的氮能够转化为 N_2O 的氮量，$kgN_2O\text{-}N/kgN_2\text{-}N$；

　C_{N_2O/N_2}——N_2O/N_2 分子量之比，44/28；

GWP_{N_2O}——N_2O 全球增温潜势值。

（2）参数说明

需输入参数：污水处理厂缺氧段处理水量 Q；进出厂污水的总氮浓度 TN_o、TN_e；

已设定参数：$EF_{N_2O} = 0.005$，污水中单位质量的氮能够转化为 N_2O 的氮量，缺氧段取值为 0.005；$C_{N_2O/N_2} = 44/28$，N_2O/N_2 分子量之比；$GWP_{N_2O} = 310$，N_2O 全球增温潜势值。

4. 污水处理过程 CH_4 直接排放

（1）计算公式及说明

在污水处理过程中，CH_4 主要来自厌氧生物反应池，少量来自厌氧化粪池以及耗氧池管理不完善，一些 CH_4 会从沉积池和其他料袋排放出来。本核算方法基于《广东省市县（区）级温室气体清单编制指南（试行）》，估算污水处理 CH_4 排放量（$kgCO_2/d$）的公式如式（6-8）所示。

$$M_{CH_4} = \left[Q \times (COD_e - COD_o) \times 10^{-3} \times 0.47 \times B_0 \times MCF \right] \times GWP_{CH_4} \quad (6-8)$$

式中　Q——污水处理厂日处理流量，m^3/d；

COD_o——污水处理厂进水 COD 浓度，mg/L；

COD_e——污水处理厂出水 COD 浓度，mg/L；

0.47——华南地区平均 BOD/COD 推荐值；

B_0——CH_4 最大产生能力，$kg/kgBOD$；

MCF——CH_4 修正因子；

GWP_{CH_4}——CH_4 全球增温潜势值。

（2）参数说明

需输入参数：污水处理厂日处理流量 Q；进出厂 COD 浓度 COD_o、COD_e；

已设定参数：BOD/COD=0.47，华南地区平均推荐值；B_0=0.6，CH_4 最大产生能力 B_0 表示污水中有机物可产生最大的 CH_4 排放量，本核算方法推荐生活污水为每千克 BOD 可产生 0.6kg 的 CH_4；MCF=0.165，已处理系统部分的 MCF 根据我国实际情况，利用相关参数，采用全国推荐值 0.165；GWP_{CH_4}=21，CH_4 全球增温潜势值。

6.2.4　污水处理单元间接排放

1. 反硝化外加碳源产生的 CO_2 排放

（1）计算公式及说明

外加碳源一般来自于化石燃料。外加碳源投加后作为电子供体促进反硝化，进而被氧化成 CO_2 排放至大气中，这部分 CO_2 即是化石源 CO_2 直接排放。该过程由于外加碳源造成的化石源 CO_2 直接排放量（$kgCO_2/d$）计算公式如式（6-9）所示。

$$M_{CO_2,外加碳源} = EF_{外加碳源} \times M_{外加碳源} \quad (6-9)$$

式中　$EF_{外加碳源}$——外加碳源作为电子供体被氧化成 CO_2 后的排放因子，$kgCO_2/kg$；

$M_{外加碳源}$——污水处理反硝化阶段外加碳源总质量，kg/d。

（2）参数说明

需输入参数：外加碳源的种类和用量；

已设定参数：外加碳源的排放因子 $EF_{外加碳源}$，经文献调研，提供下列碳源的排放因子：甲醇，1.375；乙酸钠，1.073；葡萄糖，1.467；蔗糖，1.544。

2. 电力产生的 CO_2 间接排放

（1）计算公式及说明

计算公式同式（6-1）。

（2）参数说明

需输入参数：污水处理厂日处理流量 Q；处理 $1m^3$ 污水的耗电量 S_e；

已设定参数：广东省电网排放因子 $EF_{CO_2,电网}$=0.5271。

3. 药剂生产过程的 CO_2 间接排放

（1）计算公式及说明

计算公式同式（6-2）。

（2）参数说明

需输入参数：污水处理厂使用药剂种类及消耗量 W；

已设定参数：药剂生产过程的 CO_2 排放因子 $EF_{CO_2,药剂生产}$，经文献调研，提供下列药剂生产过程的 CO_2 排放因子：石灰，1.74；甲醇，1.54；聚合氯化铝，1.62；聚丙烯酰胺，1.5；六水合氯化铁，2.71；其他絮凝剂，2.5；液氯，0.002；其他消毒剂，1.4；氢氧化钠，0.84；其他药剂，1.6。

4. 废水排污过程的 CH_4 间接排放

（1）计算公式及说明

污水经污水处理厂处理后的废水排放到水生环境会间接产生 CH_4。依据 2006 年《IPCC 国家温室气体清单指南》，废水排污过程的 CH_4 间接排放量（$kgCO_2/d$）由式（6-10）计算得到。

$$M_{CH_4,废水排污} = (M_{COD_e} \times 0.47 \times B_0 \times MCF_{未处理}) \times GWP_{CH_4} \tag{6-10}$$

式中　M_{COD_e}——污水处理厂出水 COD 排放量，kg/d；

　　0.47——华南地区平均 BOD/COD 推荐值；

　　B_0——CH_4 最大产生能力，$kg/kgBOD$；

　　$MCF_{未处理}$——CH_4 修正因子；

　　GWP_{CH_4}——CH_4 全球增温潜势值。

（2）参数说明

需输入参数：污水处理厂出水 COD 排放量 M_{COD_e}；

已设定参数：华南地区平均 BOD/COD 推荐值 = 0.47；B_0 = 0.6kg/kgBOD；$MCF_{未处理}$ = 0.1；GWP_{CH_4} = 21。

5. 废水排污过程的 N_2O 间接排放

（1）计算公式及说明

污水经污水处理厂处理后的废水排放到水生环境会间接产生 N_2O。依据 2006 年《IPCC 国家温室气体清单指南》，废水排污过程的 N_2O 间接排放量（$kgCO_2/d$）由式（6-11）计算得到。

$$M_{N_2O,废水排污} = (M_{TN_e} \times 44/28 \times EF_{N_2O}) \times GWP_{N_2O} \tag{6-11}$$

式中　M_{TN_e}——污水处理厂出水 TN 排放量，kg/d；

　　44/28——N_2O/N_2 分子量之比；

　　EF_{N_2O}——废水排污过程的 N_2O 排放因子，kgN_2O/kgN_2；

　　GWP_{N_2O}——N_2O 全球增温潜势值。

（2）参数说明

需输入参数：污水处理厂出水 TN 排放量 M_{TN_e}；

已设定参数：EF_{N_2O} = 0.005；GWP_{N_2O} = 310。

6. 运输过程 CO_2 间接排放

（1）计算公式及说明

计算公式同式（6-3）。

（2）参数设定

需输入参数：运输距离 L；汽车百公里油耗 F；

已设定参数：根据指定油品（如柴油 CTI 45.5），热值 $q = 36.6$、碳排放因子 $f_u = 74.1$。

6.2.5 污泥处理单元碳排放

1. 厌氧消化过程 CO_2 直接排放

（1）计算公式及说明

厌氧消化，即在无氧条件下，由专性厌氧细菌或兼性菌降解有机物，最终生成甲烷气（或称沼气），同时污泥得到稳定。产生的沼气经过热电联产可以进行能源回收，而其中的 CH_4 经过燃烧后转化为 CO_2 直接排放至大气中。这部分 CO_2 和原沼气中的 CO_2 被认为是生源碳性质，本核算方法中将明确厌氧消化污泥中的化石碳含量，以及最终造成排放至大气中的化石源 CO_2 量。

污泥厌氧消化过程产生的 CO_2 和 CH_4 计算公式如式（6-12）、式（6-13）所示。

$$M_{CO_2,沼气} = 0.27 Q_{污泥} (VSS_{o,污泥厌氧} - VSS_{e,污泥厌氧}) \times 10^{-3}$$
$$+ 0.58 Q_{污泥} \times HRT_{厌氧消化} \times MLVSS_{污泥厌氧池} \times K_d \times 10^{-3} \quad (6-12)$$

式中　　$Q_{污泥}$——污水处理厂总污泥产量，m^3/d；

$VSS_{o,污泥厌氧}$——厌氧消化池进泥 VSS，mg/L；

$VSS_{e,污泥厌氧}$——厌氧消化池排泥 VSS，mg/L；

$HRT_{厌氧消化}$——污泥厌氧消化池水力停留时间，d；

$MLVSS_{污泥厌氧池}$——污泥厌氧消化池中混合液挥发性悬浮固体平均浓度，mg/L；

K_d——衰减系数，d^{-1}。

$$M_{CH_4,沼气} = 0.25 Q_{污泥} (VSS_{o,污泥厌氧} - VSS_{e,污泥厌氧}) \times 10^{-3}$$
$$- 0.005 Y_{厌氧} \times Q_{污泥} \times (VSS_{o,污泥厌氧} - VSS_{e,污泥厌氧}) \times 10^{-3} \quad (6-13)$$

式中　$Y_{厌氧}$——厌氧消化池污泥产率系数，$kgMLVSS/kgBOD_5$。

污泥厌氧消化产生的化石源 CO_2 直接排放量为：

$$M_{化石源CO_2,厌氧消化} = M_{CO_2,沼气} \times FCF_{沼气} + M_{CH_4,沼气} \times 95\% \times FCF_{沼气} \quad (6-14)$$

式中　$FCF_{沼气}$——沼气中的化石碳比例。

污泥厌氧消化泄漏的 CH_4 直接排放量（$kgCH_4/d$）为：

$$M_{CH_4,厌氧消化} = M_{CH_4,沼气} \times 5\% \quad (6-15)$$

所以，污泥厌氧消化总温室气体排放量（$kgCO_2/d$）为：

$$M_{CO_2 eq,total} = M_{化石源CO_2,厌氧消化} + 21 \times M_{CH_4,厌氧消化} \quad (6-16)$$

（2）参数说明

需输入参数：污水处理厂总污泥产量 $Q_{污泥}$；污泥厌氧消化池水力停留时间 $HRT_{厌氧消化}$；污泥厌氧消化池中混合液挥发性悬浮固体平均浓度 $MLVSS_{污泥厌氧池}$；厌氧消化池进泥 $VSS_{o,污泥厌氧}$；厌氧消化池排泥 $VSS_{e,污泥厌氧}$；

已设定参数：厌氧消化池污泥产率系数 $Y_{厌氧}=0.08$；衰减系数 $K_d=0.05$；沼气中的化石碳比例 $FCF_{沼气}=0.02$。

2. 堆肥过程 CO_2 直接排放

（1）计算公式及说明

污泥好氧堆肥，由于通风条件良好，污泥中的可降解有机碳（DOC）基本上被转化为 CO_2，产生并释放至大气中的 CH_4 量低于污泥初始碳含量的 1‰ 至几个百分点，可以忽略不计。污泥好氧堆肥处理过程产生的 CO_2 直接排放量（$kgCO_2/d$）由公式（6-17）计算得到。

$$M_{CO_2,堆肥} = M_{污泥} \times DOC \times DOC_f \times 44/12 \qquad (6-17)$$

式中　$M_{污泥}$——堆肥污泥的质量，kg；

　　　DOC——污泥中可降解的有机碳比例；

　　　DOC_f——可分解的 DOC 比例；

　　　$44/12$——CO_2 与 C 的分子量之比。

此外，污泥堆肥同样会产生温室气体 N_2O，根据 IPCC 经验公式计算其产生量（kgN_2O/d），见式（6-18）。

$$M_{N_2O,堆肥} = M_{污泥} \times EF_{N_2O,堆肥} \times 10^{-3} \qquad (6-18)$$

式中　$EF_{N_2O,堆肥}$——污泥填埋过程的 N_2O 排放因子，gN_2O/kg 堆肥污泥。

综上，本排放核算方法中，污泥好氧堆肥过程产生的总温室气体排放量（$kgCO_2/d$）由式（6-19）计算得到。

$$M_{堆肥} = FCF_{堆肥污泥} \times M_{CO_2,堆肥} + M_{N_2O,堆肥} \times 310 \qquad (6-19)$$

式中　$FCF_{堆肥污泥}$——堆肥污泥中化石碳比例。

（2）参数说明

需输入参数：堆肥污泥的质量 $M_{堆肥}$；

已设定参数：$DOC=15\%$，采用 IPCC 发展中国家推荐值；$DOC_f=0.67$，堆肥在好氧条件下完全腐熟，DOC 几乎 100% 分解，其中 2/3 被转换成 CO_2，因此该值为 0.67；$EF_{N_2O,堆肥}=0.3$，干重取 0.6，湿重取 0.3；$FCF_{堆肥污泥}=12\%$。

3. 卫生填埋过程 CO_2 和 CH_4 直接排放

（1）计算公式及说明

深度脱水后的剩余污泥中含有一定量的有机物，在填埋场厌氧密闭的条件下，会产生 CO_2 和 CH_4 并最终排放至大气中。按照 IPCC 和静态经验模型中关于污泥填埋的质量平衡算法，污泥填埋所造成的 CO_2 和 CH_4 直接排放量（$kgCO_2/d$）计算公式如式（6-20）、式（6-21）所示。

$$M_{CH_4,填埋} = M_{污泥} \times DOC \times DOC_f \times MCF \times F \times 16/12 \tag{6-20}$$

$$M_{CO_2,填埋} = M_{污泥} \times DOC \times DOC_f \times (1 - MCF \times F) \times 44/12 \tag{6-21}$$

式中　$M_{污泥}$——填埋污泥的质量，kg；

　　　DOC——污泥中可降解的有机碳比例；

　　　DOC_f——可分解的 DOC 比例；

　　　MCF——CH_4 修正因子；

　　　F——产生的填埋气中 CH_4 比例。

本核算模型中，填埋污泥中化石碳比例和剩余污泥中取值相同，故污泥厌氧填埋所产生的总温室气体排放量（$kgCO_2/d$）为：

$$M_{CO_2 eq,填埋} = FCF_{填埋污泥} \times M_{CO_2,填埋} + 21 \times M_{CH_4,填埋} \tag{6-22}$$

式中　$FCF_{填埋污泥}$——填埋污泥中化石碳比例。

（2）参数说明

需输入参数：填埋污泥的质量 $M_{污泥}$；

已设定参数：$DOC = 15\%$，采用 IPCC 发展中国家推荐值；$DOC_f = 50\%$，采用 IPCC 推荐值；$MCF = 1$，厌氧填埋条件；$F = 50\%$，采用 IPCC 推荐值；$FCF_{填埋污泥} = 12\%$。

4. 土地利用过程 CH_4 直接排放

（1）计算公式及说明

污泥土地利用过程中主要释放的是 CH_4，而 CO_2 和 N_2O 的产生量较少可以忽略。则该过程产生的总温室气体量（$kgCO_2/d$）由式（6-23）计算得到。

$$M_{CO_2,土地利用} = 21 \times EF_{CH_4,土地利用} \times M_{污泥} \times 10^{-3} \tag{6-23}$$

式中　$M_{污泥}$——土地利用污泥的质量，kg；

$EF_{CH_4,土地利用}$——污泥土地利用的 CH_4 排放因子，gCH_4/kg 污泥。

（2）参数说明

需输入参数：土地利用污泥的质量 $M_{污泥}$；

已设定参数：$EF_{CH_4,土地利用} = 3.18$。

5. 污泥焚烧过程 CO_2 和 N_2O 直接排放

（1）计算公式及说明

污泥焚烧是在污泥干化充分降低含水率的基础上，必要时外加辅助燃料（如煤或燃油等），在高温下将有机物氧化的过程，在此过程中有 83% 的碳以气体形式损失。因为污泥焚烧不同于微生物处理，是完全的化学氧化过程，故该过程所产生的 CO_2 在以往的碳排放核算方法中也有计算，故根据 IPCC 等质量平衡计算法，该过程产生的化石源 CO_2 直接排放量（$kgCO_2/d$）为：

$$M_{化石源CO_2,焚烧} = M_{污泥} \times d_m \times CF \times FCF_{剩余污泥} \times OF \times 44/12 \tag{6-24}$$

式中　$M_{污泥}$——焚烧污泥的质量，kg；

　　　d_m——需焚烧污泥中的干物质含量（湿重），%；

　　　CF——干物质中的碳比例（总的碳含量），%；

$FCF_{剩余污泥}$——化石碳占总碳的比例，%；

OF——氧化因子。

污泥焚烧过程中会产生 N_2O，可根据 IPCC 经验公式计算其产量（kgN_2O/d），计算公式见式（6-25）。

$$M_{N_2O,焚烧} = M_{污泥} \times EF_{N_2O,焚烧} \times 10^{-3} \tag{6-25}$$

式中　$EF_{N_2O,焚烧}$——污泥焚烧过程的 N_2O 排放因子，gN_2O/kg 焚烧污泥。

故污泥焚烧所产生的总温室气体排放量（$kgCO_2/d$）为：

$$M_{CO_2eq,焚烧} = M_{化石源CO_2,焚烧} + 310 \times M_{N_2O,焚烧} \tag{6-26}$$

（2）参数说明

需输入参数：焚烧污泥的质量 $M_{污泥}$；需焚烧污泥中的干物质含量 d_m；干物质中的碳比例 CF；

已设定参数：$FCF_{剩余污泥} = 12\%$；$OF = 0.8$；$EF_{N_2O} = 0.9$，干重取 0.99，湿重取 0.9。

6.3　南方某水务集团的碳排放评估结果

6.3.1　南方某水务集团概况

南方某水务集团是国资委全资的重要基础设施类企业，主要经营供水排水业务、水务投资业务、水务产业链业务、污泥及废水处理业务和河流生态修复业务。截至 2020 年底，该水务集团总资产 283.55 亿元，净资产 110.71 亿元，员工 11224 人，下辖水厂 89 座、水质净化厂 51 座，供水能力 987.89 万 t/d，污水处理能力 436.84 万 t/d，承担着城市 99.86% 的供水业务和 49.71% 的污水处理业务，在全国 7 省 22 个县市拥有 38 个环境水务项目，为超 3000 万人提供优质高效的供水排水服务。

该水务集团是中国水协科技委主任单位，已建成建设部安全饮用水工程研究中心、国家安全饮用水保障技术创新基地、国内首个污泥处理与处置重点实验室等 10 个科研平台，拥有 3 家国家级高新技术企业，牵头承担了国家"十二五""十三五"水污染治理重大科技专项等课题，拥有各类专利成果 121 项，主编或参编国家标准、行业标准及地方标准 37 项。

6.3.2　碳排放强度计算结果

针对 6.2 节提出的污水处理系统碳排放核算方法，本节以南方某水务集团下属 15 个水质净化厂为对象，分析污水处理厂内部的直接排放、间接排放情况。直接排放部分采用基于现场测量的估算方法，分析生物处理单元各部分的直接碳排放。间接排放部分主要是设备用能分析，探寻用电规律，为提出切实可行的低碳运行策略提供数据支撑。15 个水质净化厂在不同处理环节的吨水碳排放结果如表 6-3 所示。

除 M、N、O 三个水质净化厂的碳排放量较高之外，整体上，15 个水质净化厂的吨水碳排放量在 $0.5 \sim 0.9 kgCO_2/m^3$ 之间。其中，M、N、O 三个水质净化厂的主要特点是电力碳排放、药剂生产过程的间接碳排放较高，最直接原因是污水处理过程的药剂消耗量大，电力碳排放主要与工艺类型、处理规模等因素有关。

15 个水质净化厂不同处理过程的吨水碳排放结果

表 6-3

水质净化厂	污水处理单元 （kgCO₂/m³）									污泥处理单元 （kgCO₂/m³）					
	CO₂直接排放			N₂O直接排放	CH₄直接排放	CO₂间接排放			N₂O间接排放	厌氧消化	堆肥	卫生填埋	土地利用	焚烧	污泥运输
	厌氧	好氧	外加碳源			电力	药剂生产	运输							
A	0.001	0.040	0.004	0.055	0.249	0.158	0.020	—	0.016	—	—	—	0.014	—	—
B	0.005	0.030	0.106	0.059	0.188	0.262	0.181	—	0.018	—	—	—	—	1.085	—
C	0.003	0.015	0.002	0.057	0.092	0.245	0.173	—	0.018	—	—	—	0.006	0.140	—
D	0.006	0.060	—	0.048	0.204	0.125	0.049	—	0.020	—	0.049	—	—	0.100	—
E	0.005	0.026	—	0.077	0.180	0.262	0.402	—	0.024	—	0.005	—	—	0.043	0.003
F	0.006	0.033	—	0.081	0.204	0.287	0.129	—	0.016	—	—	—	—	—	—
G	0.001	0.018	—	0.030	0.169	0.139	0.093	—	0.048	—	—	—	—	—	—
H	0.001	0.025	0.004	0.060	0.168	0.202	0.091	—	0.154	—	—	—	—	—	—
I	0.001	0.015	0.006	0.039	0.139	0.203	0.096	—	0.349	—	—	—	—	—	—
J	0.002	0.024	—	0.035	0.165	0.083	0.058	—	0.295	—	—	—	—	—	—
K	0.001	0.022	—	0.029	0.108	0.104	0.034	—	0.262	—	—	—	—	—	—
L	0.003	0.013	—	0.053	0.150	0.158	0.103	—	0.043	—	—	—	—	—	—
M	0.003	0.013	0.006	0.068	0.185	0.306	0.300	—	0.120	—	—	—	—	—	—
N	0.005	0.193	0.130	0.026	0.049	0.643	3.617	0.018	1.518	—	3.623	—	—	7.413	0.035
O	0.018	0.258	0.104	0.038	0.094	0.843	2.606	0.013	1.094	—	2.610	—	—	5.341	0.025

6.4 南方某水务集团碳排放的影响因素与策略

6.4.1 碳排放影响因素分析

1. 碳排放结果分析

污水处理过程碳排放的影响因素主要包括处理工艺类型、处理规模、主要设备的运行方式和自然条件等。15个水质净化厂的主要污水处理工艺类型和处理规模情况如表6-4所示。

15个水质净化厂工艺类型和处理规模情况   表6-4

水质净化厂	处理工艺	污水处理量 （m³/d）	吨水碳排放量 （kgCO₂）
A	AAO	82055.997	0.543
B	MBR	34749.67	0.849
C	MBR	269199	0.604
D	AAO	378255	0.513
E	AAO	173118	0.977
F	MBR	42960	0.757
G	AAO	159766	0.498
H	AAO	50183	0.705
I	AAO	22133	0.848
J	CASS	26151	0.664
K	CASS	29475	0.560
L	AAO	179386	0.523
M	AAO+MBR	64533	1.000
N	AAO+MBR	5086.3	6.199
O	AAO+MBR	7059.1	5.069

（1）工艺类型

15个水质净化厂采用的污水处理工艺以 AAO、MBR 和 CASS 为主，通过对每个水质净化厂运行数据的核算，得出 AAO、MBR 和 CASS 处理工艺的平均吨水碳排放量分别为 $0.605kgCO_2/m^3$、$0.737kgCO_2/m^3$、$0.612kgCO_2/m^3$。结果表明，AAO 工艺的碳排放水平略低于其他处理工艺，这也是其成为我国污水处理主导工艺的重要原因之一，其次是由 SBR 工艺进化而来的 CASS 工艺。该分析结果反映了三种工艺吨水碳排放的平均水平，不考虑处理规模、原水水质对工艺实际运行时的影响。另外有研究表明，同一类型的工艺中，污水处理量也是影响整体碳排放的关键因素，污水处理量越小，处理过程吨水能耗越大，从而碳排放越多。因此同类型工艺不同的水质净化厂间吨水碳排放量存在一定的差异。

（2）排放类型

分别对15个水质净化厂污水处理系统温室气体的直接排放和间接排放进行量化计算，

如表 6-5 所示，除 M、N、O 三个水质净化厂之外，直接排放量为 $0.160\sim0.389kgCO_2/m^3$，间接排放量为 $0.194\sim0.688kgCO_2/m^3$。根据图 6-3，电力、药耗、运输和废水排污过程的温室气体间接排放量占到总排放量的 60%，并且直接排放若要达到碳减排的目的需要对污水处理过程中的工艺参数进行调整，需要依靠调整设备运行情况实现。所以污水处理系统温室气体减排从减少间接排放入手是最快最有效的途径。其中间接排放中电力排放占比最大，其次是药耗和排污，电力排放除了与工艺类型有关外，还与设备自身性能相关，这就要求企业在选取硬件设备时，要充分考虑能耗等问题。

15 个水质净化厂污水处理系统直接与间接碳排放情况 表 6-5

水质净化厂	直接排放		间接排放	
	排放量（kgCO₂/m³）	排放占比（%）	排放量（kgCO₂/m³）	排放占比（%）
A	0.349	64.23	0.194	35.77
B	0.389	45.76	0.461	54.24
C	0.168	27.81	0.436	72.19
D	0.318	61.99	0.195	38.01
E	0.289	29.58	0.688	70.42
F	0.325	42.89	0.432	57.11
G	0.218	43.78	0.280	56.22
H	0.259	36.67	0.447	63.33
I	0.201	23.67	0.647	76.33
J	0.227	34.22	0.437	65.78
K	0.160	28.64	0.400	71.36
L	0.219	41.85	0.304	58.15
M	0.275	27.52	0.725	72.48
N	0.402	6.49	5.796	93.51
O	0.512	10.10	4.557	89.90

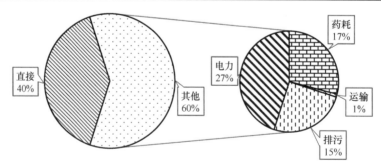

图 6-3 各单位直接和间接平均碳排放占比情况

2. 能耗分析

城市污水处理厂的能耗包括直接能耗和间接能耗。直接能耗包括污水提升泵站、曝气系统等设备的电耗；间接能耗包括絮凝剂、外加碳源、消毒剂等一系列外加耗材。本节中水质净化厂的能耗水平以吨水碳排放量来表示。有研究得出，污水处理厂的电耗占总能耗的 60%～90%，其中污水提升泵站及预处理（主要为污水提升）占 10%～25%，污水二级生物处理（主要为曝气设备）占 50%～70%，污泥处理占 10%～25%，三者能耗之和占直接总能耗的 70% 以上。系统能耗的影响因素主要包括处理规模、水泵运行方式、曝气方式和自然条件等。

将 15 个水质净化厂的处理工艺分为四种，即 AAO、MBR、CASS 和 AAO+MBR 组合工艺，不同类型工艺的能耗过程所产生的吨水碳排放结果如图 6-4 所示。单一工艺中 MBR 工艺的能耗较大，原因是工艺内膜组件需要大流量高扬程循环泵提供动力，从而在膜表面形成高速冲刷、避免膜污染、增大透水通量、增强清洗效果，因此也造成 MBR 工艺的高电耗。

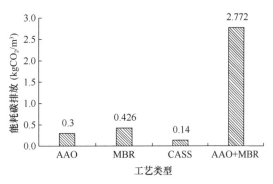

图 6-4　不同类型工艺的能耗过程碳排放

有研究对欧洲和我国污水处理厂的调研分析表明，当处理规模较大时，单位污水处理平均能耗水平相对较低，存在一定的规模效应；在处理规模较大的条件下，国内外污水处理厂能耗水平相当，但在处理规模较小的条件下，欧洲能耗水平平均值低于我国，这可能是由于设计规模与实际处理规模的差距以及相关能耗设备形式等原因所造成的。本次调研对 15 个水质净化厂的规模和能耗过程吨水碳排放结果进行了统计，如表 6-6 所示。以采用 MBR 工艺的 B、C 和 F 三个水质净化厂为例，在一定的规模范围内，B 厂的处理规模最小（34749.67m³/d），能耗过程的碳排放量最大（0.443kgCO₂/m³）。但随着处理规模的逐渐增大，由于电耗等直接能耗相对稳定，而药耗等间接能耗逐渐增多，因此处理规模小能耗大的结论只是在某种范围内适用。

处理规模与能耗过程碳排放情况　　　　　　　　　　　　　　　　　　　表 6-6

水质净化厂	处理工艺	污水处理量 （m³/d）	能耗过程碳排放量 （kgCO₂/m³）
A	AAO	82055.997	0.178
B	MBR	34749.67	0.443
C	MBR	269199	0.418
D	AAO	378255	0.174
E	AAO	173118	0.663
F	MBR	42960	0.416
G	AAO	159766	0.231
H	AAO	50183	0.293
I	AAO	22133	0.299
J	CASS	26151	0.141
K	CASS	29475	0.138
L	AAO	179386	0.261

水质净化厂	处理工艺	污水处理量 （m³/d）	能耗过程碳排放量 （kgCO₂/m³）
M	AAO+MBR	64533	0.605
N	AAO+MBR	5086.3	4.260
O	AAO+MBR	7059.1	3.450

3. 电力碳排放分析

污水处理厂的电耗是整个能耗的重要组成部分，其中电能消耗较大的是泵站和鼓风曝气系统。促进发电能源部门的技术进步和结构优化，无疑是温室气体减排的重要着力点。

除了电耗之外，决定电力碳排放的关键因素是电网排放因子。计算温室气体排放类的因子有三种：

（1）区域电网平均排放因子

区域电网平均排放因子又叫电网用电排放因子或者耗电排放因子，它表示的是使用 1kWh 电产生的温室气体排放量，其计算方法是：整个电网的电厂总碳排放量除以总电量。区域电网平均排放因子主要用于计算用电产生的排放，目前做的碳核算也是采用的区域电网平均排放因子，所以是最常用的排放因子。区域电网平均排放因子由国家气候中心发布，目前公布了 2010、2011 和 2012 年的数据。

（2）省级电网平均排放因子

省级电网平均排放因子是指该省内使用 1kWh 电产生的温室气体排放量。但是对于省级电网，在电网建设及电力调度时没有考虑自给自足，虽然有明确的行政边界但没有明确的电网边界，所以一个省并不是独立电网，其电网排放因子不能反映在该省用 1kWh 电产生的真实碳排放量，同时也就违背了使用电网排放因子的初衷。部分机构曾经在计算市县级温室气体清单时用过，但不如用区域电网平均排放因子计算准确，所以省级电网平均排放因子使用较少，其发布机构国家气候中心在发布了 2010 年的数据后再也没有更新。

（3）碳足迹电网排放因子

碳足迹电网排放因子是指某个产品在生命周期中消耗 1kWh 电产生的温室气体排放量，其计算方法是：基于生命周期算法分析生产 1kWh 电产生的温室气体排放量。从碳足迹角度看，新能源电力也会产生碳排放，因为生产新能源电力所需要的设备在生产时会产生碳排放。碳足迹电网排放因子主要用于计算产品碳足迹。

以南方某水务集团为例，分别用区域电网平均排放因子和大亚湾核电排放因子对集团下属 15 个水质净化厂的电耗和电力碳排放情况进行分析，如表 6-7 所示。

吨水电耗与电力碳排放情况 表 6-7

水质净化厂	处理规模 （m³/d）	电耗 （kWh/m³）	区域电网平均排放因子		大亚湾核电排放因子		碳减排比例 （%）
			电力碳排放 （kg）	总碳排放 （kg）	电力碳排放 （kg）	总碳排放 （kg）	
A	82055.997	0.3	0.158	0.543	0.0007230	0.385592	28.98844
B	34749.67	0.49691	0.262	0.849	0.0011976	0.588692	30.69448
C	269199	0.46539	0.245	0.604	0.0011216	0.359829	40.42712

水质净化厂	处理规模 （m³/d）	电耗 （kWh/m³）	区域电网平均排放因子		大亚湾核电排放因子		碳减排比例 （%）
			电力碳排放 （kg）	总碳排放 （kg）	电力碳排放 （kg）	总碳排放 （kg）	
D	378255	0.238	0.125	0.513	0.0005736	0.387743	24.36045
E	173118	0.49657	0.262	0.976	0.0011967	0.715930	26.68222
F	42960	0.545	0.287	0.757	0.0013135	0.470768	37.78866
G	159766	0.263	0.139	0.498	0.0006338	0.359940	27.71325
H	50183	0.383	0.202	0.705	0.0009230	0.504115	28.50156
I	22133	0.385	0.203	0.848	0.0009279	0.646174	23.81638
J	26151	0.158	0.083	0.664	0.0003808	0.580936	12.48816
K	29475	0.197	0.104	0.560	0.0004748	0.456888	18.44956
L	179386	0.3005	0.158	0.523	0.0007242	0.365077	30.16173
M	64533	0.58	0.306	1.000	0.0013978	0.696059	30.42049
N	5086.3	1.22	0.643	6.199	0.0029402	5.558533	10.32679
O	7059.1	1.6	0.843	5.069	0.0038560	4.229140	16.56269

根据南方某水务集团的地理位置，区域电网平均排放因子采用南方区域电网排放因子 $0.5271kgCO_2/kWh$。据了解，南方某水务集团近年来使用的电力来自核电，以大亚湾核电排放因子 $0.00241kgCO_2/kWh$ 为例，分别分析 15 个水质净化厂的电力碳排放情况。全厂采用核电比采用区域电网的总吨水碳排放量减少 10.33%～40.43%。根据张金梅等的研究，德阳市某污水处理厂采用改良型 AAO 加 D 型滤池的三级生化处理工艺，日处理规模为城市生活污水 5 万 m³，处理尾水各项指标可达到国家标准《城镇污水处理厂污染物排放标准》GB 18918—2002 一级 A 标准。电能消耗较大的主要是污水提升系统、生化池的鼓风曝气系统和混合液的回流系统，研究记录了该污水处理厂 2017 年 10 月至 2018 年 8 月共 11 个月的实际运行情况，结果表明该污水处理厂的吨水耗电量均值为 $0.275kWh/m³$，高于我国典型二级污水处理厂 $0.266kWh/m³$ 的污水处理比能耗。张程通过对污水处理系统碳排放量化评价，结果表明，西安市第四污水处理厂采用倒置 A^2/O 工艺，日处理量为 46 万 m³，出水水质同样执行《城镇污水处理厂污染物排放标准》一级 A 标准，2016 年全年耗电量为 44635457kWh，合计吨水电耗为 $0.2658kWh/m³$。根据西安市所在区域的电网排放因子 $0.6671kgCO_2/kWh$，那么，2016 年西安市第四污水处理厂因电力引起的 CO_2 排放为 29776313kg，继而得出吨水电力碳排放为 $0.177kgCO_2/m³$。

对比前人的研究结果，本研究 15 个水质净化厂的吨水电耗（D、G、J、K 厂除外）普遍大于我国二级污水处理厂平均值（$0.266kWh/m³$），电耗具有进一步下降的空间。范波等选取五座处理工艺为 A^2O 的污水处理厂作为研究对象，2017 年的吨水电耗平均值保持在 $0.2～0.45kWh/m³$，结果显示吨水电耗与处理规模相关性明显，即处理规模越大，电耗相对越低。本研究中采用 AAO 工艺的水质净化厂（A、D、E、G、H、I、L 厂）吨水能耗与处理规模的关系与范波等的研究结果一致。在日处理规模小于 10 万 m³ 的水质净化厂中，I 厂日处理规模最小，吨水电耗最大（$0.385kWh/m³$）。除此之外，D 厂日处理规模最大，但其吨水电耗却仅为 $0.238kWh/m^3$。

另外，由于电网排放因子受区域位置、发电方式等因素的影响，因此污水处理厂的吨水电力碳排放存在差异，但相比之下，核电作为清洁能源其碳排放量最小，污水处理厂在能源优化方面要尽量提高清洁能源使用比例。

6.4.2 污水处理低碳运行策略分析

1. 高耗能部分节能分析

粗、细格栅是污水进入污水处理厂后的第一道工序，格栅部分的正常工作是整个污水处理系统能够正常运行的首要前提。目前，大多数污水处理厂格栅的运行状态是全天不间断运行。但由于城镇污水处理厂进水量的不稳定性，夜间进水量逐渐减小，格栅工作负荷低，造成了很多能源的浪费。根据 6.4.1 节的调研，在水质净化厂每天处理水量比较稳定的情况下，可以考虑使用可编程逻辑控制器（PLC）进行控制，首先根据每日进水量规律，可以在夜间进水量变少的情况下调整格栅运行时间，如白天连续工作，夜间设置间隔 2h 工作 1h。或可调整格栅工作时间为间隔 1h 工作 1h，并且每隔半小时对格栅工作情况进行检查，确保没有卡、堵现象发生，这样既保证了格栅的正常工作，也可以减少格栅单元的用电量，从而减少碳排放。

污水处理厂提升泵通常是 24h 连续工作，并且设计是按照污水处理厂最大流量计算的，但在夜间污水处理厂进水量变小的情况下，水泵工作工况点不在高效工作范围内，工作效率不高，导致能源的浪费引起多余的碳排放。针对这种情况，在水泵运行过程中，可以采取变频调速的方法对水泵进行控制，根据水量变化改变水泵运行时的工况点，使其始终保持在高效范围内工作，从而达到节能的目的。此外，水泵的连续工作会使设备故障率提高，对污水处理厂的连续安全运行造成隐患。使用变频调速技术需要将控制水泵的阀门更换为变频器，这样做的好处是在自动控制情况下，水泵具有更好的可靠性和稳定性。

2. 污水处理厂碳减排途径分析

污水处理厂在运行过程中所造成的温室气体排放是不可忽视的，而随着我国社会经济、工业化和城镇化的发展，我国的污水处理量会不断上升，相应的污水处理所造成的温室气体排放量也会呈上升趋势。那么如何在污水处理量上升并且保证污水处理系统运行安全稳定的情况下做到温室气体减排就成为行业减排的重点。在分析了上述 15 个水质净化厂直接排放和间接排放后，针对城镇污水处理厂提出如下减排途径的建议：

（1）合理规划污水收集管网

在进行污水处理厂温室气体减排的过程中，污水输送管网的合理性也应该纳入考虑因素。目前我国城镇化进程的加快使城市边缘逐渐扩大，污水处理厂收纳范围也在不断扩张。在污水输送过程中过长的输送距离会使管网内产生的甲烷量增多，造成甲烷的无组织排放。所以需要提高污水管网的输送效率，对于家庭、工业等小型区域的污水处理需求，可以采用分散式收集进行就近处理，同时也有利于污水再生回用，也能减少长距离输送过程中产生的甲烷和能源消耗。

（2）合理控制工艺运行条件

污水处理过程中恰当的工艺运行条件控制是保证污水处理效果的第一要素，也是污水处理过程中温室气体排放的重要因素之一。

在污水处理系统的各部分能耗中，生物处理池的鼓风曝气系统能耗占比较大，鼓风曝气系统的能耗水平直接决定整个污水处理系统的能耗水平。精确曝气系统基于活性污泥数学模型和鼓风机-阀门联合控制原理，是降低曝气环节能耗、费用和保证出水水质达标的精确化控制系统。精确曝气系统通过实时监测流量、生物池溶解氧及其自身程序中的活性污泥模型对鼓风机进行实时反馈调节风机的转速和风量，实现曝气系统的节能降耗。上海桃浦污水处理厂通过对生化处理单元的精确曝气控制，实现了曝气系统能耗降低，能耗可节约 30.51% 左右。四川内江污水处理厂在对生物处理单元进行精确曝气后，系统运行稳定并且能耗降低了 10% 左右。

（3）合理选择污水处理工艺

对于不同的污水处理需求，应当选择不同的污水处理工艺。并且在温室气体排放已经确认造成全球气候变暖的情况下，温室气体排放应当成为污水处理厂设计考虑的一项重要影响因素。比如对于有机物含量高的污水可以采用厌氧方式来进行处理，收集处理过程中产生的沼气应进行利用，以减少甲烷排放的影响；对于村镇等污水处理量小的区域，可以采用人工生态湿地的处理工艺，在碳减排的同时增加植物碳汇。

6.5 本 章 小 结

本章首先介绍了水务系统碳排放审计与评估方法。碳排放审计主要有三种方法：排放因子法、质量平衡法和实测法。综合这三种方法，基于适用性、准确性、简易性等因素，完成了一项城市水务企业碳排放核算的 Excel 文件和方法。

本章提供了城市水系统碳排放的计算过程和参数设置。为了突出评估的重点，评估范围限定在供水单元、供水排水管网、污水处理单元（直接和间接）、污泥处理单元等。

本章介绍了对南方某水务集团进行碳排放评估的结果。从污水处理单元直接和间接排放、污泥单元、供水单元、管网单元等多环节进行核算后，发现 15 个水质净化厂的吨水碳排放量在 $0.5 \sim 0.9 kgCO_2/m^3$ 之间。

本章分析了南方某水务集团碳排放结果的影响因素。碳排放强度与处理工艺类型、处理规模等因素有关。从整体上看，电力消耗和药剂生产过程的间接碳排放占比很高，原因是水处理过程的药剂消耗量大、泵站和鼓风曝气系统的能耗高。这也提示了低碳运行的策略，比如选择低能耗新工艺、优化高耗能设备实现节能、优化控制提升效能、加强管网运行减少碳源漏损等。

第7章　南方某水务系统碳减排模拟与评估

7.1　碳减排的工艺模拟与优化方法

7.1.1　工艺模拟方法

对于实际水厂的碳排放，可以根据实际运行数据进行计算，得到水厂的实际碳排放数值。但对于工艺改进的目标场景以及概念工艺的碳排放，在较难或无法取得实际运行数据的情况下，利用工艺模拟软件简化数学模拟的过程，模拟相应进水条件和工艺条件下的出水状况和资源消耗，是重要的方法和手段之一。本章即基于工艺模拟软件 GPS-X 构建工艺模型，对实际运行条件、优化条件以及概念工艺进行模拟，计算不同工艺与条件下的碳减排潜力，增加对不同情景过程的对比，为全面的技术评估与工艺比选提供数据分析与支撑。

本章利用 GPS-X 软件进行工艺模拟（版本号 6.5.1，授权号 9-784，被授权人清华大学）。该软件由加拿大 Hydromantics 环境软件公司研制开发，能够对污水处理和污泥处理处置过程进行全面的描述和基本计算。污水进水条件、工艺构筑物类型设置、工艺构筑物参数设置、化学反应参数设置、水线泥线设置等均可在软件中进行修改。经过模型构建与模拟计算后，可以输出出水水质、污泥量等污水处理厂的对外输出，以及各构筑物的进出水水质、池内水质、能量消耗、运行成本及其他可计算出的变量，内容丰富完整。GPS-X 软件的建立模型界面如图 7-1 所示。

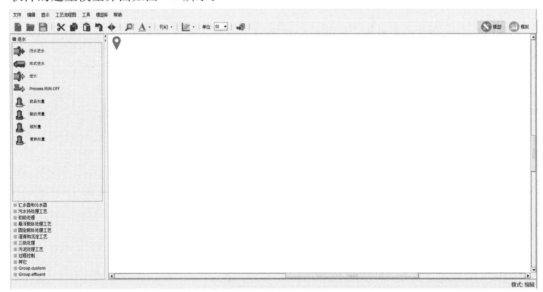

图 7-1　GPS-X 软件的建立模型界面

7.1.2　工艺模拟软件

在模型界面中，用户可以在左侧选择污水处理环节，并从中选择相应构筑物，拖拽至右侧界面即可。依次点击构筑物的出水口（排泥口）和下一个构筑物的输入口即可构建管道连接。通过鼠标滚轮可以实现右侧界面的放大和缩小。右键点击构筑物可以进行基本信息和参数的修改调整，包括设计参数、运行参数以及化学反应相关的参数等。在完成工艺模型构建后，即可通过点击右上角的"模拟"按键进入模拟界面，模拟界面如图7-2所示。

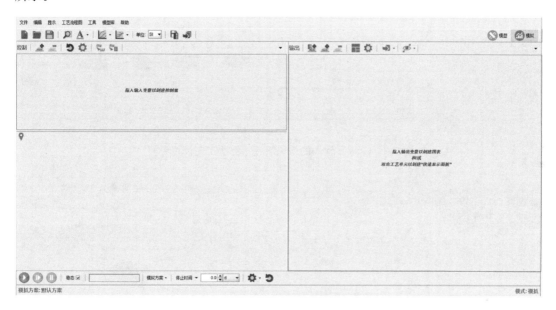

图 7-2　GPS-X 软件的模拟界面

在模拟界面中，左上角的区域用于控制输入变量，左下角的区域用于显示工艺流程（与模型界面的右侧图保持一致），右侧界面用于显示工艺模拟结果。右键点击左下角工艺流程中的构筑物，选择输入变量栏内的任意选项，即可进入相应的参数设置界面。在此界面选中某一变量并拖拽至左上角区域，则左上角区域内将显示该变量及数值设置框。可以通过此方法将需要改变的参数布置于左上角区域，方便进行参数修改。参数设置完毕后，通过点击左下区域左下方的开始键即可开始模拟。右侧进度条停留在100%时说明模拟结束，可以从右侧区域读取所需数据；右侧进度条若停留在小于100%的数字且左侧三个按键仅有暂停键为灰色，则说明经过软件设置的20000次模拟后，仍未达到稳态结果，输出值仅为相对最优值。

以软件自带的"流程图实例"中的"COD去除"过程为例，演示GPS-X模型构建后和模拟结果的界面。该工艺流程图掩饰了在推流式曝气池和二次沉淀池中去除COD的过程，具有污泥处置和旁路分流的选项。曝气池采用mantis2模型，沉淀池采用simple 1d模型。相应的GPS-X软件模型界面和模拟界面分别如图7-3和图7-4所示。

从模拟界面右侧的各标签中能够读出各构筑物丰富的运行模拟数据，通过这些数据可以实现对实际过程的估计，完成后续的评估与计算。

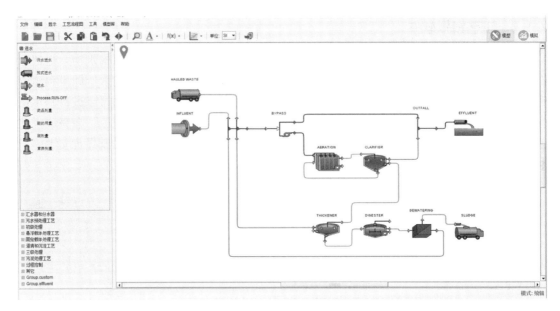

图 7-3　GPS-X 软件的传统活性污泥法工艺模型界面

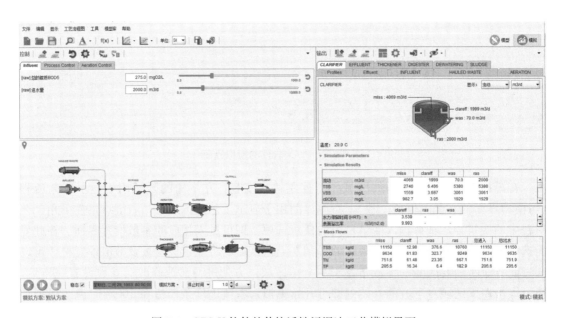

图 7-4　GPS-X 软件的传统活性污泥法工艺模拟界面

7.1.3　优化分析方法

根据 GPS-X 软件工艺模拟所得的参数与运行数据，可以完成对相应条件下工艺碳排放的估计，并通过综合评估指标体系完成进一步的评价，服务于最终的工艺比选。

将现有工艺流程、设计参数、运行参数、进水条件等编入 GPS-X 模型，可以通过模拟计算得到当前污水处理过程的出水结果、池内状况、运行成本等数据。将这些数据输入 6.1.4 节中的碳排放强度计算表格，即可得到现有工艺各环节的碳排放估计量。在合理范围内修改参数，或将工艺改进的目标参数输入 GPS-X 模型后，即可得到目标工艺条件下的相应数据，进而计算得出新条件下的碳排放估计量。通过类似的工作思路还可以得出不同工艺对于碳减排的影响，也能够在低成本的情况下得到概念工艺对于碳减排的大致影响。

本章将在 GPS-X 软件模拟工艺的基础上，比较实际运行参数下和参数调整条件下的输出变量对于碳排放的影响，以得到碳排放角度的工艺优化路线。同时比较不同工艺在相同进水条件和相似出水标准下碳排放的差异，进而从碳排放角度给出工艺比选的建议。

7.2　MBR 工艺模拟优化与碳减排评估

7.2.1　水质净化厂工艺概况

B 厂一期工程按照设计规模 10 万 m³/d 一次设计，设备安装规模为 5 万 m³/d。经过工艺比选，最终 B 厂计划在二级及深度处理工艺上采用 MBR 膜生物反应器，工艺流程如图 7-5 所示。

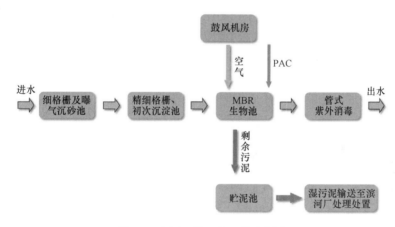

图 7-5　B 厂一期工程工艺流程图

B 厂一期工程设计进水水质参考 E 厂二期升级改造工程进水水质，结合 2013～2016 年实测进水水质和原二期升级改造设计进水水质考虑，E 厂的进水水质浓度有提高的趋势，综合考虑 B 厂一期工程进水水质如表 7-1 所示。

B 厂一期工程进水水质基本情况　　　　　　　　　　　　　　表 7-1

序号	水质指标	指标值（mg/L）
1	COD_{Cr}	500
2	SS	364
3	BOD_5	284
4	TN	49
5	NH_4^+-N	39
6	TP	7.5

结合当地治水提质的要求，污水排放标准参考现行国家标准《地表水环境质量标准》GB 3838—2002中Ⅳ类标准（TN除外）执行。具体标准如表 7-2 所示。

B 厂一期工程出水标准（部分指标） 表 7-2

序号	水质指标	指标值（mg/L）
1	COD_{Cr}	≤30
2	SS	≤10
3	BOD_5	≤6
4	TN	≤15
5	NH_4^+-N	≤1.5
6	TP	≤0.3
7	浊度	—
8	大肠杆菌（个/L）	1000

7.2.2 基准工艺模拟与碳排放

在 GPS-X 软件中构建 B 厂一期工程的流程模型，并根据设计说明设置相应参数，其中运行水量暂取 50000m³/d。模拟过程中根据 GPS-X 软件的功能限制和工艺本身的特点，进行了一定程度的简化。鼓风机房所提供的曝气量直接在 GPS-X 软件的 MBR 组件部分进行设置，未单独构建该构筑物。剩余污泥运输至 E 厂统一处理，因此工艺模型中不设污泥脱水以及其他污泥处理构筑物。流程模型如图 7-6 所示。

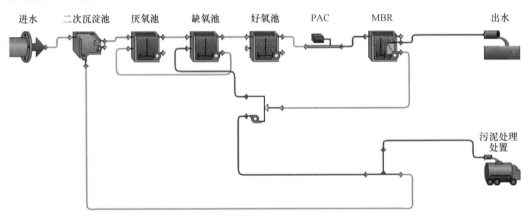

图 7-6　B 厂一期工程的 GPS-X 模型

各构筑物设计参数如表 7-3 所示。表中未涉及的参数为模拟中不需要输入或无法输入的参数，或是设计说明中查询不到的相关参数，取 GPS-X 软件自带默认值。

B 厂一期工程软件模拟所需构筑物基本参数 表 7-3

构筑物	参数	参数值
初次沉淀池	表面积（m²）	877.2
	水深（m）	3.8

续表

构筑物	参数	参数值
厌氧池	体积（m³）	2810
	池深（m）	7.25
缺氧池	体积（m³）	5212
	池深（m）	7.1
	混合液回流比（%）	100
好氧池	体积（m³）	17044
	池深（m）	7
	最大供气量（m³/h）	15855
膜池	体积（m³）	1656
	池表面积（m²）	309.53
	污泥回流比（%）	400
	最大供气量（m³/h）	28080
加药间	PAC（kg/d）	2500

（1）设计水质水量下的碳排放估算

利用设计水质水量进行模拟，将模拟运行所得结果输入6.1.4节中的碳排放强度估算表格，即可得到B厂一期工程在实际运行参数下的污水处理过程碳排放模拟值，如表7-4所示。处理1t污水的耗电量按照软件给出的估算值计算，并未考虑厂区运营等非处理过程电耗；污泥处理处置过程在E厂完成，暂时不计入计算过程，仅计算污水处理过程碳排放。

B厂一期工程实际运行参数下碳排放模拟值 表7-4

碳排放核算内容		单位	数值	碳排放量（kgCO₂/d）
厌氧处理过程 CO_2 的直接排放	厌氧生物池的进水流量 Q	m³/d	49990	151.1854922
	厌氧生物池进水 COD 浓度 $COD_{0,厌氧}$	mg/L	171.5	
	厌氧生物池出水 COD 浓度 $COD_{e,厌氧}$	mg/L	82.97	
	厌氧生物池 $HRT_{厌氧}$	d	0.028104167	
	厌氧生物池混合液的 $MLVSS_{厌氧}$	mg/L	7779	
好氧处理过程 CO_2 的直接排放	好氧生物反应池的进水流量 Q	m³/d	250000	2897.818349
	好氧生物反应池进水 COD_0	mg/L	19.95	
	好氧生物反应池出水 COD_e	mg/L	10.66	
	$y=MLVSS/MLSS$		0.098523748	
	好氧生物反应池 HRT	d	0.068166667	
	好氧生物反应池混合液的 MLVSS	mg/L	15350	

续表

碳排放核算内容		单位	数值	碳排放量（kgCO$_2$/d）
缺氧处理过程 N$_2$O 的直接排放	污水处理厂日处理量 Q	m^3/d	50000	872.0375
	入厂污水 TN 平均浓度 $\rho_{in,TN}$	mg/L	49	
	出厂污水 TN 平均浓度 $\rho_{out,TN}$	mg/L	8.995	
污水处理过程 CH$_4$ 的直接排放	污水处理厂日处理流量 Q	m^3/d	50000	55.57262
	污水处理厂进水 COD$_o$	mg/L	500	
	污水处理厂出水 COD$_e$	mg/L	7.628	
电力碳排放	污水日处理总量 W_{total}	m^3/d	50000	9503.486496
	处理 1m^3 污水的耗电量 S_e	kWh/m^3	0.3605952	
	当地电网排放因子	kgCO$_2$/kWh	0.5271	
药剂生产过程碳排放	聚合氯化铝消耗量	kg/d	6250	10125
CH$_4$ 间接排放	污水处理厂出水 COD 排放量	kg/d	380.2	225.15444
N$_2$O 间接排放	污水处理厂出水 TN 排放量	kg/d	448.3	1091.930714
运输过程碳排放	汽车百公里油耗 F	L/100km	38	92.752452
	运输距离	km/d	90	
	油品热值 q	MJ/L	36.6	
	燃料碳排放因子 f_u	g/MJ	74.1	
总计				53014.93806

由计算结果可知，在 GPS-X 软件模拟下 B 厂一期工程污水处理产生碳排放量约 53014.93806kgCO$_2$/d。该数值可用于后续工艺条件与参数改变时的碳排放比较，但并不适合作为精确的碳排放核算结果。

（2）实际参数下运行模拟与碳排放计算

为验证工艺模型及碳排放计算的准确性，取实际运行进水数据平均值进行工艺模拟，计算碳排放得到模拟值；取实际运行数据直接进行碳排放计算，得到实际值，比较模拟值与实际值以验证模型的准确性。实际运行进水水量平均值为 34760m^3/d，进水 COD 为 210mg/L，进水 TN 为 31.7mg/L。模拟值与实际值对比如表 7-5 所示。

B 厂一期工程碳排放模拟值与实际值对比　　　　　　　　　表 7-5

对比项目	进水水量 （m^3/d）	碳排放总量（不含污泥） （kgCO$_2$/d）	吨水碳排放量 （kgCO$_2$/m^3）
实际值	34749.67	29516.92	0.84941572
模拟值	34749.67	29018.74202	0.834831474

除去污泥外碳排放总量模拟值与实际值相对接近，说明模型模拟准确性较好，可以通过模型进行下一步参数修改过程的模拟计算。

7.2.3 优化分析与碳减排评估

1. HRT调整

在设计上，厌氧池、缺氧池、好氧池、膜池的池容能够对HRT产生影响；在实际运行中，处理水量的变化也会引起HRT在短时间内的不同。在软件模拟中，从这两个角度分别修改HRT进行碳排放的模拟计算。

（1）池容变化影响HRT

初始设计参数中，厌氧池、缺氧池、好氧池和膜池的池容分别为2810m^3、5212m^3、17044m^3和1656m^3，比例约为1:1.85:6.07:0.59。在保持四池体积比例基本不变的情况下将设计池容适当扩大与缩小，计算碳排放量，结果如表7-6所示。出水水质、COD和TN的排放量如表7-7所示。

B厂一期工程等比例修改池容后碳排放量估算值　　　　　　　　　　表7-6

修改倍数	厌氧池池容(m^3)	厌氧池HRT(h)	缺氧池池容(m^3)	缺氧池HRT(h)	好氧池池容(m^3)	好氧池HRT(h)	膜池池容(m^3)	膜池HRT(h)	碳排放量($kgCO_2/d$)	吨水碳排放量($kgCO_2/m^3$)
0.25	702.5	0.1686	1303	0.1042	4261	0.4091	414	0.03975	50233.24	1.0047
0.5	1405	0.3372	2606	0.2085	8522	0.8181	828	0.07949	51197.03	1.0239
1	2810	0.6745	5212	0.4170	17044	1.636	1656	0.1590	53014.94	1.0603
1.5	4215	1.012	7818	0.6255	25566	2.454	2484	0.2385	54674.25	1.0935
2	5620	1.349	10424	0.8339	34088	3.273	3312	0.3180	56392.18	1.1278
3	8430	2.023	15636	1.251	51132	4.909	4968	0.4769	59704.20	1.1941
4	11240	2.698	20848	1.668	68176	6.545	6624	0.6359	62817.30	1.2563

B厂一期工程等比例修改池容后出水情况　　　　　　　　　　表7-7

修改倍数	厌氧池HRT(h)	缺氧池HRT(h)	好氧池HRT(h)	膜池HRT(h)	出水COD浓度(mg/L)	出水COD排放量(kg/d)	出水TN浓度(mg/L)	出水TN排放量(kg/d)
0.25	0.1686	0.1042	0.4091	0.03975	8.583	427.8	10.65	530.8
0.5	0.3372	0.2085	0.8181	0.07949	8.549	426.1	9.045	450.8
1	0.6745	0.4170	1.636	0.1590	7.628	380.2	8.995	448.3
1.5	1.012	0.6255	2.454	0.2385	7.846	391.1	8.720	434.6
2	1.349	0.8339	3.273	0.3180	7.534	375.6	8.820	439.6
3	2.023	1.251	4.909	0.4769	7.416	369.6	8.731	435.2
4	2.698	1.668	6.545	0.6359	7.112	354.4	8.758	436.5

由表7-6和表7-7可知，在池容等比例倍数修改条件下，随着池容和HRT的升高，出水COD浓度整体有下降趋势；池容过小时出水TN浓度明显偏高，池容达到设计上下限时出水TN浓度变化幅度不明显。如图7-7所示。

随着池容和HRT的升高，碳排放量计算值呈增加的趋势，如图7-8所示。相应吨水碳排放量计算值同样呈增加趋势。各部分碳排放分项中，厌氧过程的CO_2直接排放、好

氧过程的 CO_2 直接排放和全过程的 CH_4 直接排放有所升高，全过程的 CH_4 间接排放有所降低。除去池容过低时出水总氮过高的情况之外，缺氧过程的 N_2O 直接排放和全程 N_2O 间接排放变化不明显。

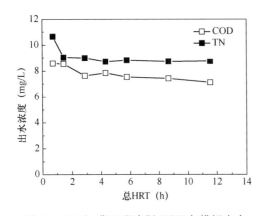

图 7-7　B 厂一期工程实际 HRT 与模拟出水
水质的关系

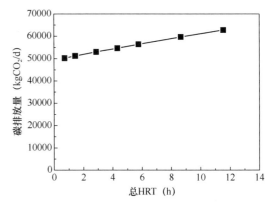

图 7-8　B 厂一期工程 HRT 变化下的碳排放量
计算值

（2）进水水量变化影响 HRT

B 厂一期工程设计处理水量为 10 万 m^3/d，一期设备可处理水量为 5 万 m^3/d。在一期设备可处理水量 0.5 倍至一期工程设计总水量 1.5 倍的范围内，即在 2.5 万 m^3/d 至 15 万 m^3/d 之间取整进行计算，并通过相应模拟结果计算碳排放量，结果如表 7-8 所示。出水水质、COD 和 TN 的排放量如表 7-9 所示。

B 厂一期工程等比例修改进水水量后碳排放量估算值　　　　表 7-8

修改倍数	进水水量（m^3/d）	厌氧池 HRT（h）	缺氧池 HRT（h）	好氧池 HRT（h）	膜池 HRT（h）	生物处理池总 HRT（h）	碳排放量（$kgCO_2/d$）	吨水碳排放量（$kgCO_2/m^3$）
0.5	25000	1.3490	0.8340	3.2730	0.3180	5.7740	28532.85426	1.141314170
0.7	35000	0.9636	0.5957	2.3380	0.2271	4.1244	38344.52353	1.095557815
0.9	45000	0.7494	0.4633	1.8180	0.1766	3.2073	48019.34938	1.067096653
1	50000	0.6745	0.4170	1.6360	0.1590	2.8865	53014.93806	1.060298761
1.3	65000	0.5188	0.3207	1.2590	0.1223	2.2208	69356.12505	1.067017308
1.5	75000	0.4496	0.2780	1.0910	0.1060	1.9246	79755.26779	1.063403571
2	100000	0.3372	0.2085	0.8181	0.0795	1.4433	106125.6678	1.061256678
3	150000	0.2248	0.1390	0.5454	0.0530	0.9622	156691.3656	1.044609100

B 厂一期工程等比例修改进水水量后出水情况　　　　表 7-9

修改倍数	进水水量（m^3/d）	生物处理池总 HRT（h）	出水 COD 浓度（mg/L）	出水 COD 排放量（kg/d）	出水 TN 浓度（mg/L）	出水 TN 排放量（kg/d）
0.5	25000	5.7740	5.930	147.3	8.745	217.2
0.7	35000	4.1244	6.619	230.6	8.844	308.1

续表

修改倍数	进水水量 （m³/d）	生物处理池总 HRT （h）	出水 COD 浓度 （mg/L）	出水 COD 排放量 （kg/d）	出水 TN 浓度 （mg/L）	出水 TN 排放量 （kg/d）
0.9	45000	3.2073	7.296	327.1	8.944	401.1
1	50000	2.8865	7.628	380.2	8.995	448.3
1.3	65000	2.2208	8.587	556.8	9.127	591.8
1.5	75000	1.9246	9.245	691.9	9.212	689.5
2	100000	1.4433	10.83	1081	9.379	936.4
3	150000	0.9622	13.79	2067	9.684	1451

随着进水水量逐渐增大，各生物处理池的 HRT 以相应的比例逐渐减小。出水 COD 和 TN 浓度均随 HRT 的升高而逐渐下降，出水 TN 浓度变化幅度相对较小。如图 7-9 所示。

随着进水水量的增大和 HRT 的下降，出水碳排放量估算值逐渐上升，变化趋势基本 与进水水量变化趋势持平，如图 7-10 所示。吨水碳排放量在水量过低时较高，在水量过 高时较低，其余情况下变化较小。分项碳排放方面，全部分项均受水量变化影响而呈上升 趋势。

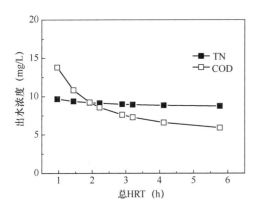

图 7-9 B 厂一期工程进水水量和 HRT 变化下 模拟出水水质变化情况

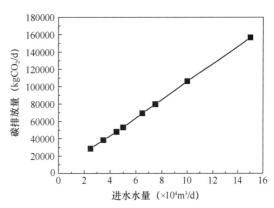

图 7-10 B 厂一期工程进水水量和 HRT 变化下 碳排放量计算值

转化为吨水平均数据后，随着进水水量逐渐增大，电力碳排放明显降低，全程 CH₄ 间接排放显著增大，其余过程变化较小。

2. 加药量调整

为提高过滤效果，采用微絮凝过滤工艺，二次沉淀池出水在进入砂滤池前经快速混 合池投加 PAC。初始工况计算时按照 1.97gCl/gAl 的氯铝比率计算，浓度基准按照 25gAl/m³ 计算。调整时在 0～75gAl/m³ 范围内选取数值（此时出水水质已趋于稳定）， 相应工况模拟与碳排放量计算结果如表 7-10 所示。出水水质、COD 和 TN 的排放量如 表 7-11 所示。

B厂一期工程修改加药量后碳排放量估算值 表 7-10

加药量（gAL/m³）	碳排放量（kgCO₂/d）	吨水碳排放量（kgCO₂/m³）
0	42320.87580	0.846417516
15	49085.73947	0.981714789
20	51268.97505	1.025379501
25	53014.93806	1.060298761
30	55416.68630	1.108333726
45	61573.29307	1.231465861
60	67677.72789	1.353554558
75	73753.17540	1.475063508

B厂一期工程修改加药量后出水情况 表 7-11

加药量 (gAl/m³)	出水 COD 浓度 (mg/L)	出水 COD 排放量 (kg/d)	出水 TN 浓度 (mg/L)	出水 TN 排放量 (kg/d)	出水 TP 浓度 (mg/L)
0	29.07	1449	10.20	508.3	1.149
15	11.87	591.7	9.322	464.6	0.4263
20	9.078	452.5	9.120	454.6	0.3989
25	7.628	380.2	8.995	448.3	0.3866
30	6.789	338.4	8.919	444.5	0.3769
45	5.454	271.8	8.852	441.2	0.3620
60	4.737	236.1	8.816	439.4	0.3527
75	4.731	235.8	8.815	439.3	0.3503

随着加药量从 0 开始逐渐增加，出水 COD、TN 和 TP 浓度均逐渐下降且幅度逐渐平缓。加药量为 0 时三项指标显著偏高，其余情况相对平缓。如图 7-11 所示。

碳排放量以近似线性的趋势稳定上升，如图 7-12 所示。各分项中厌氧过程 CO_2 直接排放、好氧过程 CO_2 直接排放、缺氧过程 N_2O 直接排放、全程 CH_4 直接排放均逐渐上升，且上升幅度逐渐变缓，直至平稳。药剂碳排放随药剂量的增加呈线性上升趋势；全程 CH_4 和 N_2O 间接排放逐渐下降，且变化趋势逐渐变缓。碳排放量的变化主要体现在药剂碳排放本身的变化。

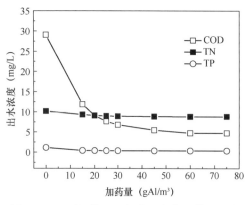

图 7-11 B厂一期工程加药量变化下模拟出水
水质变化情况

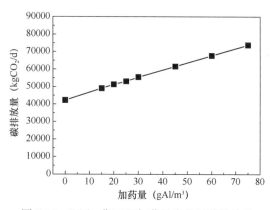

图 7-12 B厂一期工程加药量变化下碳排放量
计算值

3. 曝气量调整

根据设计说明，好氧池与膜池均需要进行曝气工作，且曝气量有所区别。因此就两池曝气量改变分别进行讨论。

（1）好氧池曝气量调整

初始工艺模拟条件中设置好氧池溶解氧浓度为 $2mgO_2/L$。调整时扩大范围，在 $0.1mgO_2/L$ 至 $8mgO_2/L$ 内取参数模拟。相应碳排放量计算结果如表 7-12 所示。出水水质、COD 和 TN 的排放量如表 7-13 所示。

B 厂一期工程修改好氧池曝气量后碳排放量估算值 表 7-12

好氧池溶解氧浓度 （mgO_2/L）	碳排放量 （$kgCO_2/d$）	吨水碳排放量 （$kgCO_2/m^3$）
0.1	50199.49457	1.003989891
0.5	51959.46581	1.039189316
1	52287.43574	1.045748715
2	53014.93806	1.060298761
3	53893.86501	1.077877300
4	55083.98126	1.101679625
6	58978.88383	1.179577677
8	67924.24822	1.358484964

B 厂一期工程修改好氧池曝气量后出水情况 表 7-13

好氧池溶解氧浓度 （mgO_2/L）	出水 COD 浓度 （mg/L）	出水 COD 排放量 （kg/d）	出水 TN 浓度 （mg/L）	出水 TN 排放量 （kg/d）
0.1	12.03	599.4	1.015	50.57
0.5	8.812	439.2	3.714	185.1
1	8.223	409.8	6.587	328.3
2	7.628	380.2	8.995	448.3
3	7.913	394.4	8.862	441.7
4	7.891	393.3	9.177	457.4
6	7.869	392.2	9.500	473.5
8	7.851	391.3	9.628	479.8

由模拟结果和计算结果可知，随着好氧池曝气量的增加，出水 COD 浓度显著降低，TN 浓度升高。在溶解氧浓度达到 $2mgO_2/L$ 前，出水水质变化幅度较大，达到 $2mgO_2/L$ 后出水水质达到稳定。出水 COD 和 TN 浓度变化情况如图 7-13 所示。

随着好氧池曝气量的增加，碳排放量计算值逐渐升高，且在溶解氧溶度偏高时上升幅度更大。碳排放各分项同样在变化后趋于平稳。溶解氧浓度相对偏低时，好氧过程 CO_2 直接排放、全程 CH_4 间接排放、缺氧过程 N_2O 直接排放降低，厌氧过程 CO_2 直接排放、全程 CH_4 直接排放、N_2O 间接排放和电力碳排放升高。碳排放量变化情况如图 7-14 所示。

在计算过程中，吨水消耗电量按照软件所得数值计算，厂区内非处理过程所导致的电耗并未计算在其中。

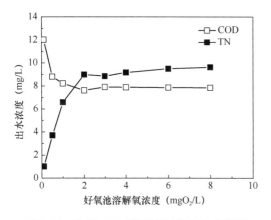

图 7-13　B厂一期工程好氧池曝气量变化下模拟出水水质变化情况

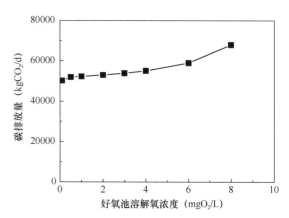

图 7-14　B厂一期工程好氧池曝气量变化下碳排放量计算值

（2）膜池曝气量调整

初始工艺模拟条件中设置膜池溶解氧浓度为 2mgO₂/L。调整时扩大范围，在 0.1mgO₂/L 至 8mgO₂/L 内取参数模拟。相应碳排放量计算结果如表 7-14 所示。出水水质、COD 和 TN 的排放量如表 7-15 所示。

B厂一期工程修改膜池曝气量后碳排放量估算值　　　　表 7-14

膜池溶解氧浓度（mgO₂/L）	碳排放量（kgCO₂/d）	吨水碳排放量（kgCO₂/m³）
0.1	52886.72025	1.057734405
0.5	52879.99881	1.057599976
1	52899.74354	1.057994871
2	53014.93806	1.060298761
3	53331.42551	1.066628510
4	53507.07497	1.070141499
6	54169.48727	1.083389745
8	56205.73150	1.124114630

B厂一期工程修改膜池曝气量后出水情况　　　　表 7-15

膜池溶解氧浓度（mgO₂/L）	出水 COD 浓度（mg/L）	出水 COD 排放量（kg/d）	出水 TN 浓度（mg/L）	出水 TN 排放量（kg/d）
0.1	8.264	411.9	7.191	358.4
0.5	8.114	404.4	7.971	397.3
1	8.033	400.4	8.206	409.0
2	7.628	380.2	8.995	448.3
3	7.598	378.7	8.923	444.7

膜池溶解氧浓度 （mgO₂/L）	出水 COD 浓度 （mg/L）	出水 COD 排放量 （kg/d）	出水 TN 浓度 （mg/L）	出水 TN 排放量 （kg/d）
4	7.588	378.2	8.830	440.1
6	7.563	376.9	8.629	430.1
8	7.546	376.1	8.439	420.6

由模拟结果和计算结果可知，膜池曝气量在一定范围内逐渐变大的过程中，生物处理效果变化不明显，出水 COD 浓度略有降低，TN 浓度略有升高后回落。出水 COD 和 TN 浓度变化情况如图 7-15 所示。

随着膜池曝气量的增加，碳排放量始终保持升高趋势，但变化幅度较小，如图 7-16 所示。各碳排放分项变化幅度同样较小。

在计算过程中，吨水消耗电量按照软件所得数值计算，厂区内非处理过程所导致的电耗并未计算在其中。

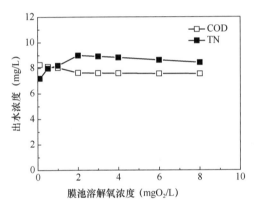

图 7-15　B 厂一期工程膜池曝气量变化下模拟出水水质变化情况

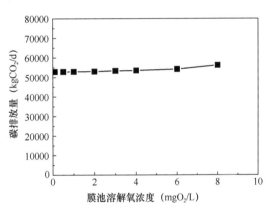

图 7-16　B 厂一期工程膜池曝气量变化下碳排放量计算值

7.3　AAO 工艺模拟优化与碳减排评估

7.3.1　水质净化厂工艺概况

21 世纪初，随着城市的快速开发建设，E 厂所在地已成为城市中心地带，周边已建成住宅区和商业区。由于进厂污水浓度高于原设计值以及出水水质要求的提高，早期建设的一些污水处理设施、出水水质、厂区环境标准等已经不能满足要求。按照当地政府有关部门的要求，南方某水务集团决定对 E 厂进行改造，达到提高 E 厂出水水质、改善厂区周边环境的目的。改造工程分两部分进行：原一期、二期工程拆除，新建 18 万 m³/d 处理能力的工程；原三期工程改造为 12 万 m³/d 处理能力。本节 AAO 工艺模拟以原一期、二期工程拆除后的新建工程为参考进行。

新建工程进水主要来自城区，设计参考进水水质基本情况如表 7-16 所示。碱度取设计期测量值，为 196mg/L。

E 厂 2007 年新建工程进水水质基本情况   表 7-16

序号	水质指标	指标值（mg/L）
1	COD_{Cr}	463.66
2	SS	205.66
3	BOD_5	203.29
4	TN	43.28
5	NH_4^+-N	34.4
6	TP	4.73
7	PO_4^{3-}/TP	63%

出水水质执行《城镇污水处理厂污染物排放标准》GB 18918—2002 一级 A 标准，部分指标如表 7-17 所示。

E 厂 2007 年新建工程出水标准（部分指标）   表 7-17

序号	水质指标	指标值（mg/L）
1	COD_{Cr}	≤50
2	SS	≤10
3	BOD_5	≤10
4	TN	≤15
5	NH_4^+-N	≤5
6	TP	≤0.5
7	浊度	—
8	大肠杆菌（个/L）	1000

E 厂 2007 年新建工程采用 AAO 二级生物处理工艺，深度处理选用微絮凝过滤工艺。工艺流程如图 7-17 所示。

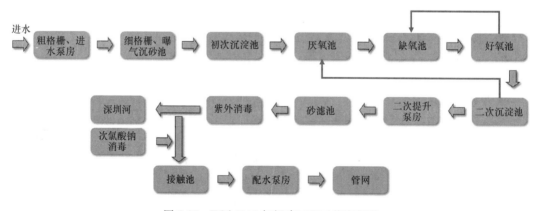

图 7-17 E 厂 2007 年新建工程工艺流程图

7.3.2 基准工艺模拟与碳排放

在 GPS-X 软件中构建 E 厂 2007 年新建工程的流程模型，并根据设计说明设置相应参数。流程模型如图 7-18 所示。

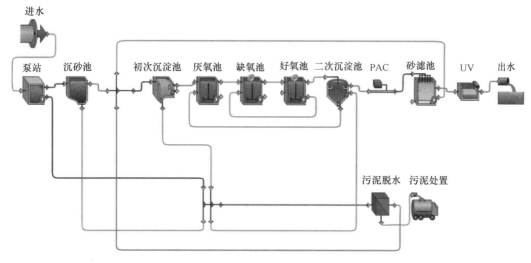

图 7-18 E 厂 2007 年新建工程的 GPS-X 模型

模拟过程中根据 GPS-X 软件的功能限制，进行了一定程度的简化。由于 GPS-X 软件无法模拟给水处理过程，因此原工艺流程中部分经消毒和接触池处理后进入供水管网的部分被省略，统一归入河流出水。

各构筑物设计参数如表 7-18 所示。表中未涉及的参数为模拟中不需要输入或无法输入的参数，或是设计说明中查询不到的相关参数，取 GPS-X 软件自带默认值。

E 厂 2007 年新建工程软件模拟所需构筑物基本参数　　　　表 7-18

构筑物	参数	参数值
初次沉淀池	表面积（m²）	3640.4
	水深（m）	3.5
厌氧池	体积（m³）	11180
	池深（m³）	8.6
缺氧池	体积（m³）	31476
	池深（m）	8.6
好氧池	体积（m³）	59770
	池深（m）	8.6
	内回流比（%）	300
二次沉淀池	表面积（m²）	11328
	水深（m）	4
	底流循环（%）	33.33
加药间	PAC（gAl/m³）	30

进水水质取设计值，将模拟运行所得结果输入 6.1.4 节中的碳排放强度估算表格，即可得到 E 厂 2007 年新建工程在实际运行参数下的污水处理过程碳排放模拟值，如表 7-19 所示。污泥处置过程在设计说明中并未提及，暂时按照运输填埋的方式计算。

E 厂 2007 年新建工程实际运行参数下碳排放模拟值　　　　表 7-19

碳排放核算内容			单位	数值	碳排放量 ($kgCO_2/d$)
污水处理单元	厌氧处理过程 CO_2 的直接排放	厌氧生物池的进水流量 Q	m^3/d	187100	516.4801482
		厌氧生物池进水 COD 浓度 $COD_{o,厌氧}$	mg/L	246.1	
		厌氧生物池出水 COD 浓度 $COD_{e,厌氧}$	mg/L	151.2	
		厌氧生物池 $HRT_{厌氧}$	d	0.04525	
		厌氧生物池混合液的 $MLVSS_{厌氧}$	mg/L	1510	
	好氧处理过程 CO_2 的直接排放	好氧生物反应池的进水流量 Q	m^3/d	787100	3146.02198
		好氧生物反应池进水 COD_o	mg/L	54.94	
		好氧生物反应池出水 COD_e	mg/L	27.69	
		$y=MLVSS/MLSS$		0.52458	
		好氧生物反应池 HRT	d	0.07625	
		好氧生物反应池混合液的 MLVSS	mg/L	1494	
	缺氧处理过程 N_2O 的直接排放	污水处理厂日处理量 Q	m^3/d	180000	15681.71314
		入厂污水 TN 平均浓度 $\rho_{in,TN}$	mg/L	43.28	
		出厂污水 TN 平均浓度 $\rho_{out,TN}$	mg/L	7.512	
	污水处理过程 CH_4 的直接排放	污水处理厂日处理流量 Q	m^3/d	180000	77481.9142
		污水处理厂进水 COD_o	mg/L	463.7	
		污水处理厂出水 COD_e	mg/L	23.17	
	电力碳排放	污水日处理总量 W_{total}	m^3/d	180000	26266.40503
		处理 $1m^3$ 污水的耗电量 S_e	kWh/m^3	0.27684	
		当地电网排放因子	$kgCO_2/kWh$	0.5271	
	药剂生产过程碳排放	聚合氯化铝消耗量	kg/d	5506	8919.72
	CH_4 间接排放	污水处理厂出水 COD 排放量	kg/d	4168	2468.2896
	N_2O 间接排放	污水处理厂出水 TN 排放量	kg/d	1351	3290.65
	运输过程碳排放	汽车百公里油耗 F	L/100km	38	92.752452
		运输距离	km/d	90	
		油品热值 q	MJ/L	36.6	
		燃料碳排放因子 f_u	g/MJ	74.1	
污泥处理单元	堆肥过程 GHG 排放	堆肥污泥质量 $M_{堆肥}$	kg/d	41680	5569.2816
		污泥堆肥过程 N_2O 排放因子 EF_{N_2O}	gN_2O/kg	0.3	
总计					143611.845

由计算结果可知，在 GPS-X 软件模拟下 E 厂 2007 年新建工程污水处理和污泥处理单元共产生碳排放量约 143611.845kgCO$_2$/d。该数值可用于后续工艺条件与参数改变时的碳排放比较，但并不适合作为精确的碳排放核算结果。

7.3.3 优化分析与碳减排评估

为从碳排放角度实现工艺优化，在 GPS-X 构建 E 厂 2007 年新建工程模型的基础上，修改部分参数或工艺条件从而得到不同工况下的模拟数据，进而计算得到相同工艺不同场景下的碳排放量估算值与碳减排潜力。

1. HRT 调整

在设计上，厌氧池、缺氧池、好氧池的池容能够对 HRT 产生影响；在实际运行中，处理水量的变化也会引起 HRT 在短时间内的不同。在软件模拟中，从这两个角度分别修改 HRT 进行碳排放的模拟计算。

（1）池容变化影响 HRT

初始设计参数中，厌氧池、缺氧池和好氧池的池容分别为 11180m^3、31476m^3 和 59770m^3，比例约为 1：2.82：5.35。在保持三池体积比例基本不变的情况下将设计池容适当扩大与缩小，计算碳排放量，结果如表 7-20 所示。出水水质、COD 和 TN 的排放量如表 7-21 所示。

E 厂 2007 年新建工程等比例修改池容后碳排放量估算值 表 7-20

修改倍数	厌氧池池容（m^3）	厌氧池HRT（h）	缺氧池池容（m^3）	缺氧池HRT（h）	好氧池池容（m^3）	好氧池HRT（h）	碳排放量（kgCO$_2$/d）	吨水碳排放量（kgCO$_2$/m^3）
0.25	2795	0.2714	7869	0.2399	14942.5	0.4556	127351.7107	0.707509504
0.5	5590	0.5429	15738	0.4799	29885	0.9112	137219.9994	0.762333330
1	11180	1.086	31476	0.9597	59770	1.830	143611.8450	0.797843583
1.5	16770	1.629	47214	1.440	89655	2.734	147190.5579	0.817725322
2	22360	2.171	62952	1.919	119540	3.645	150205.6208	0.834475671
3	33540	3.257	94428	2.879	179310	5.467	154385.6184	0.857697880
4	44720	4.343	125904	3.839	239080	7.290	159174.8994	0.884304997

E 厂 2007 年新建工程等比例修改池容后出水情况 表 7-21

修改倍数	生物处理池总HRT（h）	出水 COD 浓度（mg/L）	出水 COD 排放量（kg/d）	出水 TN 浓度（mg/L）	出水 TN 排放量（kg/d）
0.25	0.9669	66.68	11990	30.14	5421
0.5	1.9340	37.41	6728	9.381	1687
1	3.8757	23.17	4168	7.512	1351
1.5	5.803	22.74	4089	7.599	1367
2	7.735	22.49	4045	7.707	1386
3	11.603	22.09	3973	7.927	1426
4	15.472	21.81	3922	8.097	1456

在几种 HRT 的倍数修改中, 0.25 倍的池容和 HRT 会导致出水 COD 和 TN 浓度严重高于标准限值。由表 7-20 和表 7-21 可知, 在其余的倍数修改条件下, 随着池容和 HRT 的升高, 出水 COD 浓度略有下降, TN 浓度略有上升, 变化均不明显。如图 7-19 所示。

随着池容的降低和 HRT 的升高, 碳排放量呈增加趋势, 如图 7-20 所示。各部分碳排放分项中, 好氧过程 CO_2 直接排放升高和污泥处理间接排放降低较为明显, 其余分项变化较小。

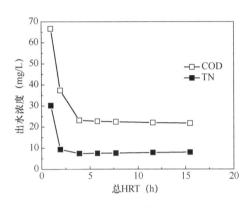

图 7-19　E 厂 2007 年新建工程池容变化下　　图 7-20　E 厂 2007 年新建工程池容变化下碳排放量
模拟出水水质变化情况　　　　　　　　　　　计算值

(2) 进水水量变化影响 HRT

E 厂 2007 年新建工程设计处理水量为 18 万 m^3/d, 总变化系数为 1.3。在设计处理水量 0.7~1.3 倍的范围内取整进行计算, 并通过相应模拟结果计算碳排放量, 结果如表 7-22 所示。出水水质、COD 和 TN 的排放量如表 7-23 所示。

E 厂 2007 年新建工程等比例修改进水水量后碳排放量估算值　　　　　　　表 7-22

修改倍数	进水水量 (m^3/d)	厌氧池 HRT (h)	缺氧池 HRT (h)	好氧池 HRT (h)	生物处理池总 HRT (h)	碳排放量 ($kgCO_2/d$)	吨水碳排放量 ($kgCO_2/m^3$)
0.7	126000	1.542	1.058	2.009	4.609	101720.9856	0.8073
0.8	144000	1.352	1.023	1.943	4.318	115682.8504	0.8034
0.9	162000	1.205	0.9904	1.881	4.0764	129649.7587	0.8003
1	180000	1.086	0.9597	1.822	3.8677	143611.8450	0.7978
1.1	198000	0.9883	0.9309	1.768	3.6872	156993.8014	0.7929
1.2	216000	0.9069	0.9038	1.716	3.5267	168210.5188	0.7788
1.3	234000	0.8379	0.8782	1.668	3.3841	179336.7477	0.7664

E 厂 2007 年新建工程等比例修改进水水量后出水情况　　　　　　　表 7-23

修改倍数	进水水量 (m^3/d)	生物处理池总 HRT (h)	出水 COD 浓度 (mg/L)	出水 COD 排放量 (kg/d)	出水 TN 浓度 (mg/L)	出水 TN 排放量 (kg/d)
0.7	126000	4.609	22.66	2852	7.496	943.5
0.8	144000	4.318	22.83	3285	7.501	1079
0.9	162000	4.0764	23.00	3723	7.507	1215

续表

修改倍数	进水水量 （m³/d）	生物处理池总 HRT （h）	出水 COD 浓度 （mg/L）	出水 COD 排放量 （kg/d）	出水 TN 浓度 （mg/L）	出水 TN 排放量 （kg/d）
1	180000	3.8677	23.17	4168	7.512	1351
1.1	198000	3.6872	28.01	5542	7.802	1544
1.2	216000	3.5267	47.64	10280	8.997	1942
1.3	234000	3.3841	64.70	15130	10.05	2351

随着进水水量逐渐增大，各生物处理池的 HRT 以相应的比例逐渐减小。出水 COD 和 TN 浓度随进水水量的变化趋势如图 7-21 所示。出水碳排放量估算值逐渐上升，变化趋势基本与进水水量变化趋势持平，如图 7-22 所示。分项碳排放方面，各分项均呈上升趋势，吨水碳排放量逐渐下降。

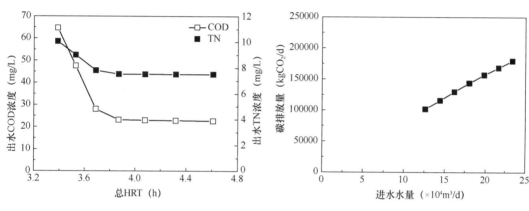

图 7-21　E 厂 2007 年新建工程进水水量和 HRT 变化下模拟出水水质变化情况　　图 7-22　E 厂 2007 年新建工程进水水量和 HRT 变化下碳排放量计算值

2. 加药量调整

为提高过滤效果，采用微絮凝过滤工艺，二次沉淀池出水在进入砂滤池前经快速混合池投加 PAC。初始工况计算时按照 1.97gCl/gAl 的氯铝比率计算，浓度基准按照 30gAl/m³ 计算。调整时在 0～65gAl/m³ 范围内选取数值（加药量过高将造成出水水质下降），进行相应工况模拟与碳排放量计算，结果如表 7-24 所示。出水水质、COD 和 TN 的排放量如表 7-25 所示。

E 厂 2007 年新建工程修改加药量后碳排放量估算值　　表 7-24

加药量（gAl/m³）	碳排放量（kgCO₂/d）	吨水碳排放量（kgCO₂/m³）
0	131665.3363	0.7315
10	135709.7827	0.7539
20	139684.6050	0.7760
30	143611.8450	0.7978
45	145516.0303	0.8084
60	146841.8684	0.8158
65	147564.7690	0.8198

E 厂 2007 年新建工程修改加药量后出水情况 表 7-25

加药量 （gAl/m³）	出水 COD 浓度 （mg/L）	出水 COD 排放量 （kg/d）	出水 TN 浓度 （mg/L）	出水 TN 排放量 （kg/d）	出水 TP 浓度 （mg/L）
0	30.06	5408	8.161	1468	2.047
10	27.75	4991	8.049	1448	1.389
20	25.45	4577	7.802	1403	0.9389
30	23.17	4168	7.512	1351	0.7722
45	22.27	4005	7.468	1343	0.7224
60	26.32	4734	7.723	1389	0.7651
65	35.27	6344	8.276	1489	0.9102

随着加药量从 0 开始逐渐增加，出水 COD、TN 和 TP 浓度均呈下降趋势，加药量过高时有反弹；碳排放量以近似线性的趋势略有上升，分别如图 7-23 和图 7-24 所示。各分项中好氧过程 CO_2 直接排放、污泥处理碳排放逐渐上升；全程 CH_4 间接排放逐渐下降，且加药量高时有反弹。

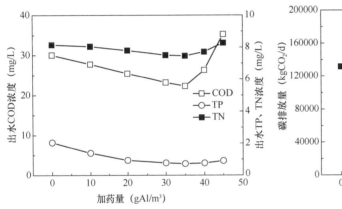

图 7-23　E 厂 2007 年新建工程加药量变化下模拟出水水质变化情况　　图 7-24　E 厂 2007 年新建工程加药量变化下碳排放量计算值

加药量在 0~45gAl/m³ 范围内时，出水 COD、TN 和 TP 浓度随加药量的增加而下降；在加药量超过 45gAl/m³ 后，出水 COD、TN 和 TP 浓度都有明显的上升，表明过量加药会影响正常的生物处理过程，降低出水水质。

3. 好氧池曝气量调整

初始工艺模拟条件中设置好氧池溶解氧浓度为 $2mgO_2/L$。调整时扩大范围，在 $0.1mgO_2/L$ 至 $8mgO_2/L$ 内取参数模拟。相应碳排放量计算结果如表 7-26 所示。出水水质、COD 和 TN 的排放量如表 7-27 所示。

E 厂 2007 年新建工程修改好氧池曝气量后碳排放量估算值 表 7-26

好氧池溶解氧浓度（mgO_2/L）	碳排放量（$kgCO_2/d$）	吨水碳排放量（$kgCO_2/m³$）
0.1	132907.9350	0.7384
0.5	140833.8855	0.7824
1	141925.2799	0.7885

续表

好氧池溶解氧浓度（mgO$_2$/L）	碳排放量（kgCO$_2$/d）	吨水碳排放量（kgCO$_2$/m^3）
2	143611.8450	0.7978
4	148814.4362	0.8267
6	158060.3126	0.8781
8	178404.1991	0.9911

E厂2007年新建工程修改好氧池曝气量后出水情况　　　　表7-27

好氧池溶解氧浓度 （mgO$_2$/L）	出水COD浓度 （mg/L）	出水COD排放量 （kg/d）	出水TN浓度 （mg/L）	出水TN排放量 （kg/d）
0.1	34.65	6232	32.54	5852
0.5	25.88	4655	3.400	611.5
1	24.74	4450	5.538	996.1
2	23.17	4168	7.512	1351
4	22.65	4074	8.057	1449
6	22.34	4018	8.141	1464
8	22.08	3972	8.108	1458

由模拟结果和计算结果可知，当曝气量较小时，生物处理效果明显降低，出水水质差，当溶解氧浓度为0.1mgO$_2$/L时出水COD和TN均不达标。曝气量足够后，随着溶解氧浓度升高，出水COD浓度逐渐降低，TN浓度逐渐升高。出水COD和TN浓度变化情况如图7-25所示。

随着好氧池溶解氧浓度的提高，碳排放量逐渐上升。各分项方面，除溶解氧浓度过低的情况外，其他情况下厌氧CO$_2$直接排放、缺氧N$_2$O直接排放、电力碳排放、全程N$_2$O间接排放有所上升，好氧CO$_2$直接排放和全程CH$_4$间接排放有所下降，其他分项变化不大。碳排放量变化如图7-26所示。

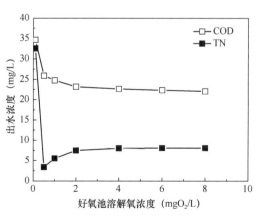

图7-25　E厂2007年新建工程曝气量变化下
模拟出水水质变化情况

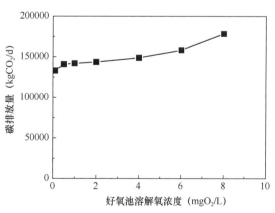

图7-26　E厂2007年新建工程曝气量变化下
碳排放量计算值

7.4　侧流概念工艺的模拟与碳减排评估

为通过模拟计算得到不同侧流概念工艺在达到相近处理效果时的碳排放差别以及为从碳减排角度比选工艺提供依据，继续利用 GPS-X 软件模拟部分侧流概念工艺。在工艺模拟过程中，采用 E 厂 2007 年新建工程进水水质和出水标准作为工艺参数设定的依据，调整参数直至出水满足标准且与原工艺出水水质接近。同样利用 6.1.4 节中的碳排放强度估算表格计算不同工艺的碳排放量，进而做出比较。

7.4.1　侧流鸟粪石回收工艺分析

在主流采用 AAO 工艺的基础上，侧流增加鸟粪石回收工艺，构建的基本模型如图 7-27 所示。

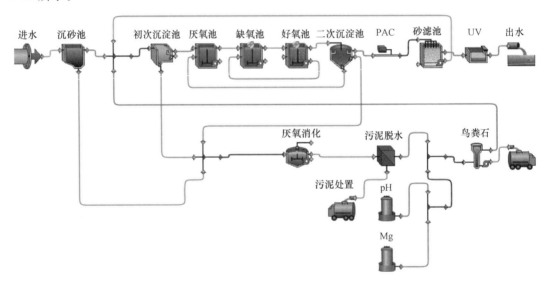

图 7-27　GPS-X 软件模拟主流 AAO＋侧流鸟粪石回收工艺

E 厂 2007 年新建工程在 GPS-X 软件中模拟的工艺耗能为 1839.47kW，折合吨水耗电量为 0.24526kWh/m³，实际运行数据为 0.49657kWh/m³。加入侧流鸟粪石回收工艺后，软件模拟的工艺耗能为 1860.68kW，折合吨水耗电量为 0.24809kWh/m³。考虑软件模拟的不准确性以及部分耗电量的遗漏，计算碳排放时按照原实际运行耗电量加上鸟粪石回收工艺相较原工艺增加的耗电量差值计算，即耗电量为 0.49657＋（0.24809－0.24526）＝0.4994kWh/m³。

最终计算所得碳排放量为 163352.23kgCO₂/d，吨水碳排放量为 0.9075kgCO₂/m³。

7.4.2　侧流厌氧氨氧化工艺分析

在主流采用 AAO 工艺的基础上，侧流增加厌氧氨氧化工艺，构建的基本模型如图 7-28 所示。

关于吨水耗电量，采用与 7.4.1 节同样的计算方式，得到耗电量为 0.49657＋

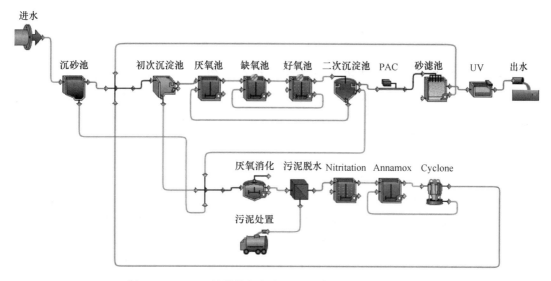

图 7-28 GPS-X 软件模拟主流 AAO＋侧流厌氧氨氧化工艺

$(0.2712-0.24526)=0.52251\text{kWh}/\text{m}^3$。最终计算所得碳排放量为 164588.58$\text{kgCO}_2/\text{d}$，吨水碳排放量为 0.9144$\text{kgCO}_2/\text{m}^3$。

7.4.3 侧流概念工艺碳排放比较

将不采用侧流工艺的 AAO 工艺模拟结果与采用两种侧流概念工艺的模拟结果进行比较，出水如表 7-28 所示，碳排放量如表 7-29 所示。

有无侧流概念工艺对出水影响比较

表 7-28

工艺	出水 COD 浓度 （mg/L）	出水 TP 浓度 （mg/L）	出水 TN 浓度 （mg/L）
AAO	20.24	0.3226	8.259
AAO＋鸟粪石回收	21.09	0.3338	5.856
AAO＋厌氧氨氧化	21.02	0.3324	6.110

有无侧流概念工艺对碳排放量影响比较

表 7-29

工艺	水量 （m³/d）	碳排放量 （kgCO₂/d）	吨水碳排放量 （kgCO₂/m³）
AAO	180000	163487.5598	0.908264221
AAO＋鸟粪石回收	180000	163352.2315	0.907512397
AAO＋厌氧氨氧化	180000	164588.5848	0.914381027

可见在模拟的相同水量与进水水质情况下，达到类似出水水质的吨水碳排放量相差不大。侧流厌氧氨氧化工艺的吨水碳排放量相对略高，但相差幅度非常小。有关工艺参数的模拟、分析和比较，还需要实际运行数据和更全面的碳排放因子方面的研究。

7.5 本章小结

本章首先介绍了基于工艺模型评估碳减排技术的方法。利用污水工艺模拟软件 GPS-X 的相关功能,可以模拟和比较污水处理工艺的处理效果,从而评估和计算备选工艺技术的碳排放强度。在第 6 章、第 7 章的综合评估方法基础上,工艺模型可以提供更多的分析场景,从而为工艺比选和设计提供参考。

本章分节介绍了 MBR 和 AAO 工艺模拟与碳减排评估结果。MBR 工艺模拟以 B 厂的工艺参数作为基准,AAO 工艺模拟以 E 厂的工艺参数作为基准,建立了 GPS-X 的全流程工艺模型。基于模型的情景分析功能,研究了池容(HRT)、化学药剂投加量、曝气量的变化与出水水质、碳排放强度之间的关系。结果表明,AAO 工艺的碳排放强度整体低于 MBR 工艺,处理流程中的大部分电能消耗来自于曝气和搅拌;电力消耗所导致的间接碳排放在碳排放总额中占比高;可以通过工艺优化运行来实现一定程度的碳减排。

本章介绍了以概念污水处理工艺为基础的碳减排评估结果。概念工艺以 AAO 工艺为主体,增加了侧流鸟粪石回收磷元素、侧流厌氧氨氧化短程脱氮等工艺单元。概念工艺有一定的资源回收和节能效果,但碳排放强度的变化还需要进一步的研究和确认。

第8章 城市水系统碳中和原理与方法

8.1 城市水系统碳中和的原理

8.1.1 城市水系统碳中和基本概念

城市水系统一般由水源子系统、供水子系统、用水子系统、排水子系统等部分组成，涉及城市水循环的各个过程。不同城市的水系统结构与特征也有所不同。在城市水系统的各个环节中，均有不同程度的温室气体产生，包括但不限于生产设施、电力设施的运行以及有机物的生物代谢等过程。城市水系统碳中和即指在城市水系统的边界内，通过碳减排、碳移除和产能等方式实现人为 CO_2 排放的抵消。

在城市水系统温室气体排放的计算中，分为直接排放和间接排放两个类别进行核算。通过生物化学作用直接向大气排放的温室气体划归于直接排放范畴；在建设和运行过程中需要消耗能量与物料，生产这些能量和物料的过程中发生的碳排放划归间接排放范畴。城市水系统的各个子系统各有不同的碳排放来源与比重。供水子系统碳排放主要来自于水源取水、输送入厂、水厂净水、管网输配等方面；用水子系统碳排放主要来自于生活热水、家用电器、商业用水、工业用水等方面；排水子系统碳排放主要来自于污水收集、污水处理、污泥处置、污水排放等方面。为实现碳中和目标，需要对现有污水处理和能源回收技术进行充分的革新，在降低各子系统碳排放量的同时提高能源回收效率与潜在化学能源利用率，从低碳净水、能量自持、载能利用、多能协同的角度少用能、少排放，完成碳转化，实现碳中和。

8.1.2 城市水系统碳中和与能源中和

在工程实际中，碳中和可以从狭义和广义两个角度进行定义。碳中和不仅是指从剩余污泥中回收能源，狭义角度下还包括对共消化、热回收、生物质焚烧等过程，以及太阳能、风能等能源形式的系统性分析；广义角度下甚至还涉及污水、污泥和养分的资源回收利用过程以及化学药剂的生产过程等。不同的研究和计算边界可能导致净排放结果的不同。在城市污水处理子系统中，一般从狭义的角度，以能源中和的方式定义碳中和，即以污水处理厂能量自给或额外产出为目标，以碳中和效率（回收能源总量/消耗能源总量）作为评价污水处理厂碳中和程度的指标。其他子系统中，根据碳排放、能源利用、能量物料产出或生态贡献等方面的特点，设定合理的边界范围进行核算。整个城市水系统可以从能源中和的角度分析，也可以将各个过程的贡献转化为二氧化碳排放当量进行评估与比较。

8.1.3 "开源"思路开发利用城市水系统潜在能源

城市污水主要来源于城市居民家庭用水、生产经营用水以及公共服务与其他用水等渠道。随着城镇化的逐渐推进，城市居民数量不断增多，居民家庭用水量逐年上升，自 2016 年起居民家庭用水已成为城市污水水质与排放总量的关键影响因素。以居民家庭用水和生产经营用水为主的城市污水中含有丰富的有机物和氮磷等无机元素，蕴藏着大量可以被提取利用的能量和物质。在含 500mg/L COD 的城市污水中最大能量潜力为 $1.93kWh/m^3$，远超一般污水处理过程的能耗（$0.3\sim0.8kWh/m^3$）。目前国际上已有部分国家的污水处理厂实现了污水中的能量回收和资源化利用，其中以奥地利的 Strass 污水处理厂和美国的 Sheboygan 污水处理厂等案例最为典型。前者早在 2005 年就实现了能量中和，并在 2013 年达到了 160% 的能量回收率，供给污水处理厂自身需求的同时开始向周围居民输出能源。而目前我国污水处理设施对于该部分能量的提取和利用程度仍然较低，污水中承载的大部分化学能、热能遭到浪费，部分可回收再利用或产能的有机物和含氮物质被转化为温室气体直接排放。碳捕获技术和 A-B 两段处理工艺等方式可以实现污水中的有机物不经生物处理过程直接被收集，以进入下一步资源化处理。碳捕获技术可以实现取得高捕获率的同时尽可能保障出水水质，后续经厌氧消化等技术进行能源的回收。

污水中这部分能源的回收涉及工艺的改进和技术的优化，污水处理厂技术路线、输入产出和经济合作也会发生相应的变化。

目前，活性污泥法仍是我国城市污水处理采用的主要工艺之一。据统计，2019 年我国污泥产量已达到 6000 万 t（以含水率 80% 计），预计到 2025 年将突破 9000 万 t。污水生物处理过程产生的剩余污泥中富含 N、P、K 等元素，有机成分含量高，可通过厌氧处理得到甲烷、氢气等高热值燃料，具有巨大的产能潜力。传统剩余污泥的处理方式为经过浓缩、脱水、干化等步骤，实现剩余污泥的无害化和减量化，以达到后续处置要求。目前国内对于剩余污泥的处置方式以卫生填埋、土地利用、焚烧、建材使用为主。其中卫生填埋技术受到填埋场地和运输费用的限制，且仅能起到延缓污染的作用而非去除，因此在国内外的应用也在逐渐减少。土地利用可以充分利用剩余污泥中的有机质和 N、P、K 等关键无机元素，实现一定的回收利用；但由于潜在的重金属含量超标、病原细菌和寄生虫卵存在等问题，需进一步处理。焚烧能够对剩余污泥进行彻底处理，但存在能耗高、产生二次污染等问题。建材利用仅能回收无机元素，且存在质量和接受度相对较低的问题。污泥厌氧消化技术因其本身能耗低，且具有回收氢气和甲烷等高热值燃料的潜力在近年来得到了国内广泛的关注，并建成了长沙市污水处理厂污泥集中处置工程、镇江污泥与餐厨垃圾协同高级厌氧消化示范工程、西安市污水处理厂污泥集中处置项目等污泥厌氧消化工程示范性项目，是污水处理厂实现能源中和的重要工艺思路之一。

8.1.4 共消化技术同步处理外部有机废物

在"开源"思路下，除开发城市水系统本身蕴含的潜在能源外，还可以利用城市污水处理厂剩余污泥低碳氮比的特性，通过与其他高有机浓度的固体废弃物混合的方式调整碳氮比，实现厌氧消化过程的顺利开展。比较成熟的共消化过程为剩余污泥与餐厨垃圾协同处置。餐厨垃圾有机质含量高、含水率高、易腐败、易生化降解的特点，使其在厌氧消化产气的过程中容易产生酸化抑制现象。剩余污泥和餐厨垃圾协同发酵能够缓解两者单独进行厌氧消化时产生的消化速率问题，通过调节合适的碳氮比实现厌氧消化过程的稳定运行，追求甲烷与氢气的高产率。不同污水处理厂的剩余污泥成分因工艺选择、进水水质、设计参数等特性的不同而有所差异，不同地域地区的餐厨垃圾特性也受到气候环境和人民生活习惯的影响而不尽相同，因此各地采用共消化技术时还需因地制宜研究最适宜的配比以达到最高的处理和产气效率。

国内外已有许多成熟的餐厨垃圾共消化处理剩余污泥的工程应用先例。奥地利 Strass 污水处理厂自 2008 年起开始引入厂外餐厨垃圾参与剩余污泥的共消化过程，通过热电联产方式（CHP）实现能量的高效回收。Strass 污水处理厂的污水处理工艺流程如图 8-1 所示。美国 Sheboygan 污水处理厂同样通过剩余污泥与外源高浓度食品废物（HSW）共消化过程提高生物气中甲烷含量，利用微型燃气轮机热电联产为厂区供热供电。截至 2012 年，利用生物气热电联产得到的产热量和产电量分别能够抵消 Sheboygan 污水处理厂消耗的 85％和 90％，基本实现了能源自给。国内在镇江开展了剩余污泥与餐厨垃圾共消化的试点项目，涉及城市中三座处理生活污水的主要污水处理厂——征润洲污水处理厂、京口污水处理厂和丹徒污水处理厂，日污泥产生量 87t（2013 年数据，预计此后每年增长约 6％）；涉及餐厨垃圾总量为每日 203.6t。项目采用高温热水解后中温厌氧消化的工艺流程，每日可实现精制天然气 4900m³，生物炭土 39t，产生生物柴油 7.98t。同样的技术在襄阳市污泥综合处理处置项目和大连东泰夏家河餐厨垃圾与污泥处理项目中也有成功的应用。

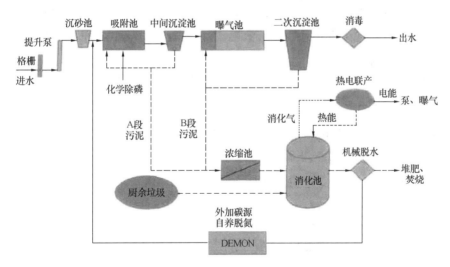

图 8-1 Strass 污水处理厂工艺流程图

8.1.5 "节流"思路降低城市水系统碳排放

开发城市水系统潜在能源的方式可以实现产能的增加，但若仅采用"开源"思路而不加以"节流"，平衡只能在高产能和高耗能状态下达成，仍然会造成资源能源的浪费。因此，为实现城市水系统碳排放量的人为抵消，最终达到碳中和的目标，从源头上减少碳排放也是关键的路径之一。

城市水系统的各个子系统仍有一定的碳减排空间。例如，通过绿色基础设施的建设可以实现碳减排和空气质量改善。基于 1970—2017 年 48 个水文情景在中国东营进行的降雨期间案例研究显示，绿色基础设施的贡献可以达到平均每年减少 10677.3t 二氧化碳排放，最高可在一年内减少 26238.9t 二氧化碳排放。在与供水和污水处理过程相关的其他事业领域内也有更多的碳减排机会与潜力，有代表性的如热能回收、用水端节水措施、生命周期角度全面分析碳排放等，为碳减排工作提供了广阔的思路。

碳减排是大气污染和温室气体控制方面传统且重要的思路之一，是直接减少大气中温室气体增量的重要方式。减少碳排放的途径包括但不限于创新工艺、提高效率、增强回收等技术革新思路，以及通过计算机模拟实现工艺流程和参数的优化，保障物尽其用，避免"一视同仁"导致的投入过剩等。水源子系统、供水子系统、用水子系统和排水子系统的具体碳减排技术已于前文介绍，在此不再赘述。

8.1.6 用水系统小范围实现能源节约回收

中国水资源的基本特点决定节约用水仍是我国水资源开发和水环境保护的重要措施之一。家庭用水的节约可直接减少待处理生活污水量，间接减少取水配水系统的能源消耗。在城市用水端，仍存在巨大的水资源节约潜力。以北京市为例，生活用水量主要与洗衣、洗浴、烹饪等用水量大的生活环节的频率以及用水量相关，间接受到居民收入水平的影响。在这些用水量大的生活环节中，可以通过减少化学品利用、家庭用水反复利用、培养公民节水习惯与意识、推广智能用水设备和控制系统等方式实现水资源的节约与高效利用。此外，生活用水的加热、冷却均需要消耗大量能源。采用能耗更低、效率更高的水温调节设备，构建系统回收已用废水中的热能资源，实现节能与间接的碳减排。

8.2 国外的碳中和路径框架

8.2.1 国外城市水系统碳中和的基本路径

在城市水系统碳中和的研究与发展路线上，我国属于起步较晚的国家。欧美等部分发达国家在 21 世纪初即开始了以污水处理系统为代表的城市水系统节能降耗工作，并已经取得了显著成效。近年来，随着工艺技术的提升和试点工程的增加，部分发达国家已经陆续有实现碳中和或实现高能量回收率的典型污水处理厂出现。研究分析其高效节能运行的经验与教训，与国内的实际情况相结合，方能在实现我国城市水系统碳中和的路上迈出重要的一步。

目前，城市水系统仍以碳中和效率（回收能源总量/消耗能源总量）作为评价污水处理厂碳中和潜力和程度的指标，核心关注点在于能源的中和。为了实现碳中和效率达到甚至超过 1，需要从两个角度分别增加能源资源回收量和降低能源消耗量，从"开源"和"节流"两个方面向碳中和的目标逼近。为此，部分国外城市或地区通过改进工艺技术和调整设施设备等方式实现上述目标。在污水处理过程中，典型的节能降耗措施包括设施设备的更新换代以提高效率，采用智能化的自动控制以避免浪费等；典型的资源回收措施包括对剩余污泥中氮、磷和重金属元素的回收，通过厌氧发酵将有机物转化为沼气进行能源回收，增添换热器回收污水中的潜在热能等。

除此之外，利用清洁能源实现污水处理零能耗也是重要的节能减排方式，是实现碳中和的关键路径。零能耗（Zero-Net Energy，ZNE）是指水和污水处理领域通过节能、利用新能源、开发生物能源等方式，大幅度增加绿色能源比例，削减污水处理厂的净能耗直至为零。国外常用的手段包括太阳能、甲烷微型燃气轮机、风力发电等方式。例如美国马萨诸塞州 Falmouth 镇污水处理厂充分利用风能，每年节约 3.6×10^6 kWh 电，减少 20% 碳排放，节约电费 50 余万美元。在马萨诸塞州的 Pittsfield 市污水处理厂开发利用太阳能与沼气，每年可节约 3.2×10^6 kWh 电，解决全厂 69% 的电耗，节约电费近 65 万美元，减排 3252tCO$_2$。国内目前发展仍然较慢，根据地区地域特点的不同，可以分别尝试开发风光联合发电、水力势能、生物质能等能量形式。北京市小红门污水处理厂利用北方地区进水负荷高的特点，将污泥厌氧消化产生的沼气用于沼气内燃机，替代一部分鼓风机的电耗。重庆市鸡冠石污水处理厂利用尾水排江高度落差发电，每天发电近 2 万 kWh，约占全厂电耗的 15%。

各个实现碳中和或能量高效率回收的典型污水处理厂在具体工艺和措施上有所不同，但均为节能降耗与能源资源回收两部分改进的结合。下文就典型案例进行分析。

8.2.2　国外水务企业的碳中和战略

从全球来看，污水处理行业的能耗占比约为 1%～3%，且呈逐年上升的趋势，属于能源密集型的高耗能行业。截至 2019 年底，美国 16583 座污水处理厂年能耗占社会总能耗的 3% 以上。

污水本身蕴含有机物化学能、低品位热能等能量，从污水中提取资源与能源，全面推进污水资源化利用，有助于实现污水处理厂的碳中和运行。考虑到污水处理行业巨大的碳减排潜力，许多国家制定了污水处理行业碳中和技术路线图，将污水处理作为碳减排的重点领域，深入挖掘污水处理行业的碳减排潜力。如美国水环境研究基金明确提出到 2030 年所有污水处理厂实现碳中和运行的目标，日本指出到 21 世纪末完全实现污水处理能源自给自足，新加坡提出从"棕色水厂"到"绿色水厂"的时间表与路线图。可见，污水处理行业已成为发达国家减少碳排放、实现绿色低碳转型的重要抓手。

发达国家的污水治理排放标准多数建立在法律和制度基础之上。美国农村污水治理依据《清洁水法》，通过生活污水排放标准对农村污水处理设施进行监控。日本城市污水处理主要依据《下水道法》，农业村落排水集中处理设施和净化槽分散处理则依据《净化槽法》。

发达国家还探索形成了污水处理行业的低碳技术解决方案。欧洲国家重视低碳处理新工艺研发，英国伦敦市 Basingstoke 污水处理厂引入先进的热水解和厌氧消化技术，对污泥处理设施进行了升级改造，改造后不仅为整座污水处理厂供电，还可将 50% 的额外剩余电力输出到社区。美国和日本通过高效机电装备和高级控制对策实现节能降耗，同时加大污水污泥蕴含能源的开发回收力度，美国 Cheboygan 污水处理厂制定了能源零消耗计划和相应的行动措施，在 2013 年基本实现了碳中和目标。

此外，发达国家还通过征收污水处理费，引导用户调整用水行为。与家庭供水收费类似，多数发达国家的居民污水费主要依据供水量来确定。考虑到不同企业的工业污水量和特点差别较大，工业污水费则根据污染量和污染浓度来确定。

8.2.3 丹麦典型城市污水处理设施碳中和路径

丹麦是北欧五国中率先实现经济增长与碳排放和能耗脱钩的国家。丹麦政府制定了在2050年达到"碳中和"的目标，其首都哥本哈根将于2025年建成全世界第一个零碳首都。丹麦绿色、低碳、生态的发展理念同样在城市水系统中有所体现。2019年11月，丹麦政府与13个商界代表签订了"气候伙伴关系"，气候伙伴关系的成员需要提供各自领域的碳减排建议。图8-2数据显示，2017年丹麦水务部门CO_2排放当量为218000t。按照计划将通过一系列措施在2030年实现碳盈余。

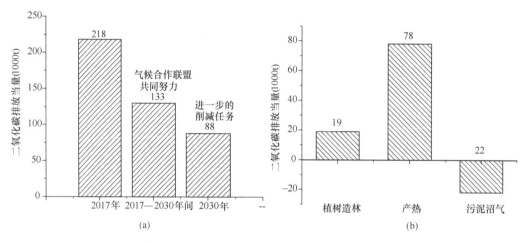

图 8-2　丹麦气候联盟 2017—2030 年间的碳减排计划
（a）直接排放；（b）间接排放
数据来源：循环经济与水气候合作联盟。

为达到这一目标，丹麦三大水务公司在其所在城市的污水处理厂分别进行了相应的减排提效举措。丹麦第二大城市奥胡斯（Aarhus）自2006年起开始了污水处理厂的合并与改造工作。10年间，Aarhus水务公司将城市内14座污水处理厂合并缩减为4座，并最终减为2座，实现了集中式的处理模式。其中较大的Marselisborg污水处理厂，日处理污水量27500m³，在2014年实现了未添加外来有机废物情况下的能源自给和电力盈余。通过沼气热电联产技术，电力盈余量在2015年升至50%，实现了真正意义上的能量中和。

Marselisborg污水处理厂集成了许多节能减排与能源回收的新技术，全方位共同贡献实现了能量盈余，而并不是某一单项优化的成果。该污水处理厂全面安装了SCADA（数据采集与监视控制）系统，对氨氮、磷浓度进行监控；安装了变频器对鼓风机、提升泵、搅拌设备和脱水泵进行控制，大大降低了电耗，灵活适应每日变化的进水负荷，避免了统一强度带来的能量浪费。在污泥处理方面，该污水处理厂于2014年引进侧流厌氧氨氧化工艺，减少出水总氮，节省污水税；厌氧氨氧化的节能特性以及升级换代的高效污泥脱水离心机的使用，每年能够为该污水处理厂节省50000kWh的电耗。一系列的优化措施使得该污水处理厂的电耗从2005年的4.2GWh降低到了2016年的3.15GWh。"开源"角度，污水处理厂新购入热电联产电机，对处理后的污泥实施资源化利用，实现能源和经济的双重回收。2016 年 Marselisborg 污水处理厂的总产电量达到 4.8GWh，高出电耗 53%。多余的电能通过售卖给国家电网以转换为经济收入，部分多余的热能直接用于周边地区供热。经过计算，该污水处理厂升级改造所需投资将在五年内实现成本的回收，并开始盈利。同时污水处理厂的改造也能够实现运营成本的降低，实现水价的下调。

丹麦第三大城市奥登塞（Odense）的 Ejby Mølle 污水处理厂早在 2013 年便宣布实现能量 100% 自给，并在 2018 年宣布能量盈余率达到 88%，由当地水务公司 VCS 负责运营。该污水处理厂同样以基于厌氧消化的热电联产技术为基础，但在细节方面更加注重考究，实现了能量盈余率的又一轮突破。该污水处理厂采用延时消化（Trophy 工艺）的方法，提高了消化池性能；翻修进水口，通过配置能效更高的风机节省沉砂池电耗。种种细节推动水中的碳以更高的比例进入消化池，得以提高能量回收率。Ejby Mølle 污水处理厂的案例反映出在工艺改造的基础上，各处细节的节能降耗积累也能够为能量回收率的提升做出不菲的贡献。

在丹麦首都哥本哈根，BIOFOS 水务公司负责运营 Lynetten、Avedøre 和 Damhusåen 三座污水处理厂，在统一协同的管理下实现了能量盈余的目标。三座污水处理厂均配备有污泥厌氧消化设备，Lynetten 和 Avedøre 污水处理厂还配备有污泥焚烧设备。经消化和焚烧后，污泥被转化为天然气和电力等再生资源，相应产生的热能向周边地区供暖。Lynetten 污水处理厂的工艺流程如图 8-3 所示，其中还包括 Damhusåen 污水处理厂污泥的共同干化与焚烧工作。BIOFOS 运营的这三座污水处理厂在 2014 年已经实现能量盈余，目前能量盈余率已高达 73%。与其他实现碳中和的污水处理厂类似，BIOFOS 运营的这三座污水处理厂在采用污泥厌氧消化这一新工艺技术的同时，在工艺流程的其他细节中也进行了严格把控和潜力的开发。例如将表面曝气升级为微孔曝气，减少约 57% 的能耗；在 Damhusåen 污水处理厂安装光伏太阳能板，通过新能源的方式向零能耗看齐，能够覆盖厂区约 9% 的电耗；以及其他正在开发中的创新资源回收项目（BioCat）和用高温高压热裂解技术从污泥中回收生物燃料等。

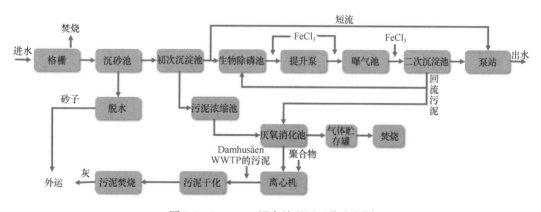

图 8-3 Lynetten 污水处理厂工艺流程图

8.2.4 荷兰 NEWs 框架

基于可持续污水处理理念，荷兰于 2008 年制定了未来污水处理的 NEWs 框架，即未来污水处理厂将是营养物（Nutrient）、能源（Energy）与再生水（Water）的制造工厂

(factories)，强调资源与能源回收。在 NEWs 框架下，污水中的所有物质均有其相应的作用与功能。污水中的磷等营养元素的有效回收实现了营养物工厂的概念；有机物作为能量载体，提取转化后能够弥补运行能耗，贡献碳中和的同时向社会输出热量与能量，形成能源工厂的核心；营养物质与有机物回收后的资源即为再生水，构成再生水工厂。在 NEWs 框架下，污水中的几乎全部物质都能够被回收再利用，包括无机砂砾、纤维素一类的难降解物质以及污泥中的重金属/生物塑料（PHA）等亦可列入回收清单，实现污水的全面资源化回收利用。

NEWs 框架指导下的荷兰各水务局主要通过制定因地制宜、行之有效的升级改造方案，在现有污水处理厂的基础之上进行调整，避免全盘性推倒重来。在考虑人口、经济、生态、社会、技术和环境政策发展等因素的影响下，荷兰专家组提出了具有代表性、亦能引领 2030 年 NEWs 框架目标的营养物回收、能量回收、再生水概念工艺，引导荷兰既有污水处理厂根据各自工艺现状和分阶段升级改造目标参考实施。

在 NEWs 框架下，荷兰污水处理厂向营养工厂和能源工厂的转化已经初见成效。典型的如荷兰南部 SNB 地区污水处理厂、Deventer 污水处理厂在磷回收工艺上取得了高效的提升。Dokhaven 污水处理厂主流采用 AB 法工艺，侧流采用 SHARON ＋ ANAM-MOX 技术进行自氧脱氮，剩余污泥厌氧消化产甲烷，并用于热电联产，最终实现了 70% 以上的碳中和率。Apeldoorn 污水处理厂引入共消化技术同步处理剩余污泥和餐厨垃圾，厌氧消化转化的沼气参与热电联产，为周围居民区供热，减少了 50%～60% 的 CO_2 排放量。Garmerwolde 污水处理厂采用 AB 法中的 A 段将 COD 作为污泥（生物吸附）分离，并利用 2 个连续厌氧消化池同步处理邻近污水处理厂的剩余污泥。产生的沼气经热电联产可以解决 60%～70% 的运行能耗。此外，Vallei&Eem 水务局与荷兰应用水研究基金会（STOWA）共同执行的 Omzet-Amersfoort 合作研究计划预期综合协同管理水务局所属北部地区的 4 个污水处理厂（Soest、Nijkerk、Woudenberg 和 Amersfoort），以实现 4 座污水处理厂平均能量自给率 65%，进水总磷回收率达 40%，化学药剂使用量减少 50% 的目标。

8.2.5　新加坡碳中和路径

新加坡国土面积小，大部分降雨直排入海，导致新加坡淡水资源匮乏。因此新加坡在海水淡化和污水资源化方面做了相当丰富的努力。截至目前，新加坡传统意义上的污水处理厂已经被"再生水厂"代替。但再生回用水的高出水要求也导致了污水污泥处理的电耗与费用大幅攀升。为保障污水资源化利用的同时实现能耗的节约，新加坡公用事业局（PUB）分析相关污水处理技术水平和节能降耗效果，制定了污水处理工艺能源自给率三阶段目标，逐步改造关闭棕色水厂，建立面向未来的绿色水厂，进一步提高能源自给率，降低剩余污泥产量，最终实现 2030 年前后逼近碳中和运行的目标。

乌鲁班丹（Ulu Pandan）污水处理厂是新加坡目前运行的四座污水处理厂之一，产电耗能比约为 21.7%。该厂计划于 2022 年关闭改造，工艺方面，通过对污泥实施预处理、采用 MBR 工艺、增加侧流 ANAMMOX 工艺等方式进行工艺升级；设备方面，通过引入高效智能化控制、采用变频器等优化鼓风机效率、采用微孔曝气、采用高效沼气发电机等方式以降低能耗和增加产电量。改造完成后能源自给率将提升至 44%。

　　在既有污水处理厂升级改造的同时，未来5～10年内新加坡PUB也将计划建设能源自给率更高的绿色污水处理厂。新建再生水厂除优先采用MBR、侧流ANAMMOX、污泥预处理等技术外，还将考虑采用生物强化吸附预处理（Bio-EPT）、升流式厌氧污泥床（UASB）、短程反硝化（Nitrite-shunt）工艺，并考虑采用厨余垃圾厌氧共消化技术（Food waste co-digestion），进一步提高再生水厂能源自给率。以大士再生水厂为例，其设计生活污水处理量为$60 \times 10^4 \, \text{m}^3/\text{d}$，采用Bio-EPT、MBR、污泥预处理、侧流ANAMMOX工艺，并安装先进的传感设备、VFD/IV鼓风机控制设备、微孔曝气装置，工艺流程如图8-4所示。

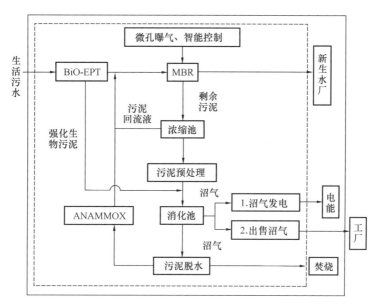

图8-4　大士再生水厂生活污水处理工艺流程图

　　对于未来绿色水厂的远期规划目标，正在测试中的两个再生水厂的工艺方案能够为实现碳中和运行提供重要贡献。理想条件下，Bio-EPT与主流ANAMMOX工艺相结合，可以提高稳定程度，降低曝气和碳源需求，提高沼气产量，预计能源自给率能够达到103%。而主流ANAMMOX工艺与AnMBR的结合，预计将使能源自给率提升至144%。所以，在长期目标中，主流ANAMMOX工艺是最有可能实现再生水厂能源自给自足的保障工艺。

8.3　国内典型水务企业的碳中和战略

　　双碳目标对整个中国的发展是一个新的巨大历史性机遇。这个机遇主要体现在以下三个方面：

　　第一，对中国科技进步的巨大推动力，能够形成使用先进低碳技术的良好社会氛围。对市场的主体、市场的业主方来说，在开始使用先进低碳技术的时候改造项目是要增加投资的，对新建项目投资可能比传统技术要高。这就在一定程度上阻碍了先进低碳技术的转化应用进程。"中国提出双碳目标，无疑对中国的科技进步会起到一个巨大的推动作用。"

第二，双碳目标的推进对企业、地方发展也将起到加快的作用。碳达峰应该是在实现发展目标前提下的达峰，为了推动碳达峰和碳中和的工作，需要用一种新的推动力来加快企业和地方的发展。

第三，在使用先进的低碳技术背后，实际上也会带来企业经济效益的提升，给企业带来一次改善经营状况、提高效益的新机会。

8.3.1 北京城市排水集团有限责任公司

北京城市排水集团有限责任公司（以下简称"北京排水集团"）以"加快实现首都雨污水全收集、全处理、全回用"为企业使命。作为首都基础设施企业，北京排水集团坚持首善一流标准，以服务首都城市运营为主要任务，提高城市防汛水平、加大污水处理能力建设、扩大再生水生产利用、解决好污泥处理处置问题等。经过坚持不懈的努力，正在不断地接近雨污水收集、处理、回用"100％"，提高了城市防汛保障水平。

1. 北京排水集团碳中和方案

2021年6月24日，北京排水集团在全国污水处理行业首家发布了《北京排水集团碳中和规划》（2021—2050年）和《北京排水集团碳中和实施方案》，制定了北京排水集团碳中和时间表和路线图。北京排水集团将通过做好低碳运营的"减法"和开发利用再生能源的"加法"，采取三个创新和十个措施，促进企业实现碳中和。

为了实现碳中和，北京排水集团进行了三个方面的创新。一是运营管理创新，也称为"降碳"。通过实施优化"厂网一体化"运营调度、精细化运营管理、设备效能提升、智慧化管理模式，提升管理水平和效能，减少碳排放。二是科技创新，也称为"替碳"。积极探索行业低碳新技术，推动集团自主创新低碳技术（如厌氧氨氧化和好氧颗粒污泥技术）的转化应用，在企业内部搭建沼气热电联产、分布式光伏发电、水源热泵等绿色低碳技术应用平台，培育集团绿色产业，实现低碳绿色生产。三是生态服务创新，即"固碳"。大力推动再生水回用和污泥资源化利用，扶植循环经济新业态，实现生态固碳。

2. "三步走"实现碳中和目标

作为北京市水环境治理的主力军，北京排水集团积极采用先进技术，并跟踪和学习了国外的先进理念、技术、实践。在北京水环境建设方面，目前已经实现了从无到有、从有到比较好、从比较好到好的飞跃，这也就意味着基本实现了水环境阶段性治理目标。2017年，北京排水集团实现了排放强度的达峰；2019年，实现了总排放量的达峰。北京排水集团的双达峰，实际上是在一个发展中减碳，在实现发展目标上的碳达峰。具体来讲，碳中和的目标要分三步走。

第一步是到2025年，北京排水集团要在2020年的基础上把碳排放量再降低20％，高安屯再生水厂率先实现碳中和。主要采取的手段就是新的清洁能源使用从当前6％的比例提高到15％的比例。另外在污水处理的过程中，计划通过技术的进步、新技术的采用，把处理1m³污水的能耗降低10％以上。

第二步是到2035年，要在2020年的基础上把碳排放量降低40％，处理1m³污水的电耗力争达到国际领先水平。主要采取的措施是把新的清洁能源使用比例提升到25％左右，主要包括厌氧消化的早期发电、水源热泵的使用，以及光伏发电等新能源和清洁能源的使用。同时要进一步降低污水处理的单耗，实现的路径主要是技术的改进和新技术的使用。

第三步是到 2050 年，计划把碳排放强度在 2020 年的基础上降低 80%，实现近零碳排放。主要采取的措施有：继续加大新能源、清洁能源的使用，将其比例提高到 80%；通过突破性的甚至是颠覆性的技术，把污水处理的能耗进一步降低。比如，北京排水集团研发的基于厌氧氨氧化过程的侧流脱氮技术（由于微生物颜色是红色的，所以也称之为红菌技术）。传统的脱氮技术需要多种微生物参与，能耗物耗比较高。红菌技术可以实现短程脱氮，相比传统的脱氮技术有明显改进。与传统的脱氮技术相比，红菌技术可以节能 50% 以上，碳减排达到 60% 以上，全部节约药耗，同时节省占地。通过红菌技术，北京排水集团已经累计节电 8000 万 kWh 左右，每年减少二氧化碳排放量 5.6 万 t。

8.3.2　北京首创生态环保集团股份有限公司

北京首创生态环保集团股份有限公司（以下简称"首创环保集团"）的相关领域包括城镇污水处理厂厂网一体化、城镇生活垃圾处置、农村人居环境改善，都蕴藏着巨大的商业机遇。

1. 加快环保产业价值链重构

面对碳中和的新目标和"十四五"的新起点，首创环保集团积极建言献策，展现环保企业应有的担当。"十四五"作为我国迈向碳中和的关键时期，环保行业天然具有绿色低碳属性，将迎来新一轮产业价值链重构升级的新机遇。

应加快环保产业价值链重构，促进碳中和目标实现。国家应尽快实施碳排放额度分配和交易办法，完善碳金融制度，形成正向的碳排放激励导向；国家和地方政府牵头，加快环保资产整合，通过核心企业的产业链整合能力，建立全周期碳核算、碳减排考核体系，带动上下游转变生产方式；树立系统发展观，发挥自然生态的自我净化作用，灰绿结合，绿色优先，避免单点过度治理，协同实现减污降碳目标。未来的环保设施不再是终端能源消耗点，将成为新的资源能源中心，重构产业价值链，成为碳中和的贡献者。

2. 强化排污许可权威性

强化排污许可权威性，改善排污管理环节。2021 年 3 月 1 日实施的《排污许可管理条例》（以下简称《条例》），根据污染物产生量、排放量和对环境的影响程度，实行分类管理，对影响较大和较小的排污单位，分别实行重点管理和简化管理。依法将水、大气、土壤和固体废弃物等污染要素纳入许可管理，逐步将噪声等污染要素通过修法全部纳入管理。最终，要实现环境要素的全覆盖。《条例》规定，排污单位应当按证排污，排污行为必须与排污许可证相符。

针对排污许可，首创环保集团在排污许可制试点以来，虽然大部分省（自治区、直辖市）实施排污许可证制度，为加强固定污染源管理发挥了重要作用，但有些地区一定程度上也存在重发证、轻证后监管，持证排污单位不按证排污、不达标排放等问题，排污许可权威性需要强化。发放排污许可证仅仅是管理的开端而不是结束。

《条例》要求在排污管理环节强化排污单位主体责任和义务、强化主管部门事中事后监管。《条例》的实施将有效遏制污水处理厂上游排污企业以往不规范的排污行为，有利于改善污水处理厂进水水质、避免水质异常对污水处理厂处理工艺的频繁冲击、适当降低污水处理企业因来水导致出水不达标的风险。

3. 注重技术研发

注重技术研发，推动技术引领污水业务改革。《条例》的实施对于污水处理企业而言也提出了更高的要求，在进水水质逐渐稳定后，也须加强内部防控，强化污水处理过程的规范化和精益化管理，不断降低处理成本、提高处理效率、减少污染物排放量，为有效"节能减排"做出更大贡献。

在污水处理方面，首创环保集团自主研发了 Create 好氧颗粒污泥技术，这项被称为污水处理领域"核武器"的技术，将有效减少污水处理厂占地面积、大幅度降低运营成本，同时具有出水水质好与运行管理稳定性高的特点。同时，首创环保集团打造了国内首个应用"3R WATER 未来污水处理技术"的污水处理厂。成功搭建了一套"资源提取、能量平衡"的可持续未来污水处理技术体系，并对污水资源化技术进行了一系列的技术研发与储备。3R WATER 工艺能够在污水处理量不变的条件下，实现污水处理厂的精细化运行及高品质碳源、有价资源能源回收和再利用，打造污水处理厂的"碳平衡"，将粗放的传统高耗型污水处理厂转变为低环境影响、强化资源和能源转化的工厂。

8.3.3 中国光大水务有限公司

1. 技术进步的方向识别

我国污水和废弃物行业的碳排放占比，在世界范围内仅占 0.42%，在我国的占比不到 2%。明确了水务行业在碳排放中的地位之后，可能出现三种观点：（1）污水与废弃物行业的碳排放贡献率占比不足 2%，应当排在碳贡献重大比例的重点领域、重点行业行动之后；（2）水务行业的自身建设与改造还没有历史性的完成，不宜过早地限制自身发展；（3）水务行业是一个公益性、低收益行业，如果支付和经济效益的问题得不到解决，就无力投入到这一领域。

污水处理行业能耗较大，尤其是用电量问题较为突出，从 20 世纪 90 年代至今，水务行业一直在围绕降低电耗进行各种探索和努力，水务行业生化处理工段的单位耗电量降低了 30% 以上，在曝气这一领域成果十分显著，整个过程的本质就是碳减排。

回顾水务行业本身的情况，当前一项迫切的任务是追赶数字水务、智慧水务、工业 4.0 等重大的技术进步。中国光大水务有限公司（以下简称"光大水务"）在这些方面下足了功夫，在装备、工艺、设施等方面不断地进行优化。这些工作应与碳达峰、碳中和的历史进程同步，二者将产生互相提升的作用。

2. 减污降碳的协同路径

光大水务在减污降碳协同的行动方向上主要从三点入手。

首先，改变行业内在规划、设计、建设、运营与改造时的技术出发点，增加碳足迹追踪的评估和技术方案优化内容，追踪碳足迹。在发达国家，碳足迹分析几乎是所有工业领域必做的一项分析。我国水务行业也要尽快引入这类覆盖项目全生命周期的评估体系。

其次，调整研发方向，将适当比例的研发资金投入到"减污降碳"协同的技术领域，如节能、降耗、减排与再生利用等领域。

最后，让水务行业主动加入到碳管理体系中去。碳中和既是企业的新指标，也是企业的社会责任，建议企业主动地将这些指标纳入企业的统筹考虑，尽早适应和掌握相关指标，也将是投资者、社会公众与企业对话时的重要议题。从2017年起，光大水务已开始在《可持续发展报告》中披露温室气体排放数据。

3. 具体措施

水务行业要跟上碳达峰、碳中和的步伐，需要重点关注提质增效、绿色设施和能源自给三个方面。

第一，系统提质增效。从能源效率的角度来看，提质增效的碳减排效果要远大于深度处理。目前我国能源效率还不够高，水务行业要跟上碳达峰、碳中和的步伐就要更关注能源效率方面的工作。2019年我国学者的研究指出，2008—2017年，我国单位污染物削减的能耗效率呈下降趋势。也就是说，我国近十年来去除污染物的单位能耗呈上升趋势。因此，水务行业在接下来的发展中能否进一步提高提质增效水平非常关键。2021年是国家污水处理提质增效三年行动的收官之年，当污水处理厂收水效率提升目标实现之后，能源自给或将出现在日程表上。提质增效三年行动，即是为了改变污染治理的单位碳排放量上升的局面，是水务行业实施碳中和的必要条件。

光大水务在提质增效方面做了一些探索和尝试。其中，镇江海绵城市建设PPP项目采用了大口径CSO（合流制溢流）控制工程，能够令初雨合流污水不再进入污水处理厂和受纳水体，本质上也是"提质增效"工程。

第二，建设绿色设施。绿色设施可以更好地发挥生态设施在源头对污染物的削减能力，是减少碳排放的路径之一。近年来，在海绵城市建设带动下，我国绿色设施增加了很多，它们的污染物去除能力相当可观，不过从目前来看，兴建绿色设施这一碳排放近零的措施还有很大的发挥空间。镇江海绵公园的多级生物滤池（生物梯田），2.5万 m^3/d 的初雨处理规模，磷和氮的去除能力介于40%～60%，是基本无能耗的生态处理设施。

第三，尝试能源自给。消耗能量是碳排放，产生能量就是碳减排。水务行业最简单直接的碳中和手段就是能源自给。减污降碳协同增效的发挥，方可让水务行业真正匹配上"可持续发展"标准。水务行业的碳中和应当以能源回收为主要导向，提升全过程的绿色比例。

8.3.4　水务企业碳中和转型

我国正处在工业化、城镇化的快速发展进程之中，资源环境约束与经济发展增长的矛盾日益突出。一方面，经济的快速发展需要消耗大量的化石能源；另一方面，大量以化石能源为基础的产业又不可避免地带来高能耗、高污染和高排放等环境问题。这使得我国成为一个典型的"高碳"经济体，因而在国家层面进行碳减排成为我国在应对全球气候变化框架下的重大使命。为了顺应低碳经济发展的趋势，我国已经确立了向绿色低碳经济转型的目标。国家层面的碳减排目标需要具体落实到区域层面和行业层面，作为二氧化碳排放主体的行业承担着落实具体碳减排任务的责任。我国的全国性碳排放权交易市场已于2021年全面启动，这意味着企业一方面要承受碳排放超标的压力，另一方面需要努力寻求有效的碳减排工具来达成碳减排目标。

城市污水处理的实质是通过人工技术手段消耗资源与能源，以分离、降解、转化污水中污染物的复杂过程。传统处理工艺不可避免地会出现"以能消能""污染转嫁"的过程，事实上是一种消耗能源的碳排放过程。美国环保署（USEPA）将污水处理行业列为世界

前十大 N_2O 和 CH_4 排放行业。联合国数据显示，全球污水处理碳排放量大约占全球碳排放量的 2%。截至 2020 年 1 月底，我国共有 10113 个污水处理厂，日处理能力达 2.28 亿 m^3，预计整个城市水系统的碳排放量达到全社会的 3%。但是，我国污水处理行业的经济总量、从业人员和投资规模只占全行业的千分之一，以上述变量为分母计算碳排放强度并进行分析，可以认为城市污水处理也是一个高碳排放行业。

城市水系统碳排放分污水处理单元、污泥处理单元、供水单元和管网单元。其中污泥处置是市政污水行业中第二大碳排放单元，占总排放量的 21%。根据《温室气体议定书：企业核算与报告准则》，将城市水系统的碳排放划分为直接排放、能耗间接排放和物耗间接排放。以中国北方某污水处理厂为例，其温室气体总排放量为 $5.68\times10^5\,kgCO_2\,eq/d$，直接排放占总排放量的 60% 以上。现代污水提升泵站已经成为城市水系统最重要的组成部分之一。随着市政行业的蓬勃发展及各种污水处理设施的新建，污水提升泵站工程的发展非常迅速。污水提升泵站每年需要消耗大量的能源，在国外原污水收集和抽取的耗电量为 $0.02\sim0.1kWh/m^3$（加拿大）、$0.045\sim0.14kWh/m^3$（匈牙利）和 $0.1\sim0.37kWh/m^3$（澳大利亚）。污水提升泵站能耗占我国污水处理系统总能耗的 17% 以上。

在全球倡导实现"碳中和"目标的今天，污水处理过程显然与碳中和目标相悖，亟需系统全面地开展碳减排工作。针对我国市政污水处理行业开展低碳发展转型提出以下几点建议：

(1) 摸清市政污水处理厂的底数和低碳发展潜力，制定低碳转型目标和阶段性任务。

首先，全面摸清全国城镇市政污水处理企业污水能源利用、污泥热能利用、运营节能、光伏发电的底数，核算各环节和全环节低碳发展的潜力。然后，在高质量发展和 2030 年碳达峰、2060 年碳中和的背景下，制定我国市政污水处理行业 2030 年低碳发展转型的目标，并针对该目标设立 2023 年、2025 年、2027 年、2030 年四个阶段的转型目标，针对每个阶段规定节能、减排、降耗、发电、供热、制冷方面的具体任务。

(2) 健全市政污水处理行业与绿色、循环标准体系相衔接的低碳发展标准体系。

目前，针对市政污水处理厂的考核指标一般包括绿色与循环类标准。绿色类标准包括出水污染物排放标准、污泥排放标准和大气污染物排放标准，循环类标准包括水资源的循环利用标准等。鉴于目前的一些污水处理工艺符合绿色、循环标准但未必低碳，建议国家发展和改革委员会、住房和城乡建设部、生态环境部等有关部门针对市政污水处理行业统筹建立绿色、低碳、循环的标准体系，使市政污水处理企业的运行在成本核算的前提下，既绿色、循环也低碳。在低碳发展指标方面，要设立污水能源利用、污泥热能利用、运营节能、光伏发电、碳汇建设五类指标。这意味着新的标准体系发布后，市政污水处理行业须进行系统的工艺改造和技术升级。对于三类指标都达标的市政污水处理厂，在市政污水处理行业低碳发展转型过渡期才能享受奖励、补贴和优惠。

(3) 基于市政污水处理企业的减排贡献、能源转化效果建立污水处理价格调整及运营补贴机制。

立足各地绿色、低碳、循环发展的目标，对区域发展水平、行业高效发展、市政污水处理企业的成本与收益、政府补助限度、排污者的支付能力定期开展调研，评估市政污水处理企业对成本的压力反应，为市政污水处理行业科学调整污水处理价格和实现可持续发展提供支撑。市政污水处理企业在温室气体减排、能源转化方面达到 2023 年、2025 年、

2027 年、2030 年的阶段性转型目标的，建议在现有污水处理补贴的基础上按照污水处理的种类、总量和实际效果予以进一步的补贴或者奖励，并给予环境保护税和企业增值税方面的优惠，增强企业低碳运行的可持续能力。对于老旧市政污水处理厂的低碳改造和低碳运行，可以给予更高标准的补贴或者奖励。

（4）允许市政污水处理行业灵活利用节能指标、能源利用指标、发电指标和碳汇建设指标，提升其经济效益。

建议国家将城镇和企业市政污水处理厂的温室气体减排纳入区域碳达峰和碳中和的减排指标体系，对于开展污水能源利用、污泥热能利用、运营节能、光伏发电、碳汇建设的市政污水处理企业，分别折抵该企业的碳排放指标、用热指标、用电指标。对于对外供热或者制冷以及发电上网的，可以获得碳排放交易指标并在本省级行政区域交易。

（5）设立市政污水处理行业低碳发展国家科技专项，通过试点示范树立标杆企业，全面推动新工艺和新技术的发展。

建议科学技术部广泛征求市政污水处理行业的意见，设立市政污水处理行业低碳发展国家科技专项，下设综合研究课题和污水能源利用、污泥热能利用、运营节能、光伏发电、碳汇建设等专题研究课题，建设关键技术示范工程，推动智能管控系统的应用和升级。建议修改《中华人民共和国水污染防治法》，规定企业在低碳发展改造和试运行期间，允许出水水质出现合理的波动。

（6）建立市政污水处理行业绿色、低碳、循环发展的综合考核机制。

建议国家发展和改革委员会、住房和城乡建设部、生态环境部等有关部门针对 2023 年、2025 年、2027 年、2030 年的阶段性转型目标，制定全国市政污水处理行业绿色、低碳、循环发展的转型规划和相应的评估考核机制。将转型情况纳入对各级地方政府和有关部门的考核内容，并纳入生态环境保护督察事项，对于限期未完成转型任务的行政区域，督促其整改并停止审批其新增建设项目的环境影响评价文件。

8.4　面向碳中和的污水处理概念厂

8.4.1　污水处理概念厂

2014 年初，中国工程院院士曲久辉、清华大学教授王凯军、中国人民大学教授王洪臣、清华大学教授余刚、中国科技大学教授俞汉青、21 世纪中心副主任柯兵 6 位业内知名专家联合发表文章《建设面向未来的中国污水处理概念厂》，正式提出污水处理概念厂这一名词。文章分析了发达国家污水处理行业的发展趋势，回顾了中国污水处理事业的发展与问题，提出了关于污水处理概念厂的重要设想："用 5 年左右时间，建设一座（批）面向 2030 年、具备一定规模的城市污水处理厂。它应该是绿色的、低碳的，能够真正体现出可持续发展这一普世理念。同时，中国污水处理概念厂还应集中展示已经和即将工程化的全球先进技术，引领我国污水处理事业走向世界前列"。

文章指出，污水处理概念厂对于技术革新和发展理念的需求更高，使得城市污水处理和环境保护领域的研究与实践经验并不能直接应用到设计与建设之中，需要更多方面的参与、更长时间的探索、更多维视角的勾画才能为污水处理概念厂画出具象。污水处理概念厂应包含但不限于以下四个方向的追求：使出水水质满足水环境变化和水资源可持续循环利用的需要；大幅提高污水处理厂能源自给率，在有适度外源有机废弃物协同处理的情况下，做到零消耗；追求物质合理循环，减少对外部化学品的依赖与消耗；建设感官舒适、建筑和谐、环境互通、社区友好的污水处理厂。文章同时指出，为实现以上追求，不能仅仅在现有污水处理体系与框架中进行调整，而是需要跳出现有体系，对国际上的新工艺、新技术、新材料与新装备进行细致的研究，重新勾画城市污水处理系统。同时，除技术专家和工程师外，污水处理厂作为现代城市的重要基础设施之一，也应由政府组织官员、公众、建筑师、规划师等共同探讨与提议，寻找整体共识下的范式。

中国的污水处理概念厂既是重点工程与示范工程，也是中国污水处理事业在当前机遇和挑战下面向未来的一次系统探索。污水处理概念厂是对传统污水处理系统认知的刷新，目标是在实现削减污染物的基础上，进一步成为城市的能源工厂、水源工厂、肥料工厂，进而再发展为与社区全方位融合、互利工程的城市基础设施。这一过程将为污水处理系统带来更加热烈的讨论，推动技术与管理的发展和革新，促进行业的合作。

目前，以睢县某污水处理厂和宜兴某污水资源概念厂为代表的改造或新建污水处理项目已经开始了关于污水处理概念厂建立的摸索。相关经验将成为建设新一代污水处理厂的重要指导。

8.4.2　睢县某污水处理厂

1. 睢县水资源现状

睢县位于我国河南省东部，为商丘市下属县级单位，属涡惠河水系。睢县境内共有各级沟渠927条，其中流域面积100km²以上的10条，30～100km²的8条，10～30km²的20条。域内主要湖泊是城湖，面积为266.7hm²。睢县属暖温带半湿润大陆性季风气候，四季分明。主要特点是春季温暖大风多，夏季炎热雨集中，秋季凉爽日照长，冬季寒冷少雨雪。降水时空分布不均，年际变幅较大，多年平均汛期（6—9月）降水量占全年降水量的66.1%，丰枯比为4.2。

睢县多年平均可开发水资源总量为2.9289亿m³，多年平均地下水可采量为1.4267亿m³，年降水总量为6.2324亿m³，径流总量可达0.8538亿m³，地表径流大部分产于汛期，变成客水流出境内，可利用的水资源80%来自地下水，开采深度一般为10～50m，开采难度小，具有开发利用的有利条件。2013年睢县总人口82.15万人，耕地100.05万亩，人均水资源量173.7m³，不到全国人均水资源量的1/10，不足全省人均水资源量的一半；亩均水资源量142.7m³，不到全国亩均水资源量的10%，不足全省亩均水资源量的40%，水资源量相对不足，且地表水水质较差，利用率不高，浅层地下水已处于超采状态。

睢县水域面积辽阔，被誉为"中原水城"，人文与自然景观十分丰富。但在城市化的进程中，可用水资源量相对不足、基础设施不完善、污水处理回用不足的发展现状使得睢县和其他中北部缺水地区面临类似的问题。为改善水资源开发与污水处理回用现状，2018年，睢县水环境整体改善一期工程PPP项目完成招标。睢县某污水处理厂作为其中的重要子项目进入规划设计阶段。

2. 睢县某污水处理厂工程设计

睢县某污水处理厂位于红腰带河南侧、利民河西侧、睢平路东侧，项目包括一座处理能力4万m^3/d的新概念污水处理厂，一期先行实施规模2万m^3/d。出水或经利民沟排入北湖，或进入节约式园林景观水系，实现循环利用。同时包括一座处理规模100t/d的生物有机质处理中心，完成污泥无害化与资源化处置工作，产出的营养土用于绿化或土壤改良，沼气用于厂区发电，一期先行实施规模50t/d。同时分两期配套进行睢县城区河道治理工程的建设，改善周围水体环境，保护流域水质与生态平衡。

污水处理厂由常规的水泥处理区域、办公管理区域和展览示范区域三部分组成。其中水泥处理区域为整个污水处理厂的核心部分，面向水环境保护需求和水资源可持续循环利用的两类出水水质标准完成污水处理的功能性搭建设计，包括污水处理和污泥处理过程的基本工艺构筑物，占用厂区大部分面积。办公管理区域配备基本的办公用房、居住用房、基础生活保障设施等，提升厂内工作人员的工作效率与舒适度。展览示范区域包括水环保展厅以及其他接待参观功能，充分发掘利用概念厂的示范作用，展示厂区的工艺流程、技术特点与生态成效等。

此外，为体现污水处理概念厂的生态涵养效能、融入城市生活区以及打造多元化生态家园的愿景，污水处理厂专门设置了景观设计团队对厂区内的自然景观进行整体设计。景观设计以"融、汇"为理念，强调现代元素与自然景观的综合，依托场地特点，在充分理解厂区整体功能配置和运转机理的基础上，对不同功能分区进行布局整合，与建筑出入口、工艺需求等做充分衔接；同时，通过场地特点调节工业设施的视觉影响，引入自然湿地与人工湿地搭配的设计，不但满足了水质再净化的需求，同时也满足了公共娱乐、艺术和教育等多方面需求。厂区俯视图如图8-5所示。

图8-5　睢县某污水处理厂厂区俯视图

在污水和污泥处理区域的末端，设立了尾水人工湿地试验区，位置靠近污水处理中心，面积为$3700m^2$。在地形处理方面，通过设计成类似自然河流湿地生态系统的迂回结构，延长中水停留时间，在有限的空间区域内最大限度实现展示中水活化概念。绿地区域通过生态设施构建海绵城市试验区，在下凹式绿地的开放空间，对厂区内收集的雨水进行承接、疏导并综合利用，达到减少地面雨水径流外排的作用。通过布置植草沟、雨水花园等低影响开发设施，对雨水进行过滤、净化，从而排入湖中，补给地下水或排入河流。

3. 睢县某污水处理厂污水处理与污泥处理处置工艺

该污水处理厂采用"初沉发酵池—多段 A/O 的低碳氮脱氮除磷工艺—反硝化滤池—臭氧消毒联合工艺"，实现氮磷的精细处理，以过程降低能耗为主要方式，并未采用新型的概念工艺实现能量中和，在一定程度上也说明了新兴技术在应用上仍然存在明显的瓶颈。出水能稳定达到地表Ⅳ类水体水质要求，高于常规污水处理厂执行的《城镇污水处理厂污染物排放标准》GB 18918—2002 的一级 A 标准。对于基于景观用水、基于健康水质和基于美好感官水质三类需求分级分类进行回用，实现了"物尽其用"，避免了资源的浪费。

污泥处理在生物有机质处理中心统一开展，采用 DANAS 干式厌氧发酵技术，与秸秆、畜禽粪便、水草等外源有机质协同厌氧消化，显著提高了有机质处理效率，降低了污泥处理难度，产生清洁能源沼气，实现了物质的良性循环和资源化运营。生物有机质处理中心实际厂房如图 8-6 所示。通过沼气发电可以满足厂区内 $20\%\sim30\%$ 的能耗，虽然未实现能量完全自给，但已达到国内能源回收的较高水平。协同厌氧消化处理后产生的有机肥用于厂区农业安全示范区的作物试验性种植，实现了高效回用。

图 8-6　睢县某污水处理厂生物有机质处理中心

睢县某污水处理厂是我国污水处理概念厂建设的重要尝试，在实现污水资源处理和回用的同时，更加注重生态效益和环境友好。以更加前沿的眼光和更有智慧的姿态，来包容和适应整座城市水资源利用需求的不断变化与发展。该污水处理厂的建成投产证明了"污水处理厂是资源工厂"的想法是真正工程可实施的概念。可再生资源的整合、能源效率的提高、清洁技术的使用在这里都得到了更明确地表达，"四个追求"的理念也得以更鲜活地展现。该污水处理厂的意义不仅限于提升了周边的生态环境和水质，更重要的是作为国内污水处理概念厂的范例，实现了"智慧使概念成为现实"。

8.4.3　宜兴某污水资源概念厂

1. 宜兴水环境状况

宜兴市地处江苏省西南端，是由无锡市代管的县级市。宜兴是第四批国家生态文明建设示范市县、全国双拥模范城（县）、水利部第一批深化小型水库管理体制改革样板县（市、区）。除太湖水域外，宜兴全市总面积 2039km²，地处南北方交界地带，降水量充足。宜兴市全年平均气温 15.7℃，年平均降雨 136d，多年（1956—2004 年）平均降雨量 1247.4mm。

宜兴境内水网密布，湖荡成群，拥有南溪河、太滆河、蠡河和凰川河四大水系，城与水共生，是江南水乡的典型地区，是苏南地区城市的典型代表。宜兴市内共有市、镇、村级河道 3699 条，长 3745.6km；共有水库 21 座。全市水域总面积 375km²，境内可利用水资源总量 10.67 亿 m³。

宜兴市位于太湖上游，经过宜兴市进入太湖的水量和污染物负荷约占入湖总量的50%，邻近的太湖西区也是太湖湖体中水质最差的水域之一。截至 2015 年，宜兴城区水环境吸引整体表现仍较为脆弱，河湖水体存在水体交换周期长、富营养化、景观效果不佳、水源水质差、水生态系统薄弱等问题。2015 年关于宜兴市 10 座污水处理厂的研究显示，现阶段城镇污水处理排放标准要求偏低，在一定意义上，污水处理厂已经成为新的集中式污染源。城市在进行主要污染源治理的同时，加强对污水处理厂出水水质的控制也同样迫在眉睫。

2013 年 1 月，水利部发布的《水利部关于加快推进水生态文明建设工作的意见》明确了水生态文明建设坚持人水和谐、科学发展，坚持保护为主、防治结合，坚持统筹兼顾、合理安排，坚持因地制宜、以点带面四项基本原则。2013 年 9 月江苏省水利厅先后下发的《关于推进水生态文明建设的意见》和《关于开展全省水生态文明城市建设试点工作的通知》启动了省级水生态文明城市创建，宜兴市是首批试点城市之一。

根据宜兴市城市总体规划，宜兴市经济社会发展的区域功能定位为：工业城市、生态旅游城市、商品流通中心、信息中心、陶瓷产业区、环保产业生产和服务基地。因此，宜兴水生态文明城市建设的基本脉络应为保护水源、治理污染、优化生态、引进科技、宣传教育，依照城市特点和客观现实制定发展规划。截至 2015 年，宜兴市在水资源和水环境方面仍存在一系列问题，包括但不限于供水保障能力仍然不足、防洪除涝能力仍然偏低、水质恶化趋势尚未根本性扭转、水生态系统保护与修复任重道远、现代水文化未能得到足够重视、最严格水资源管理制度尚待有效落实等，并依据此类问题制定提高供水保障能力、加强水生态环境保护、构建水文化体系、全面落实最严格水资源管理制度等建设方针，以河湖保护与修复和水土保持为重点，结合宜兴水城特色，充分利用现有团氿、东氿及城区的河道，完善水系廊道，利用水对城市地形的有机划分，恢复生态净化功能，改善区域水生态条件，进一步提升生态宜居城市品质。

2. 宜兴某污水资源概念厂

2014 年，曲久辉、王凯军等国内知名污水处理领域专家在提出"污水处理概念厂"的同时，也发起成立了"中国城市污水处理概念厂专家委员会"，开始了"用 5 年左右时间，建设一座（批）面向 2030 年、具备一定规模的城市污水处理厂"构想的相应规划。截至目前，中国城市污水处理概念厂专家委员会成员在原有的六位知名专家的基础上，增加了中国工程院院士、南京大学环境学院教授任洪强，中国市政工程华北设计总院有限公司总工程师郑兴灿，江南大学环境与土木工程学院教授李激，共同推动污水处理概念厂理念再升华、科技再进步、模式再优化、推广再加速。2015 年，中国城市污水处理概念厂专家委员会和宜兴市人民政府共同商定，在宜兴开工建设中国第一座城市污水资源概念厂。2016 年，城市污水资源概念厂建设等相关工作正式启动。

以宜兴某污水资源概念厂为核心载体，以现代农业和生态景观为附属服务设施，建设城乡生态综合体，建成一个集污水处理、农业生产和观光休闲于一体的综合性服务设施。城乡生态综合体和污水资源概念厂的施工设计方案于 2017 年底完成，并于 2018 年 4 月 17 日举办奠基仪式，城乡生态综合体正式落地建设。其中污水资源概念厂于 2020 年 4 月正式破土动工。

宜兴城乡生态综合体项目位于规划中的环科新城中央湿地公园范围内，环保大道与科技大道交叉口的西北角，占地面积 1927 亩。其中，污水资源概念厂占地面积 120.5 亩，主要包括水净化单元、生物质处理中心、未来中心、创新中心及装备制造中心。该污水资源概念厂以"碳磷高效分离＋主流厌氧氨氧化＋精处理"为污水处理的主体工艺，实现出水安全可持续、污染物极限去除与能源资源高效回收。该污水资源概念厂建成后，能够实现日处理污水 2 万 t，日处理污泥和有机垃圾各 25t（以 80％含水率计算）。同时，该污水资源概念厂将结合水厂精致、美观的生态景观设计和建设，给周边公众提供一个环境优美、感官舒适的参观、休闲、娱乐、活动的公共空间。

2022 年初，该污水资源概念厂已进入投产试运行。该污水资源概念厂有希望实现水质永续、能量自给、资源循环、环境友好的建设目标，包括出水指标达到地表Ⅳ类水标准；提取污水中的化学能，并在目前污水处理耗能基础上节能 50％以上，达到能源自给；提取污水中的氮、磷、重金属元素等，并通过污泥共消化作用结合外部有机废弃物发电、制沼气，实现污泥无害化与资源化等。该污水资源概念厂的建设和运行受到了国内外的重点关注，其在污水处理、资源回收、生态涵养、能源中和等各方面的效果都在等待时间的检验。

8.5　本　章　小　结

本章首先介绍了城市水系统碳中和的原理，从基本概念、实现思路、中和路径等方面对城市水系统碳中和进行了广泛的表述。实现碳中和的基本思路在于能源资源回收和节约两手抓，通过两个方面的共同努力实现消耗与产出的平衡。

本章介绍了国外典型的碳中和路径框架。丹麦、荷兰、新加坡等都提出了明确的碳中和路径框架。在概述这些框架的基础上，侧重在政策、理念、技术、管理等方面进行总结，为我国提供一些可借鉴的经验。

本章介绍了国内水务企业的碳中和战略。包括北京排水集团、首创环保集团、光大水务等企业的碳达峰与碳中和路径，并给出了对水务企业碳中和的转型建议。在简要分析这些路径规划的基础上，对水务企业的碳中和转型提出了建议。

本章简单介绍了面向碳中和的污水处理概念厂。污水处理概念厂是我国学者提出的目标和概念，在国际水务领域引发了强烈反响和持久关注。以睢县某污水处理厂和宜兴某污水资源概念厂为例，说明了目前我国城市污水处理系统能够实现单厂碳中和的目标。

第9章　城市水系统碳中和技术评估方法

9.1　水务系统碳中和技术评估方法

目前，国内关于碳评估的研究主要针对城市、建筑、交通、工业企业等领域以及碳排放权价值评估方面，水务系统主要针对碳排放核算进行评估，尚无对于水务系统的整体碳评估研究。本章结合水务系统特点，分别对水务领域低碳技术和污水处理厂进行评估。其中低碳技术评估首次将可行技术（BAT）评估应用于水务系统，污水处理厂评估构建了充分量化的融合碳排放的指标体系。水务系统碳评估方法步骤如图 9-1 所示。

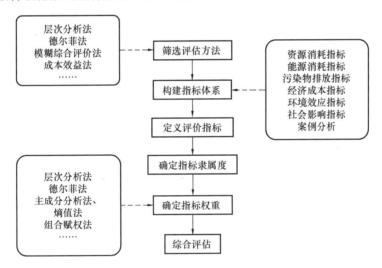

图 9-1　水务系统碳评估方法步骤

9.1.1　评估方法的筛选

评估方法是为实现评估目标提供支持的，使相对指标表现为更复杂的调查、观测、计算的程序和方法。评估方法的形成是一个不断完善的过程，为了提高评估结果的科学性，逐渐把数学、经济学、运筹学等学科的一些分析方法运用到评估中，实现了定量分析和定性分析相结合的目的，逐渐降低定性分析的主观性，提高定量分析的客观性。评估方法有很多种，各种方法有各自的适用范围，应用中可互为补充，需结合使用，常用技术评估模型见表 9-1。技术评估方法类别包括：

（1）基本技术评估方法（各类技术评估中都可能采用到的基础方法），包括实验法、情景分析法、专家调查法、德尔菲法和检查表法；

（2）相关分析和层次分析法，包括相关树法、层次分析法和交叉影响矩阵法；

（3）动态模拟与结构模拟方法，包括系统动力学模拟、解释结构模拟和因果模拟；

（4）技术经济分析方法，主要是成本效益分析法；

（5）综合评价方法，通常是多属性或多指标评价方法，包括模糊综合评价法、理想点法、灰色关联分析法。

常用技术评估模型　表 9-1

评估模型	适用范围	应用特点
层次分析法（AHP）	各学科	建立指标层，比较法构造判断矩阵
德尔菲法（Delphi）	方案的预测与决策	专家咨询，统计判断结果
模糊综合评价法	各学科	模糊性多目标问题评价
理想点法（TOPSIS）	多目标决策	构造决策矩阵，计算基于属性偏好的相对贴近度
灰色关联分析法（GRA）	多目标决策	多目标处理，计算灰色关联度，少量数据、信息贫瘠
成本效益分析法	项目立项决策	费用效益率、投资净现值计算

各水务企业可根据数据可得性、工艺技术特点选择其中一种评估方法单独使用，也可结合多种方法一起使用，对评定结果进行相互印证和对比分析，以得到更全面、科学和客观的评定结果，以及发现不同技术特征因素对评定结果的影响。层次分析法分析思路清楚，精确度高，可实现系统化、数学化、模型化、定量与定性相结合；分析时需要的定量数据不多，具有灵活性和实用性等特点，适用于多准则、多目标的复杂问题的系统评估，评判系统性强。德尔菲法的意见新颖、丰富，有助于对重大问题达成共识，且时效性较好。

9.1.2　指标体系的构建

指标体系既包括生产特性指标、经济指标等定量指标，也包括技术先进性、稳定性和成熟度等定性指标。欧盟和美国的描述性评估指标（表 9-2）所包含的一级指标基本相同，具体包括资源消耗指标、能源消耗指标、污染物排放指标、经济成本指标、环境效应指标、社会影响指标、案例分析七类。

欧盟和美国的描述性评估指标比较　表 9-2

指标类别	欧盟	美国
资源消耗指标	原材料消耗；化学品、助剂消耗；水耗	原材料消耗；对于不会造成排放标准所关心的环境问题，可给予简化或省略
能源消耗指标	一次能源的各类化石燃料；电力等二次能源	一次能源的各类化石燃料；电力等二次能源
污染物排放指标	水污染物排放；大气污染物排放；固体废弃物产生及排放；噪声、震动等非物质排放	分介质考虑污染物排放指标：《清洁水法》框架下主要考虑水污染物指标；《清洁大气法》框架下主要考虑大气污染物指标
经济成本指标	设备投资成本；运行维护成本；技术效益	设备投资成本；运行维护成本；技术效益
环境效应指标	人体毒性、水体毒性；酸化效应、富营养化效应；臭氧层破坏；温室气体排放	所能达到的环境质量标准，对多种类别的环境效应不进行深入分析

指标类别	欧盟	美国
社会影响指标	简要定性说明或不考虑	考虑排放标准可能带来的社会影响，如工程关闭、失业、产量损失
案例分析	要求对最佳可行技术提供案例	每项排放标准均需提供技术依据

构建评估指标体系是开展评估的核心关键，借鉴国内外相关案例，结合评估目标及行业技术特点，选择合适的评估指标，构建评估指标体系。在构建碳评估指标体系时遵循以下原则：

（1）系统性原则。水务系统碳评估指标体系并不是评估指标的简单堆积，为保证评估标准的得分清晰明确，必须按原则合理地将评估指标细分为目标层、准则层和指标层等几个层次。系统性原则要求评估指标体系需满足以下几个方面的条件：1）评估指标相互独立，每个指标都对应着评估目标的一个状态；2）若干个独立的指标构成指标群，反映评估目标在某一层面的影响；3）若干个指标群构成一个完整的评估指标体系，用来评估碳水平。

（2）可操作性原则。建立水务系统碳评估指标体系的目的，是要在实际水务系统中进行应用。在实际应用当中要求评估指标体系获得的数据必须容易采集，构建的计算公式要科学合理，实施评估过程简单易行。评估指标还应注意可进行量化，尽可能选用定量指标和数据，确保数据的真实性、可靠性和有效性，选取可通过专家间接赋值或可进行测算转化成为定量数据的定性指标。指标体系的设置要尽量避免形成庞大的数据指标群，以及层次过于复杂的指标树。

（3）可比性原则。可比性原则要求明确评估指标体系中的各个评估指标的定义、统计口径、统计周期和时间、评估地点和适用范围，确保评估结果在后期可以实施纵向和横向的比较。

（4）导向性原则。评估的目标是通过碳评估获得水务系统的碳水平现状，发现问题，解决问题。评估指标体系中各指标的选取以及权重应能够反映出评估目标的导向性，所得评估结果能够有效地指导行业或系统运行。

（5）独立性原则。绩效评估的独立性原则要求选取的评估指标应当具有独立的数据和信息，指标之间不能被代替以及交替使用。

由于指标的多样化、复杂性，通常可以采用定性、定量相结合的指标体系，凡能量化的指标尽可能采用定量化评价，以减小人为评价的差异。定量评估指标选取具有共同性、代表性的能反映碳排放水平的指标，并采用多属性评价的定量化评估方法。

9.1.3　指标权重的确定

对于实际问题选定被综合的指标后，确定各指标的权重值的方法有很多种。概括起来，权重的确定方法分为三类：主观赋权法、客观赋权法和组合赋权法。

（1）主观赋权法

主观赋权法是根据决策者（专家）主观上对各属性的重视程度来确定属性权重的方法，其原始数据由专家根据经验主观判断得到。

主观赋权法包括专家调查法（Delphi法）、层次分析法（AHP）、二项系数法、环比评分法、最小平方法等。

主观赋权法的优点是专家可以根据实际的决策问题和专家自身的知识经验合理地确定各属性权重的排序，不至于出现属性权重与属性实际重要程度相悖的情况。

但主观赋权法的决策或评价结果具有较强的主观随意性，客观性较差，同时增加了对决策分析者的负担，应用中有很大局限性。

（2）客观赋权法

客观赋权法的基本思想是根据各属性的联系程度，或各属性所提供的信息量大小来决定属性权重。

客观赋权法包括主成分分析法（通过因子矩阵的旋转得到因子变量和原变量的关系，然后以m个主成分的方差贡献率作为权重，给出一个综合评价值）、"拉开档次"法、熵值法、离差最大化法、均方差法、多目标规划法等。

客观赋权法主要是根据原始数据之间的关系来确定权重，因此权重的客观性强，且不增加决策者的负担，该方法具有较强的数学理论依据。

但是客观赋权法没有考虑决策者的主观意向，因此确定的权重可能与人们的主观愿望或实际情况不一致，使人感到困惑。

（3）组合赋权法

主观赋权法在根据属性本身含义确定权重方面具有优势，但客观性较差；而客观赋权法在不考虑属性实际含义的情况下，确定权重具有优势，但不能体现决策者对不同属性的重视程度，有时会出现确定的权重与属性的实际重要程度相悖的情况。

针对主、客观赋权法各自的优缺点，为兼顾到决策者对属性的偏好，同时又力争减小赋权的主观随意性，使属性的赋权达到主观与客观的统一，进而使决策结果真实、可靠，应该同时基于指标数据之间的内在规律和专家经验对决策指标进行赋权。

9.2 碳中和技术评估指标体系

在9.1节评估方法研究的基础上，基于模糊数学综合评价（Fuzzy）方法建立碳中和技术评价模型；权重的确定采用德尔菲法与层次分析法（AHP）相结合的方法，体现了定量分析与定性分析相结合的特点。

首先，构建碳中和技术库，按照水务系统全过程、单元化建立包含传统技术、概念技术的碳中和技术库，根据需求从中筛选指定的备选技术；其次，筛选评估方法，本节选取AHP-Fuzzy综合评价方法；第三，构建评估指标体系，可分为目标层、准则层、指标层，将其作为评估的标准；第四，定义评估指标，详细说明各评估指标的含义，定量指标明确数据来源或计算方法，明确指标单位；第五，确定评分细则，根据专家意见和《城镇污水处理厂运营质量评价标准》CJJ/T 228—2014等我国污水处理相关规定，对评估指标分级赋值；第六，利用层次分析法结合专家打分确定指标权重；最后，进行模糊综合评价，得到最终评估结果。该方法加强了评价中的定量分析手段，避免了主观定性判断造成的不确定性，能够直观体现各技术的优势。具体评价步骤见图9-2。

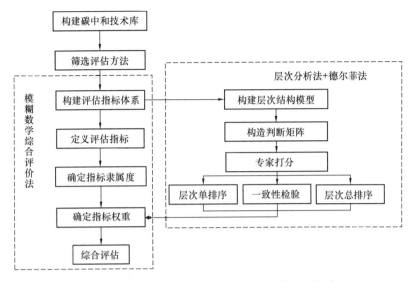

图 9-2 水务系统碳中和技术 AHP-Fuzzy 综合评价方法

9.2.1 碳中和技术库的构建

根据目前各国碳中和技术的不同发展分类将低碳技术分为以下四类：无碳技术、减碳技术、去碳技术、其他技术。

1. 无碳技术

无碳技术又被称为"零碳技术"，属于源头控制，是对清洁能源的利用，从源头上对二氧化碳进行控制，利用可再生能源进行生产和发展，以减少生产对生态环境的影响和污染。采用新能源代替传统化石能源，在生产与使用过程中最大化减少温室气体的排放，同时推动能源供给侧的全面脱碳，也是实现碳中和目标的关键。碳中和目标将加速我国能源结构转型，传统化石能源占比将快速下降，零碳排放的清洁能源（风电、光伏、生物质、水电、核能等）占比将快速提升。无碳技术的另一个关键技术是清洁燃料的利用。以化工行业为例，主要有两种途径减少二氧化碳的排放：一是提高能源利用效率，通过减少单位产品的能量消耗实现；二是利用零碳排放的清洁燃料比如氢能，抵消或者覆盖二氧化碳排放。

2. 减碳技术

减碳技术是过程控制，是一种在生产过程中控制、减少或降低碳排放的碳中和技术。例如，智能管控技术、工艺优化技术、运营节能、设备节能优化等。

污水处理企业在运营过程中的节能一般通过精细化智能管控和新技术的应用来实现。精细化智能管控，即通过采用先进的管理思维和技术手段，提供一套应用于污水处理厂的集智能化控制、物联网接入采集、一体化中央监控、移动化管控平台、大数据分析和科学化决策于一体的自动化、智能化、智慧化污水处理厂整体解决方案，在实现污水处理厂少人或无人化生产运营管理的同时，达到节能降耗的目的，特别是实现对电耗和药耗的控制。精细化智能管控目前在我国处于发展阶段，大部分企业正通过"试点带动局部"再到"全面布局"的方式在集团内部开展精细化智能管控的推广，目前已初见成效。新技术的应用以好氧颗粒污泥技术、同步硝化反硝化技术、厌氧氨氧化技术为主。调节设备参数或工艺流程结构，在保证出水水质的前提下，最大化节能降耗。

3. 去碳技术

去碳技术是二氧化碳末端治理技术，我国谢和平院士于2010年提出了关于二氧化碳的捕获、封存并加以利用的概念，目的是最大限度地实现碳的零排放。例如，碳捕获、利用与封存（CCUS）技术、植物碳汇、低影响开发（绿色屋顶、雨水花园）、中水回用、再生水回用、污泥资源化利用技术等。

碳捕获、利用与封存（CCUS）技术，即把生产过程中排放的二氧化碳进行提纯，继而投入到新的生产过程中进行循环再利用或封存。目前我国对CCUS技术的研发和示范给予了积极的关注，在国家气候变化相关规划文件中也明确提出加强CCUS技术的开发。目前我国开展CCUS试点项目的行业涉及火电、煤化工、水泥和钢铁行业。发达国家日益重视CCUS技术的规划与应用，美国、英国、加拿大等国家不仅将CCUS技术视为推动传统产业结构调整和优化的重大减排技术，更瞄准该技术未来可观的市场效益。负碳技术是实现碳中和的必要技术，CCUS技术的研发有望得到政策和资金支持，同时希望CCUS技术的进步能够带来成本的降低。

4. 其他技术

能源中和是污水处理厂减少自身能源消耗且能够在厂内外回收或产生一种或多种清洁能源，可以直接（电、热自用）或间接（产生能量并网）弥补污水处理厂自身能源消耗量，从而达到污水处理不依靠化石能源等（电、热）而实现能源自给自足，充分利用污染物自身的能量是水处理系统碳减排和碳中和的关键途径之一。包括厌氧共消化技术、热电联产、污水热泵、沼气/污泥热能利用等。目前比较成熟的厌氧共消化过程为剩余污泥与餐厨垃圾的协同处置。将厌氧共消化产生的沼气参与热电联产单元，沼气在此处被转化成电能和热能，可供厂区使用，节省污水处理厂60%～70%的运行能耗。污水热能利用即将污水热泵用于一定范围内居民的供热及制冷。目前我国已建成多处污水源热泵系统，部分项目制冷及制热的综合性能系数超过了5.5，在国际上处于比较优秀的水平。未来，污水源热泵的应用将成为市政污水处理行业低碳发展的主流，且除满足自身的能源需求外，还可与厂外实现供热系统联动，扩大输出范围，节能潜力大。

我国市政污水处理厂的沼气利用技术，如"厌氧消化＋沼气利用"的污泥沼气利用技术，目前已有较为成熟的应用，如上海白龙港污水处理厂等项目厌氧消化能源自给率已达100%；北京排水集团位于北京的五个污泥处理中心沼气热电联产设施未来预计可替代污水污泥处理全过程18%～20%的电能。在污泥热能利用方面，目前我国已实现自持焚烧，部分项目甚至能利用余热发电。除自用外，多余电量可上网。按照污泥快速减量化的要求，污泥干化焚烧将成为主流的污泥处置路线，现已有一些地区要求优先采用该技术路线。

为保证评估的全面性，按照单元化、系统化和全过程控制的原则对水务系统碳中和技术进行评估，评估技术类别包括工艺选择、运行管理、清洁能源、资源循环四大类46项技术，技术库详情见表9-3。

碳中和技术库详情　　　　　　　　　　　　　　表 9-3

类别	技术编号	类别序号	技术简称	技术说明
工艺选择	1	1	膜材料	使用新型膜材料提升效能、减少占地
	2	2	新型节能降耗工艺	使用新型节能降耗工艺减少药剂消耗
	3	3	低污泥产量工艺	生物膜、颗粒污泥等低污泥产量工艺
	4	4	生态-生物工艺	小规模生态-生物工艺，实现极低能耗
	5	5	厌氧氨氧化工艺	污泥上清液侧流的厌氧氨氧化工艺
	6	6	剩余污泥消化工艺	剩余污泥的热水解-厌氧消化工艺
	7	7	剩余污泥共发酵工艺	剩余污泥与餐厨垃圾共发酵工艺
	8	8	剩余污泥好氧堆肥工艺	剩余污泥的好氧堆肥工艺
	9	9	剩余污泥资源化工艺	剩余污泥资源化生产可降解塑料 PHAs
	10	10	剩余污泥脱水-干化-焚烧	剩余污泥脱水-干化-焚烧工艺
	11	11	剩余污泥建材化	剩余污泥高温掺烧-制作建材工艺
	12	12	剩余污泥磷回收	剩余污泥的磷回收工艺
运行管理	13	1	低溶氧曝气	低溶解氧（0.3～0.5mg/L）曝气
	14	2	间歇曝气控制技术	间歇曝气控制技术
	15	3	精确曝气控制技术	精确曝气稳定控制溶解氧技术
	16	4	新型曝气头	更换充氧效率更高的新型曝气头
	17	5	有机废水替代反硝化碳源	使用有机废水替代反硝化碳源
	18	6	精确加药技术	除磷和碳源药剂的精确投加技术
	19	7	投加菌剂的剩余污泥减量技术	投加菌剂的剩余污泥原位减量技术
	20	8	臭氧氧化的剩余污泥减量技术	臭氧氧化消解的剩余污泥减量技术
	21	9	OSA 污泥减量技术	延时曝气-沉淀-厌氧的 OSA 污泥减量技术
	22	10	高效鼓风机	采用磁悬浮或气悬浮等高效鼓风机
	23	11	多台鼓风机智能编组控制技术	多台鼓风机智能编组控制的节能技术
	24	12	提升泵变频控制技术	提升泵的变频和节能控制技术
	25	13	加药泵变频控制技术	加药泵的变频和远程控制技术
	26	14	关键设备的能源效率管理系统	关键设备的能源效率管理系统
	27	15	HVAC 节能管理系统	建筑的空调通风 HVAC 节能管理系统
	28	16	照明节能管理系统	建筑及辅助设施照明等的节能管理系统
清洁能源	29	1	全厂使用清洁能源	全厂使用核能、风电、水电等清洁能源
	30	2	水源热泵	水源热泵利用出水的余热供冷或供暖
	31	3	构筑物间高程差发电	利用构筑物间跌水高程差发电照明
	32	4	出水高程差发电	利用出水的高程差发电照明
	33	5	安装光伏发电系统	在厂区和建筑表面安装光伏发电系统
	34	6	安装风力发电系统	在厂区附近安装风力发电系统
	35	7	太阳能供暖或供热水	利用太阳能供暖或供热水

续表

类别	技术编号	类别序号	技术简称	技术说明
清洁能源	36	8	生产沼气发电或供热	厂区生产沼气用于发电或供热
	37	9	交通工具采用电力驱动	交通工具采用电力驱动
	38	10	交通工具采用乙醇或氢燃料	交通工具采用乙醇或氢燃料
资源循环	39	1	小区中水回用	小区中水回用，减少净需水量
	40	2	供水管网漏损控制	供水管网漏损控制，减少资源浪费
	41	3	雨水收集与综合利用	雨水收集与综合利用，减少净需水量
	42	4	再生水工业循环利用	区域再生水的工业循环利用
	43	5	再生水地表或地下补给修复	区域再生水的地表或地下补给修复
	44	6	湿地等系统固定 CO_2	人工湿地、景观植被等系统固定 CO_2
	45	7	剩余污泥制肥	剩余污泥制肥用于园林种植吸收 CO_2
	46	8	建筑屋顶等绿植吸收 CO_2	建筑屋顶和墙面种植绿植吸收 CO_2

9.2.2 评估指标体系的构建

按照 9.1.2 节的方法、结合实际应用需求设计碳中和技术的评估指标体系，该评估指标包括定量指标和定性指标。

在具体指标的选择过程中，需要同步计算可行性、便捷性、可比性等多个基本的因素，确定的指标不应当过多，若是存在问题会导致最终指标的关键性有一定程度的降低，具体的权重判断更加复杂、难以判断实际的评估结果。本研究在文献调研、现场调研的基础上，通过头脑风暴法、德尔菲法选出可使项目整体优化、具备全面性和准确性的综合评估指标，借此来充当判断具体评估体系的基本指标。

本研究建立的污水系统二级处理单元碳中和技术评估指标体系如图 9-3 所示。体系分为三层——目标层、准则层、指标层，分别选取技术特性、能耗物耗、经济成本、资源能源循环指标作为准则层指标，分别选取技术成熟度、技术普适性、技术先进性、能耗、物耗、人力强度、投资成本、运行成本、技术生命周期、副产能源量、固定二氧化碳、资源利用作为指标层指标。

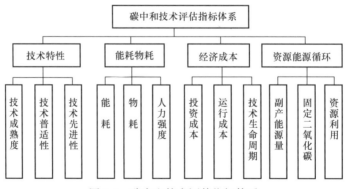

图 9-3 碳中和技术评估指标体系

9.2.3 指标的定义及指标值

各评估指标要求有明确的统计范围和指标单位，具体定义见表9-4。

碳中和技术评估指标定义说明

表 9-4

准则层	指标层指标	指标说明	指标单位/指标分级
技术特性	技术成熟度	重点关注处于孕育后期和成长前期的技术，描述技术开展中试、示范工程建设及运行情况，是否具备进一步开展示范及推广的基本条件等	①产业化；②已有示范工程，运行良好；③已开展中试，情况良好；④已开展中试，情况尚可；⑤研发阶段
	技术普适性	技术应用是否有特定条件限制，如适用范围、运行条件、规模大小、上下游匹配关系、使用环境、地理条件等，对成果转化推广的影响大小	①好；②较好；③一般；④较差；⑤差
	技术先进性	描述技术在国际和国内同类技术中所处的地位和水平，是否是开创性的技术	①国际领先；②国际先进；③国内领先；④国内先进；⑤国内中上水平
能耗物耗	能耗	技术应用前后在一定时期内处理单位水量能耗减少量，折算为标煤	kg 标煤/m^3
	物耗	技术应用前后在一定时期内处理单位水量物耗减少量，折算为标煤	kg 标煤/m^3
	人力强度	技术应用后在一定时期内处理单位水量人力强度	①明显增加；②稍微增加；③不变；④稍微减少；⑤明显减少
经济成本	投资成本	技术开展工程建设或应用所必需的主要设备及其他附属设施一次投入的投资金额，需注明投资建设规模和设备寿命	万元/m^3
	运行成本	系统正常运行生产时每单位规模所需要的水费、电费、药费、人工费、设备折旧费、修理费、管理费等	元/m^3
	技术生命周期	技术应用后的设备寿命、升级周期变化	①明显延长；②稍微延长；③不变；④稍微缩短；⑤明显缩短
资源能源循环	副产能源量	技术应用产生的副产能源包括蒸汽、沼气、电等，从余热、余压、余能或废弃物中生产能源物质，折算为标煤	kgce/m^3
	固定二氧化碳	通过湿地、植被等所实现二氧化碳固定量	$kgCO_2 eq/m^3$
	资源利用	技术应用产生肥料、建材等资源情况	①全部产生；②大量产生；③一般产生；④少量产生；⑤不产生

9.2.4 指标隶属度的确定

考虑到碳中和技术评估指标中不仅有定量指标，还有定性指标，且指标值评价标准不同，因此无法直接将某一技术所有指标的参数综合成一个具有实际意义的评价值，故采用隶属函数计算指标的隶属度，将定量指标和定性指标统一量化。

1. 定量指标隶属度的确定

当定量评估指标越大越好时（如副产能源量），采用升半梯形分布的隶属函数，见式（9-1）：

$$A(x) = \begin{cases} 1, & x \geqslant a_2 \\ \dfrac{x-a_1}{a_2-a_1}, & a_1 \leqslant x \leqslant a_2 \\ 0, & 0 \leqslant x \leqslant a_1 \end{cases} \tag{9-1}$$

式中 a_1、a_2——分别为定量评估指标的上界、下界。

当定量评估指标越小越好时（如投资成本等），采用降半梯形分布的隶属函数，见式（9-2）：

$$A(x) = \begin{cases} 1, & 0 \leqslant x \leqslant a_1 \\ \dfrac{a_2-x}{a_2-a_1}, & a_1 \leqslant x \leqslant a_2 \\ 0, & x \geqslant a_2 \end{cases} \tag{9-2}$$

式中 a_1、a_2——分别为定量评估指标的上界、下界。

2. 定性指标隶属度的确定

采用专家打分法。首先，确定评语集 V 和标准隶属度集 X。

隶属函数表达式为：

$$A(\chi) = \frac{x}{5}, 0 \leqslant x \leqslant 5 \tag{9-3}$$

若以 5 个等级划分，则评语集 V 和标准隶属度集 X 见表 9-5。

评语集 V 和标准隶属度集 X 等级 表 9-5

V	差	较差	一般	较好	好
X	0~1	1~2	2~3	3~4	4~5

请专家根据表 9-5 中的评语集对定性评估指标进行打分，取平均值为 x。再根据隶属函数计算该定性指标的隶属度。

9.2.5 指标权重设计

本研究采用层次分析法确定各评估指标的权重，计算指标权重时需要结合专家咨询法，通过专家咨询对各指标相对重要性比例赋值获得科学、有效的判断矩阵，最后通过计算判断矩阵得到各评估指标的权重。整个过程可以分为以下几个步骤：

（1）构建层次结构模型

层次结构模型确定了上下层元素之间的隶属或者支配关系。

（2）构造判断矩阵

判断矩阵表示针对上一层次元素，本层次相关元素之间相对重要性的比较，它是层次分析的基本信息，也是进行相对重要程度计算的重要依据。

判断矩阵为：

$$\boldsymbol{W} = W_{ij}(n \times n) = \begin{bmatrix} W_{11} & \cdots & W_{1n} \\ \vdots & \ddots & \vdots \\ W_{n1} & \cdots & W_{nn} \end{bmatrix} \tag{9-4}$$

其中，$W_{ij} > 0$，$W_{ij} = 1/W_{ji}$。

判断矩阵元素 W_{ij}（i，$j = 1$，2，3，$\cdots$，n）代表 U_i 与 U_j 相对于其上一层元素重要性的比例标度。判断矩阵各元素的值反映了专家对各因素相对重要性的认识，一般采用级标度法赋值。比例标度的含义见表 9-6。

标度数值含义　　　　　　　　　　　　　　　　　　　　　　　　表 9-6

相对重要程度	含义
1	a、b 两个因素比较，同等重要
3	a、b 两个因素比较，因素 a 比因素 b 稍微重要
5	a、b 两个因素比较，因素 a 比因素 b 明显重要
7	a、b 两个因素比较，因素 a 比因素 b 强烈重要
9	a、b 两个因素比较，因素 a 比因素 b 极端重要
2、4、6、8	上述两相邻判断中间值
$\psi_{ba} = 1/\psi_{ab}$	若因素 a 与因素 b 比较，得到判断值为 ψ_{ab}，则因素 b 与因素 a 比较的判断值为 $\psi_{ba} = 1/\psi_{ab}$

（3）层次单排序及一致性检验

设判断矩阵的最大特征根为 $\lambda_{\max}$，相应特征向量为 $\boldsymbol{W}$，求解判断矩阵的特征向量问题：$A\boldsymbol{W} = \lambda_{\max}\boldsymbol{W}$，将最大特征向量归一化后即为某一层有关元素对上一层相关元素的权重值。

由于客观事物本身具有复杂性，导致不同专家对事物的认识具有多样性和模糊性，因此所给出的判断矩阵不可能完全保持一致，因此需要进行一致性检验。Satty 等定义 $CI = \dfrac{\lambda_{\max} - n}{n - 1}$ 为一致性检验指标。其中，n 为判断矩阵阶数。

当判断矩阵具有完全一致性时，$CI = 0$，CI 值的大小与完全一致性偏离程度成正比。阶数 n 越大，人为造成的偏离程度越大，CI 值也越大。

为了检验多阶判断矩阵的一致性，需要将一致性指标与平均随机一致性指标进行比较，得到随机一致性比率，记做 $CR = \dfrac{CI}{RI}$。平均随机一致性指标 RI 取值见表 9-7。

								平均随机一致性指标 *RI* 值						表 9-7	
n	1	2	3	4	5	6	7	8	9	10	11	12	13	14	15
RI	0	0	0.52	0.89	1.12	1.26	1.36	1.41	1.46	1.49	1.52	1.54	1.56	1.58	1.59

一致性检验结果如下：

一阶、二阶判断矩阵具有完全一致性。当 $n>2$ 时，需要对其进行随机一致性比率计算。当 $CR=\dfrac{CI}{RI}<0.10$ 时，判断矩阵具有满意的一致性，否则就需要调整或修正判断矩阵。

9.2.6　综合评估

1. 准则层指标评估

根据隶属度的计算结果，可得 k 个准则层指标集的评估指标隶属度矩阵 $\boldsymbol{A}_k$，进而得到对准则层 B_k 的综合评估值，见公式（9-5）：

$$B_k=W_k\times A_k=(b_{k1},b_{k2},\cdots,b_{kn}) \tag{9-5}$$

2. 目标层指标评估

目标层上 k 个准则层指标总的评估矩阵 $\boldsymbol{A}$ 为：

$$\boldsymbol{A}=\begin{bmatrix}B_{11}&\cdots&B_{1n}\\\vdots&\ddots&\vdots\\B_{k1}&\cdots&B_{kn}\end{bmatrix} \tag{9-6}$$

式中，k 表示有 k 个准则层指标，n 表示有 n 项待评估技术。

那么目标层的综合评估矩阵 $\boldsymbol{S}$ 为：

$$\boldsymbol{S}=\boldsymbol{W}\times\boldsymbol{R}=(w_{b1},w_{b2},\cdots,w_{bk})\times\begin{bmatrix}B_{11}&\cdots&B_{1n}\\\vdots&\ddots&\vdots\\B_{k1}&\cdots&B_{kn}\end{bmatrix}=(s_1,s_2,\cdots,s_n) \tag{9-7}$$

在当前的技术水平下，通过以上分析得到 n 种碳中和技术综合评估结果，体现了碳中和技术评估指标体系中所有定量指标、定性指标的贡献，是对碳中和技术先进适用性的综合评估。$\boldsymbol{S}$ 值越大，表示技术的先进适用性越好。据此可为行业专家遴选技术提供决策依据。

9.3　南方某水务集团的碳中和技术评估

9.3.1　调查内容

为了全面了解南方某水务集团各厂的碳中和情况，便于为各厂碳中和运行提供技术指导。在 2021 年 8 月，采用问卷的形式，面向南方某水务集团不同厂的员工进行了广泛的调查。

本次问卷调查主要面向南方某水务集团的供水厂和水质净化厂工作人员。调查内容主要包括：（1）答题者基本情况，包括性别、年龄、学历、岗位、所在水厂等；（2）对水处理行业碳中和技术的了解程度，包括水处理设施节能降耗和优化运行技术、碳排放强度和来源以及水处理低碳运行工艺、技术和设备；（3）评价碳中和技术指标的重要程度，包括技术特性、能耗物耗、经济成本、资源能源循环四大类；（4）评价备选碳中和技术在本厂的可行性，包括工艺选择、运行管理、清洁能源、资源循环四个方面；（5）根据本厂情况，给出碳达峰、碳中和的建议或方案。主要包括本厂的近期改造、远期运行目标、碳排放来源、低碳运行的途径等系列内容。

本次问卷调查共收集到 420 份问卷，其中有效问卷 315 份。根据有效问卷的调查结果，首先将已建立的碳中和技术评估指标体系应用于南方某水务集团水厂，构建适用于南方某水务集团的碳中和技术评估指标体系权重；其次，对碳中和技术库的四大类 46 项备选技术进行调研，评价各项技术在本厂的先进适用性；最后，对各厂的碳达峰、碳中和时间和方案提出建议。下述分析仅针对本次问卷调查的数据。

9.3.2　基本情况

（1）性别情况

本次参与调查的男性 267 人、女性 48 人，分别占 84.76%、15.24%，男性占比较高。从答题者的工作岗位来看，参与工艺运行、设备运维、行政管理和操作工岗位的共 275 人，其中男性 243 人、女性 32 人，男女比例依旧悬殊；除上述岗位外，其他岗位共 40 人，其中男性 24 人、女性 16 人，分别占其他岗位总人数的 60%、40%。

（2）岗位情况

参与此次调查的人员涉及工艺岗位人数最多，其中工艺运行岗位共 94 人，占总数的 30%；工艺技术管理岗位共 28 人，占总数的 9%。这一群体对水厂的工艺技术、运行管理、设备选型等有着最直接的了解，保障了调查的真实性和客观性。此外，参与调查的操作工 57 人、设备运维岗位 68 人、行政管理岗位 28 人、其他岗位 40 人，分别占 18%、21%、9% 和 13%，有效保障了调查人群的丰富性和数据的全面性、代表性（见图 9-4）。

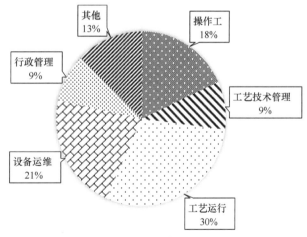

图 9-4　调查群体岗位情况

（3）学历情况

从整体来看，学历情况为博士 0 人、硕士 13 人、本科 114 人、大专 118 人、高中 70 人，分别占 0%、4.13%、36.19%、37.46% 和 22.22%（见图 9-5）。从参与答题的 122 个涉及工艺岗位（工艺运行岗位和工艺技术管理岗位）的人员来看，学历情况为硕士 6

人、本科44人、大专44人、高中28人，分别占4.92%、36.07%、36.07%和22.95%。一方面，大专和高中学历占比较大，学历层次较低。另一方面，将近50%的硕士从事工艺运行和工艺技术管理两个岗位，说明该岗位需要一定的高学历基础。从参与答题的40名其他岗位人员来看，学历情况为硕士1人、本科18人、大专18人、高中3人，分别占2.5%、45%、45%和7.5%。

（4）年龄状况

参与答题的人员中18~25岁有43人，占13.65%，这部分人群主要是大专学历。另外，26~35岁有74人、36~45岁有93人、46~55岁有82人、56~65岁有23人，占比分别为23.49%、29.52%、26.03%、7.30%（见图9-6）。

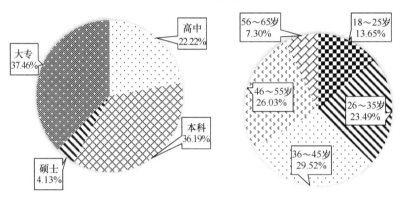

图9-5　调查群体学历情况　　　图9-6　调查群体年龄状况

（5）所在水厂

答题者分布在27个水厂，其中9个水质净化厂（A、C、D、E、F、NS、XL、GM、EF）、18个供水厂（BJS、DY、DH、FH、ML、YTG、LX、SN、LHQ、HMS、XA、STJ、GLQ、MK、MJL、SH、XB、ZA），分别占总人数的23.17%、76.83%。以上水厂地处南方某水务集团的不同区域，包括了几乎全部水厂运行模式，有利于对不同厂之间进行比较。

（6）了解程度

答题者对碳中和技术的了解程度结果见表9-8。大多数答题者属于有点了解，对水处理设施节能降耗和优化运行技术、碳排放强度和来源以及水处理低碳运行工艺、技术和设备有点了解的比例分别为47.94%、61.59%、60.63%。非常了解的群体中对水处理设施节能降耗和优化运行技术方面了解人数最多，占该群体的47.46%。

调查群体对碳中和技术的了解情况（人）　　　　　　　　　　表9-8

碳中和技术	有点了解	比较了解	非常了解
水处理设施节能降耗和优化运行技术	151	136	28
碳排放强度和来源	194	106	15
水处理低碳运行工艺、技术和设备	191	108	16

9.3.3　技术评估指标体系结果分析

碳中和技术评估指标体系12个指标层指标调查结果见表9-9，通过对重要程度赋值将重要程度量化，不太重要、一般重要、比较重要、非常重要和关键重要分别赋值为1、2、3、4、5，通过线性加权的方法得到各指标的相对重要程度。

根据9.2.5节建立的碳中和技术评估指标体系层次结构模型确定了上下层之间的隶属关系，结合指标层指标调查结果构造判断矩阵（见表9-10），计算各层指标权重（见表9-11）。

12个指标层指标调查结果 表9-9

指标	总值	平均值	重要程度				
			不太重要	一般重要	比较重要	非常重要	关键重要
技术成熟度	1119	3.55	0	25	132	117	41
技术普适性	1106	3.51	1	29	131	116	38
技术先进性	1093	3.47	2	36	126	114	37
能耗	1119	3.55	1	31	116	127	40
物耗	1102	3.50	4	30	123	121	37
人力强度	1013	3.22	16	52	130	82	35
投资成本	1028	3.26	5	50	148	81	31
运行成本	1054	3.35	3	35	158	88	31
技术生命周期	1093	3.47	2	33	133	109	38
副产能源量	1066	3.38	6	42	129	101	37
固定二氧化碳	1078	3.42	2	40	131	107	35
资源利用	1059	3.36	5	37	143	99	31

AHP层次分析判断矩阵 表9-10

指标	技术成熟度	技术普适性	技术先进性	能耗	物耗	人力强度	投资成本	运行成本	技术生命周期	副产能源量	固定二氧化碳	资源利用
技术成熟度	1	1.011	1.023	1.000	1.014	1.102	1.089	1.060	1.023	1.050	1.038	1.057
技术普适性	0.989	1	1.012	0.989	1.003	1.090	1.077	1.048	1.012	1.038	1.026	1.045
技术先进性	0.977	0.989	1	0.977	0.991	1.078	1.064	1.036	1.000	1.027	1.015	1.033
能耗	1.000	1.011	1.023	1	1.014	1.102	1.089	1.060	1.023	1.050	1.038	1.057
物耗	0.986	0.997	1.009	0.986	1	1.087	1.074	1.045	1.009	1.036	1.023	1.042
人力强度	0.907	0.917	0.928	0.907	0.920	1	0.988	0.961	0.928	0.953	0.942	0.958
投资成本	0.918	0.929	0.939	0.918	0.931	1.012	1	0.973	0.939	0.964	0.953	0.970
运行成本	0.944	0.954	0.965	0.944	0.957	1.040	1.028	1	0.965	0.991	0.980	0.997
技术生命周期	0.977	0.989	1.000	0.977	0.991	1.078	1.064	1.036	1	1.027	1.015	1.033
副产能源量	0.952	0.963	0.974	0.952	0.966	1.050	1.037	1.009	0.974	1	0.988	1.006
固定二氧化碳	0.963	0.974	0.986	0.963	0.977	1.062	1.049	1.021	0.986	1.012	1	1.018
资源利用	0.946	0.957	0.968	0.946	0.960	1.043	1.031	1.003	0.968	0.994	0.982	1

各评估指标综合权重　　　　　　　　　　　表 9-11

准则层指标	权重	指标层指标	权重	综合权重
技术特性	0.2565	技术成熟度	0.34	0.0865
		技术普适性	0.33	0.0855
		技术先进性	0.33	0.0845
能耗物耗	0.2499	能耗	0.35	0.0864
		物耗	0.34	0.0852
		人力强度	0.31	0.0784
经济成本	0.2457	投资成本	0.32	0.0794
		运行成本	0.33	0.0816
		技术生命周期	0.35	0.0846
资源能源循环	0.2479	副产能源量	0.33	0.0825
		固定二氧化碳	0.34	0.0834
		资源利用	0.33	0.0820

一致性检验结果见表 9-12，一致性比例 $CR=0.00<0.1$，故通过一致性检验。

一致性检验结果　　　　　　　　　　　表 9-12

准则层指标	λ_{max}	CR	指标层指标	λ_{max}	CR
技术特性			技术成熟度		
			技术普适性	3.00	0.00
			技术先进性		
能耗物耗			能耗		
			物耗	3.00	0.00
	4.00	0.00	人力强度		
			投资成本		
经济成本			运行成本	3.00	0.00
			技术生命周期		
资源能源循环			副产能源量		
			固定二氧化碳	3.00	0.00
			资源利用		

　　由各评估指标的综合权重可知，各准则层指标相对重要性较为平均，其中，技术特性权重相对较大，其次是能耗物耗、资源能源循环，经济成本权重相对最小。该评估指标体系可用于南方某水务集团各水厂碳中和技术升级改造或新建备选技术的综合评估，为集团碳中和技术筛选提供决策依据。

9.4　本 章 小 结

　　本章首先介绍了水务系统碳中和的技术评估方法和指标体系构建方法。指标体系具体包括资源消耗指标、能源消耗指标、污染物排放指标、经济成本指标、环境效应指标、社会影响指标、案例分析七类。本章基于模糊数学综合评价（Fuzzy）方法建立了碳中和技术评估模型，并采用德尔菲法与层次分析法（AHP）相结合确定指标权重。

本章构建了以污水系统二级处理单元为例的碳中和技术评估指标体系。准则层指标包括技术特性、能耗物耗、经济成本、资源能源循环；指标层指标包括技术成熟度、技术普适性、技术先进性、能耗、物耗、人力强度、投资成本、运行成本、技术生命周期、副产能源量、固定二氧化碳、资源利用。

本章介绍了在南方某水务集团应用碳中和技术评估指标体系的结果。根据上述碳中和技术评估指标分类，采用问卷的形式，面向南方某水务集团不同厂的员工进行了广泛的调查。根据有效问卷的调查结果，首先针对受访对象的基本信息进行简单统计，包括性别、岗位、学历、年龄、所在水厂和对碳中和技术的了解程度等情况。其次，结合已建立的碳中和技术评估指标体系，构建适用于南方某水务集团的碳中和技术评估指标体系权重。最后，评价备选技术在各厂的先进适用性，针对碳达峰、碳中和时间和方案提出建议。

第 10 章 南方某水务系统碳中和
技术评估与路径分析

10.1 南方某水务系统碳中和技术评估

10.1.1 碳中和技术调查

为了构建水务企业的碳中和技术路径，有必要构建碳中和技术库，并对技术开展碳中和评估。在总结前述各章节工作的基础上，提出了 46 项备选的碳中和技术，涵盖工艺选择、运行管理、清洁能源和资源循环四大类，构建了碳中和技术库。

结合南方某水务集团的实际情况开展了技术调研和定性评价，以评价各项技术在当地企业的适用性。主要研究方式是对碳中和技术库的工艺选择、运行管理、清洁能源和资源循环四大类 46 项备选技术进行问卷调查。各项技术应用的可能性程度从 0％到 100％。其中 0％表示"无法用"、25％表示"困难大"、50％表示"有可能"、75％表示"大概率"、100％表示"可适用或者有计划用"，数值越低，该技术的适用难度越大。

46 项碳中和技术可行性累积分布如图 10-1 所示。技术可行性概率在 75％以下累积百分比达到 100％的技术共有 13 项（剩余污泥磷回收、低溶氧曝气、间歇曝气控制技术、有机废水替代反硝化碳源、投加菌剂的剩余污泥减量技术、臭氧氧化的剩余污泥减量技术、水源热

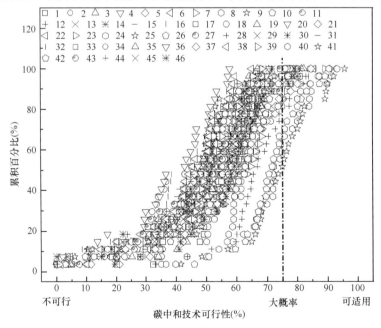

图 10-1 46 项碳中和技术可行性累积分布图

注：图例数字表示 46 项碳中和技术编号，技术编号见表 9-3。

泵、构筑物间高程差发电、出水高程差发电、生产沼气发电或供热、交通工具采用乙醇或氢燃料、小区中水回用、再生水地表或地下补给修复），这13项技术为南方某水务集团适用难度较大的技术，占备选碳中和技术的28.26%；其中工艺选择类占备选碳中和技术的2.17%、运行管理类占10.87%、清洁能源类占10.87%、资源循环类占4.35%。技术可行性在75%～100%范围内，可行性最高的技术为加药泵变频控制技术、提升泵变频控制技术、关键设备的能源效率管理系统，均属于运行管理类技术；其次为供水管网漏损控制（资源循环类）、多台鼓风机智能编组控制技术（运行管理类）；最后为其他28项技术。

27个水厂的46项备选技术总分如图10-2所示，该总分用于评估各水厂利用碳中和技术的整体适用性。在水质净化厂中，5号水质净化厂碳中和技术总分最高，最适宜进行碳中和技术应用；4号水质净化厂碳中和技术总分最低，碳中和技术应用难度最大。在供水厂中，15号供水厂碳中和技术总分最高，碳中和技术的适用性最强；22号供水厂碳中和技术总分最低，碳中和技术应用难度最大。采用第9章的碳排放审计方法进行计算，若碳中和技术总分最高的水厂碳排放量较大，则应用碳中和技术实现碳中和的难度较小；若碳中和技术总分较低的水厂碳排量较大，则应用碳中和技术实现碳中和的难度较大。

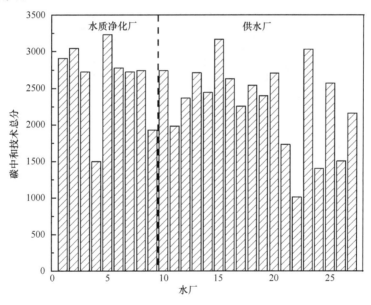

图 10-2　各水厂碳中和技术总分

注：横坐标说明：1—A厂，2—C厂，3—D厂，4—E厂，5—F厂，6—NS厂，7—XL厂，8—GM厂，9—EF厂，10—BJS厂，11—DY厂，12—DH厂，13—FH厂，14—ML厂，15—YTG厂，16—LX厂，17—SN厂，18—LHQ厂，19—HMS厂，20—XA厂，21—STJ厂，22—GLQ厂，23—MK厂，24—MJL厂，25—SH厂，26—XB厂，27—ZA厂。

10.1.2　碳中和技术潜力分析案例

以碳中和技术总分最高的5号水质净化厂（F厂）、最低的22号供水厂（GLQ厂）为例，分析碳中和技术在具体水厂的应用情况。

F厂对于四大类46项碳中和技术的可行性如图10-3所示。其中可行性在75%以上的技术包括新型曝气头、提升泵变频控制技术、膜材料、新型节能降耗工艺、精确曝气控制技术、低污泥产量工艺、照明节能管理系统、多台鼓风机智能编组控制技术、加药泵变频控制技术、厌氧氨氧化工艺、建筑屋顶等绿植吸收 CO_2、关键设备的能源效率管理系统、精确加药技术、剩余污泥消化工艺（可行性由大到小），共 14 项，占碳中和备选技术的30.43％，主要属于工艺选择、运行管理类；可行性最低的技术为水源热泵（50.43％）、生产沼气发电或供热（50.86％），均属于清洁能源类，其可行性属于有可能应用，原因可能是水厂自身清洁能源储能较少，或不具备大量生产清洁能源的条件。

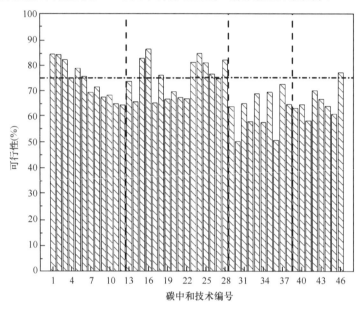

图 10-3　F 厂碳中和技术可行性

GLQ 厂对于四大类 46 项碳中和技术的可行性如图 10-4 所示。其中可行性在 75％以

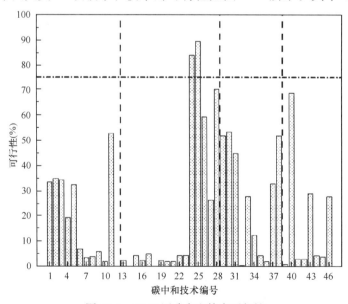

图 10-4　GLQ 厂碳中和技术可行性

上的技术包括加药泵变频控制技术（89.5％）、提升泵变频控制技术（84％），属于运行管理类；可行性介于 50％～75％ 之间的技术包括照明节能管理系统、供水管网漏损控制、关键设备的能源效率管理系统、水源热泵、剩余污泥建材化、交通工具采用乙醇或氢燃料、全厂使用清洁能源（可行性由大到小），共 7 项，其可行性属于有可能应用。该水厂主要适合从运行管理和清洁能源方面进行碳中和工作。

10.1.3　碳中和技术路径分析

通过对 27 座水厂 46 项碳中和技术的分析可知，由于各水厂水质、规模、工艺、设备设施等硬件条件、环境条件及管理条件不同，不同水厂实现碳中和的路径不同，综合调研结果碳中和技术平均可行性如图 10-5 所示。对南方某水务集团的碳减排和碳中和技术路径建议如下，技术路线图如图 10-6 所示。

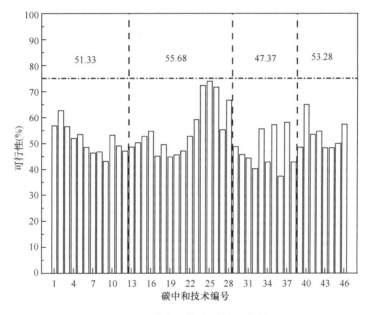

图 10-5　碳中和技术平均可行性

首先是运行管理。改进关键设备实现水务系统碳减排。增加鼓风机和加药泵/提升泵变频及节能控制技术，结合关键设备的能源效率管理系统等途径最为适用。各水厂应根据实际情况和需求逐渐改进硬件设施，集中降低能耗。

其次是资源循环。控制供水管网漏损，减少资源的直接浪费。水源选择方面，优先考虑雨水收集与综合利用，以减少净需水量。同时在对水质无严格要求的前提下，注重区域再生水的工业循环利用。另外，在现有建筑屋顶或墙面种植绿植吸收二氧化碳，利用生态固碳，减少二氧化碳排放，未来新建或扩建工程应适当考虑应用绿色设施。

第三是工艺选择。工艺优化需因厂而异，污水处理厂来水水质复杂，与此同时处理工艺为适应水质、满足处理要求，需不断进行调整和优化，因此，就污水处理厂而言，工艺选择对碳中和甚至起到决定性作用，选择适用的工艺或技术是污水处理厂低碳运行的基础。相比之下，供水厂工艺简单，一定程度上调整工艺对整体碳排放影响较小，因此建议供水厂优先通过其他影响较大的技术手段（运行管理）实现碳中和。

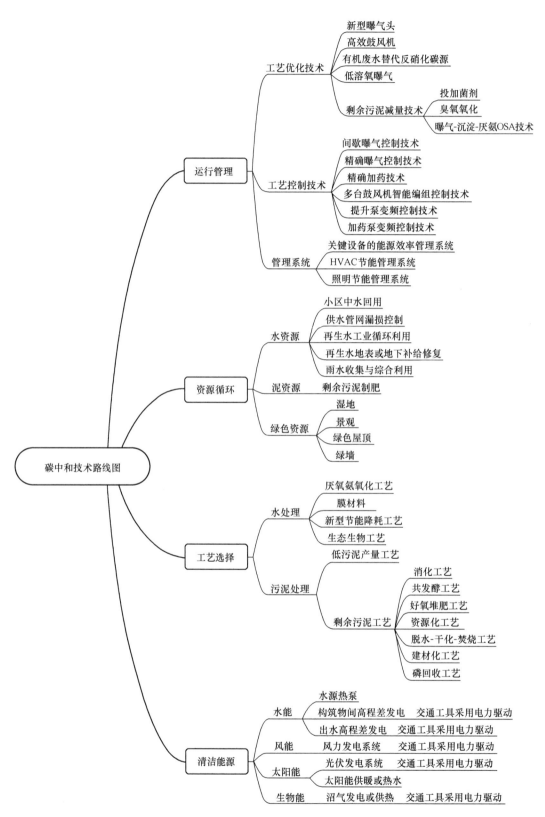

图 10-6 碳中和技术路线图

　　第四是清洁能源。利用太阳能供暖或供热水、交通工具采用电力驱动等途径在厂区内均较容易实现，其次建议在厂区和建筑表面安装光伏发电系统，逐步实现能源自持自用。清洁能源在全厂区域内普及应用前，在保证水厂正常运行的前提下，应从小范围入手逐渐将清洁能源替代传统化石能源，进一步降低碳排放。

　　水厂、碳中和技术及碳中和技术可行性之间的关系网络图如图 10-7 所示。图中数字圆圈代表水厂，数字代表水厂编号，普通圆圈代表碳中和技术，连接线代表碳中和技术与水厂应用之间的关联性。其中，数字圆圈越大说明该厂综合各项碳中和技术实现碳中和的可行性越大；普通圆圈越大说明该技术在各厂综合应用的可行性越高。该图显示结果与 9.3.3 节结果一致，实现碳中和可行性最大的水厂依次为 5 号、15 号、23 号水厂，综合应用可行性较高的碳中和技术依次为加药泵变频控制技术、提升泵变频控制技术、关键设备的能源效率管理系统、照明节能管理系统、供水管网漏损控制、新型节能降耗工艺。

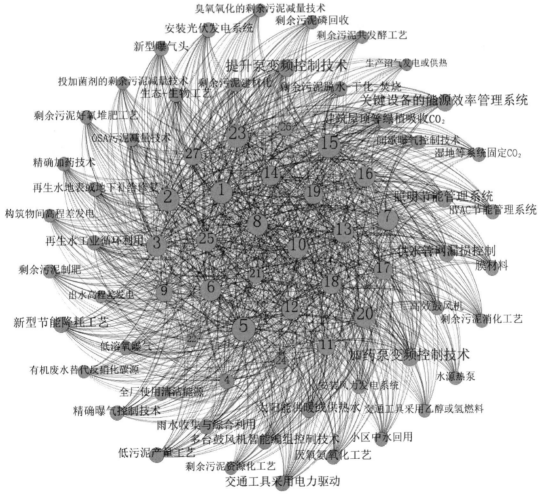

图 10-7　水厂-碳中和技术-碳中和技术可行性网络图

10.1.4　碳中和路径的建议

污水处理系统碳排放主要来源于污水处理厂处理过程中产生的温室气体与电力消耗。因此，为了减少碳排放，降低污水处理、污泥处置过程的能耗和物耗是行业升级的必然目标，根据各系统不同阶段可提出相应减碳举措。

为深入落实国家生态文明建设发展战略，响应国家 2030 年碳达峰、2060 年碳中和战略目标，南方某水务集团可以从三个方面做好节能与碳减排工作，同时也对应三个技术发展阶段，以促进企业实现碳中和。

首先，在 2023 年前，通过优化设计、精准运行和节能降耗等技术提升运行管理能力，明显减少直接排放和能耗物耗。通过实施优化智能管控系统、提升设备效能、提高管理水平和效能，减少能耗物耗和温室气体直接排放。积极探索行业低碳新技术，推动集团自主创新低碳技术、资源化利用技术，从能源回收和资源利用的角度降低能耗物耗，减少间接排放。

其次，在 2025 年前，通过全面使用电能替代和清洁能源替代，大幅度减少碳排放，实现近零排放。粤港澳城市普遍采用核电，基础碳排放相比其他地区要低很多，但从全生命周期分析，核电仍然有一定的碳排放强度。因此，仍然有必要挖掘企业内部的生物质能源、光伏等新能源方式，以进一步减少能源的净消耗。主要措施是增加光伏发电和清洁能源的利用比例，以在运营节能的基础上进一步减少碳排放。

最后，在 2045 年前，通过生态工程和负碳技术应用，实现碳的固定与有效利用，实现净零排放甚至负碳运行。采用生态手段进行资源循环利用和二氧化碳的固定利用，可以实现负碳，从而有效支撑碳中和的达成。应用生态固碳的主要措施是通过污泥资源化进行碳封存和利用、通过湿地等发挥植物碳汇作用。

10.2　第一阶段：以节能降耗为目标的低碳改造

10.2.1　智能管控技术

通过精细化智能管控和新技术应用可以提高企业的运营节能能力，降低能耗和药耗，保障出水安全稳定达标。比如，北控水务集团有限公司、北京首创生态环保集团股份有限公司等企业聚焦于重点能耗设备的运行效率管控，通过多项举措的落地和能力建设的深入，实现了电耗、药耗的精细化管控和合理节约。宜兴某污水资源概念厂集水质永续、能量自给、资源循环、环境友好于一体，在节能方面，可在目前耗能基础上减少 50% 以上，实现能源自给；在资源循环方面，利用污泥与有机废弃物结合发电、制沼气，可实现污泥的无害化和资源化；在环境友好方面，出水、出料、出气都能达到对生态环境的无害要求。

目前污水处理厂的提升泵控制、曝气控制和加药控制技术比较成熟，国内水务企业有很多成功案例，技术应用潜力很大。比如，上海白龙港污水处理厂在污水生物处理中实施精确曝气措施，在保证出水达标的前提下避免曝气能耗的浪费；在污水除磷处理中，通过智能计算和调控实现按需调整加药率并精准加药，在满足出水达标的前提下避免了药剂的过量投入。合肥十五里河污水处理厂通过能效管控平台的辅助，吨水电耗同比降幅达10％以上。长治污水处理厂通过生物建模技术的辅助，最终实现碳源药耗降低 50％以上。成都陡沟河污水处理厂通过应用智能曝气控制系统，曝气系统的节能率达 12.5％，全年可节约用电约 15 万 kWh。临沂青龙河净水厂通过实施智能药剂投加系统，吨水碳源投加量降幅达 13％，吨水除磷剂投加量降幅达 27％。

10.2.2　新型处理工艺

新技术的研发为城市市政污水处理厂实现节能降耗、碳减排甚至能源自给与外供提供了支撑。我国在好氧颗粒污泥技术、同步硝化反硝化技术、生物脱氮技术、厌氧氨氧化技术等领域或环节目前已走在世界前沿，将来也会得到进一步的发展。

好氧颗粒污泥技术属于最具发展潜力、可替代传统技术的战略性前沿生物处理技术之一。与全球范围内广泛使用的传统絮状活性污泥法相比，好氧颗粒污泥技术的微生物富集量是其 2～3 倍，生化反应效率高，出水水质好，占地面积比传统工艺节省 20％以上，药耗、能耗都有明显的降低。国内龙头企业已通过自主研发攻克了该技术的工程应用瓶颈，突破了国外的技术封锁。首创股份河南省南阳淅川县马镫镇污水处理厂应用自主研发的CREATE 好氧颗粒污泥技术进行提标扩容，深入挖掘处理潜力，原位扩容 3 倍以上，降低能耗、药耗 20％以上，降低人工成本 30％，同时出水水质更稳定。

北控水务徐州睢宁污水处理厂采用同步硝化反硝化技术，日处理城市污水 4 万 t，生化处理采用 A^2O 工艺，长期进水碳氮比偏低（COD/TN 为 4∶1），为确保出水总氮稳定达标，日常运行中需补充大量碳源，大大增加了污水处理成本。自 2018 年起，该污水处理厂逐步尝试采用同步硝化反硝化工艺，经过运行验证，优化后的系统运行稳定：出水COD、氨氮等保持原有处理效果；总氮得到明显控制，出水总氮稳定下降 1.5～3.5mg/L；碳源添加量下降 15mg/L；日处理能力提高 2000～4000t。

厌氧氨氧化技术是当今世界上最先进的污水生物脱氮技术，其利用亚硝态氮与氨氮反应直接生成氮气，与传统污水处理工艺相比，可节省占地、投资和运行费 20％以上，节约能耗 30％以上，节约药剂 90％以上，全过程碳排放减少 50％以上，为未来实现城市污水处理厂能源自给和能源供给提供了支撑。北京排水集团自主研发了系统性厌氧氨氧化技术体系，已在北京 5 个污泥处理中心建成世界最大规模的厌氧氨氧化污泥消化液脱氮工程，总处理规模 15900m³/d，每年因降低耗电量可减少碳排放 1.05 万 t。

10.2.3　污水热能利用

污水源热泵充分利用污水水温恒定的特点，能够从污水中高效提取热量，制冷及制热系数可达 3.5～4.4，可在稳定供暖制冷的同时，降低用电量，实现污水热能的开发利用。

发达国家已普遍将污水源热泵用于一定范围内居民的供热及制冷。例如，芬兰图尔库市的 Kakolanmäki 污水处理厂于 2009 年投产，通过建造热泵站，每年的制热输出量为2000 万 kWh，制冷输出量为 200 万 kWh，满足图尔库市 14％的供暖需求和 100％的制冷需求，每年可为该市减少 8 万 t 的碳排放。荷兰乌特勒支市市政污水处理厂于 2021 年投入运行的 25MJ 的新型水源热泵系统，出水温度可达到 75～83℃，每年可从出水中交换约40 万 GJ 的热量，占乌特勒支市总供热量的 10％～15％，可持续供应当地 1 万户居民冬季取暖供热需求，每年可减少 1 万～2 万 t 的碳排放。

我国对于污水源热泵的探究起步较晚，在 1985 年才将热泵技术定为重点推广课题。通过近些年的研究与发展，我国已建成多处污水源热泵系统并投入使用，部分项目制冷及制热的综合性能系数超过了 5.5，在国际上处于比较优秀的水平。

北控水务海港区西部污水处理厂处理规模为 12 万 t/d，利用污水处理后的中水作为水源热泵热源，为厂区办公楼和生产生活区域提供采暖和制冷保障。设置水源热泵两台，每台制热功率为 436.8kW，制冷功率为 394.9kW，综合性能系数为 5.74。每年的制热输出量为 32.7 万 kWh，制冷输出量为 2.9 万 kWh。

首创恒基大连大开污水处理厂通过建造热泵站对污水热能加以利用，制热功率为 192kW，制冷功率为 135kW，每年的制热输出量为 33.4 万 kWh，制冷输出量为 17.5 万 kWh，全覆盖大开污水处理厂、大连恒基再生水厂、恒基环保学校的供暖需求和制冷需求。

未来，污水源热泵的应用将成为市政污水处理行业的低碳发展主流，且除满足自身的能源需求外，还可与厂外实现供热系统联动，扩大输出范围，节能潜力大。

10.2.4 沼气/污泥热能利用

污泥厌氧消化过程的碳排放量相对较低，且具备实现负碳排放的可能。污泥厌氧消化耦合沼气热电联产项目，可以实现热、电两种能源的回收利用，提高能源利用效率。另一种污泥热能的利用源于污泥焚烧，即采用专用焚烧炉进行污泥独立焚烧，污泥在焚烧过程中产生的烟气热量在尾部烟道中通过空气预热器和省煤器分别加热燃烧所需空气以及干化所需的导热油，以达到热能利用的目的，同时污泥焚烧的余热还可进行发电。

发达国家的沼气热能技术特别是污泥厌氧消化沼气热电联产系统的研发起步较早，如奥地利 Strass 污水处理厂的污泥厌氧消化热电联产效率达 40% 左右，沼气发电量约为 2.3kWh/m³，沼气产量为 5800m³/d，沼气的甲烷含量为 62%，电能产生量为 8490kWh/d，污水处理厂的能源自给率可达 108%；芬兰 Viikinmaki 污水处理厂污泥厌氧消化每年产生沼气 1340 万 t，产电量 2.5341 亿 kWh，为水厂提供了 64% 的电力和 100% 的热能，实现了热能的自给自足。在污泥热能利用方面，发达国家普遍采用干化焚烧工艺，有的也将污泥制作为燃料棒（热值约为 3000cal/g 以上），或与厨余垃圾、餐厨垃圾协同处理，实现热能利用最大化。荷兰和德国的污泥焚烧比例在 2015 年便超过 40%，日本目前超过 60% 的污泥采用焚烧技术进行处置。

我国市政污水处理厂的沼气利用技术，如"厌氧消化＋沼气利用"的污泥沼气利用技术，目前已有较为成熟的应用，如上海白龙港污水处理厂等项目厌氧消化能源自给率已达 100%；北京排水集团位于北京市的五个污泥处理中心沼气热电联产设施未来预计可替代污水污泥处理全过程 18%～20% 的电能。

在污泥热能利用方面，目前我国已实现自持焚烧，部分项目甚至能利用余热发电。除自用外，多余电量可上网。按照污泥快速减量化的要求，污泥干化焚烧将成为主流的污泥处置路线，现已有一些地区要求优先采用该技术路线。

我国的污泥热电联产和热能利用项目已经取得了明显的碳减排效果。应用新技术可全面提高我国市政污水处理厂的沼气产量及沼气向热能的转化效率，提高污泥的焚烧或者发电率，促进市政污水处理行业污水、污泥处理的能源自给，因此前景非常好。

10.3 第二阶段：以新能源利用为特点的零碳运行

10.3.1 光伏发电

光伏发电系统在污水处理厂的应用对缓解污水处理厂高耗能问题具有重要意义。目前，污水处理厂与光伏发电项目的结合尚处于发展阶段，部分企业已在探索利用污水处理厂的初次沉淀池、曝气池、膜池、清水池等构筑物上方空间安装光伏发电设备，以实现削峰填谷、清洁发电。

发达国家的市政污水处理行业目前仅在部分项目上安装应用了太阳能光伏系统。美国 Hill Canyon 市政污水处理厂建设了 500kW 的热电联产机和 584kW 直流电（500kW 交流电）的太阳能光伏系统，可为厂内提供 65% 的电量；美国 Moorpark 再生水厂每天处理约 8330t 污水，2012 年该再生水厂光伏系统投入使用后每年产电 230 万 kWh，节省水厂 80% 的电网购电。总体来看，发达国家市政污水处理行业应用太阳能光伏系统处于发展阶段。

我国污水处理厂光伏发展的效益巨大。截至 2019 年年底，我国城镇污水处理厂的电耗均值约为每吨 0.35kWh，按此计算，我国城镇污水处理厂全年耗电约为 184 亿 kWh。若按照光伏发电 10% 的能源替代率计算，每年可产生 18.4 亿 kWh 电。

目前，北控水务集团有限公司已有超过 42 家污水处理厂采用光伏发电，总装机容量超过 32.19MW。以江苏宜兴污水处理厂分布式光伏发电项目为例，该项目位于宜兴市，覆盖宜兴市城市污水处理厂、宜兴市新建污水处理厂、宜兴市官林污水处理厂、宜兴市南漕污水处理厂、宜兴市徐舍污水处理厂、宜兴市西渚污水处理厂、宜兴市张渚污水处理厂及宜兴市和桥污水处理厂 8 个污水处理厂，利用厂区内污水池、沉淀池、絮凝池上方空间，办公楼屋面，新建厂区道路光伏通廊和光伏车棚建设光伏电站，总安装容量约 8.1MW，采用 0.4kV 电压等级并网、"自发自用，余电上网"模式，于 2017 年年底完成并网。

中环保水务投资有限公司也已在多个污水处理厂运行分布式光伏发电项目，并对降低二氧化碳的排放量做出了明显贡献。蚌埠第二污水处理厂的光伏发电量占水厂总用电量的 10%。肥城市康龙污水处理厂二期，处理规模为 4 万 t/d，光伏发电量占水厂总用电量的 15%。淇县城南污水处理厂，处理规模为 3 万 t/d，光伏发电量占水厂总用电量的 29%。淇县城南新建污水处理厂，处理规模为 3 万 t/d，光伏发电量占水厂总用电量的 7%。淇县城北污水处理厂，处理规模为 3 万 t/d，光伏发电量占水厂总用电量的 28%。

10.3.2 清洁燃料利用

根据国际能源署（IEA）测算，1990—2019 年，传统化石能源（煤、石油、天然气）在全球能源供给中占比近八成，清洁能源占比很小。因此，各国从能源供给端着手，推动能源供给侧的全面脱碳是实现碳中和目标的关键。首先适当降低煤电供应，从能源供给侧看，55% 累计排碳来自电力行业，而电力行业 80% 排碳来自燃煤发电。为实现碳中和目标，全球多个国家均已采取措施降低对煤炭的依赖，发展光伏、水力、风能发电等零碳技术。

在碳中和背景下，氢气规划逐渐加速。《中国氢能产业基础设施发展蓝皮书（2016）》对我国中长期加氢站建设和燃料电池车辆的发展目标做出了规划，我国计划在 2020 年、2025 年、2030 年分别建成 100 座、300 座和 1000 座加氢站，建设将由政府、产业联盟和企业共同参与。由于氢的高燃料性，航天工业使用液氢作为燃料等。汽车用氢后续潜力大，年需求量将达百万吨级，随着用氢规模扩大以及技术进步，用氢成本将明显下降，根据中国氢能联盟预计，未来终端用氢价格将降至 25～40 元/kg。同时燃料电池和电池零部件的更新发展将进一步推动氢能源汽车发展，汽车氢能需求将有极大的上升空间。

随着新能源技术的逐步发展，在航空运输行业，生物质燃油与天然气为主要绿色化方向。与相对成熟并已实现量产的新能源汽车不同，民航新能源技术完成度较低，且技术突破难度较高，而除从技术上替换传统航空燃油外仅可在运营过程中寻求减排机会。技术层面上，航空燃料的替代品主要有生物质燃油、氢能与电能三类，而经综合对比采用生物质燃油可行性最优。

为实现 2060 年碳中和目标，我国需统筹规划，以重点行业为抓手，稳步推进减排工作，实现应对气候变化与经济社会发展协同并行。比如，在能源生产行业，可加快构建清洁低碳的能源体系，推动可再生能源发电与储能技术结合，实现电力系统深度脱碳；在交通运输行业，可完善交通基础设施，实现电动汽车、氢能燃料车对燃油汽车的替代；在建筑领域，可对老旧建筑开展节能改造，并按绿色建筑标准打造碳中和建筑；在工业领域，可提高能源使用效率、控制煤炭消费。

10.4 第三阶段：以生态固碳为目标的负碳体系

10.4.1 碳捕获、利用与封存技术

碳捕获实质上是将污水中的有机物进行富集和浓缩加以回收和利用，"碳捕获"特指污水有机物/有机碳的捕获。碳捕获技术可以实现取得高捕获率的同时尽可能保障出水水质，后续经厌氧消化等技术进行能源的回收。

过去主流污水处理技术路线都是基于"污染物降解"及出水指标稳定达标的过程控制，在消耗大量能源的同时排放了大量温室气体，而未来可持续技术发展路线显然是对污水中的能量和 N、P 及有价值化学物质的提取。能量提取主要是基于 COD 有机化学能的厌氧产甲烷化过程，实际上污泥厌氧消化在国外已经得到广泛应用，厌氧消化是实现 COD 甲烷能源化并进而通过热电联产（CHP）提取能量的前提。由此提出了"碳捕获1.0 版"的技术路线，即"预处理＋活性污泥＋厌氧消化"的经典污水处理过程。实际运行结果表明"碳捕获 1.0 版"的 COD 甲烷化转移效率较低，随之推出"碳捕获 2.0 版"，通过技术手段增加进入厌氧消化系统或者进一步提升厌氧消化池有机负荷率的方法和途径，实现"1＋1＞2"的效果。

正是认识到了污水中蕴藏的巨大有机化学能，在传统"预处理—活性污泥—厌氧消化"技术路线基础上，进一步提升对进水中有机碳源的网捕截获、提取效率，削减或者降

低进水中有机碳源转移到后续活性污泥段，使 COD 在污水处理过程中的碳足迹由"污染物降解途径"转向"能源化利用途径"，最大限度实现能源化的同时又使后续生化曝气过程的能耗降至最低，实现了对常规污水处理中 COD 轨迹的转移，即"碳源改向"。提取后的 COD 进入后续"AD-CHP"，进一步能源化。目前这种模式逐渐成为国内外专家的研究热点。基于污泥增量及碳源改向的碳源提取模式，工艺技术路线总体上采用"A-B"构型，即"高效碳捕获＋主流厌氧氨氧化＋高效厌氧消化"的技术路线，也称之为污水处理"碳捕获 3.0 版"。

10.4.2 低影响开发技术

绿色屋顶通过其植物的遮阳和蒸腾作用吸收空气中的热量，降低屋顶表面和周围环境空气温度，对其所处建筑的能耗降低也起到一定的作用，直接减少了产能相关的碳排放。其同时具有保温、缓解城市热岛效应、减少空气污染物排放、二氧化碳封存等优点。Peng 等研究发现，大型绿色屋顶的安装可以大大减少能源消耗，降低大气中二氧化碳浓度。绿色屋顶的减碳能力与植被类型、土壤基质类型和厚度等因素均有较大关系。简单式和复杂式绿色屋顶对二氧化碳的吸收和固定能力平均约为 $0.365kg/(年·m^2)$，绿色屋顶的植被类型、土壤基质类型和厚度等均能影响屋顶绿化系统的固碳释氧能力。

美国的一项长期研究发现，由于屋顶植物作用，使得建筑物的外墙和屋顶温度最大能够降低 $11\sim25℃$。吴金顺在河北省进行的绿色屋顶节能研究表明，简单式屋顶绿化系统每年可节省空调降温能耗达 $6.307kWh/m^2$，参考我国煤电碳排放系数，绿色屋顶可减少二氧化碳排放量为 $6.118kg/(年·m^2)$。另外，绿色屋顶对雨水径流的减排可有效减少城市排涝泵站的运行负荷，间接减少碳排放量。根据赵宝康等学者的研究，雨水提升泵站所用电耗与单位提升流量的关系为 $45.50\sim54.40kWh/1000m^3$，参考我国煤电碳排放系数，排水泵站运行二氧化碳排放量为 $44.135\sim52.768kg/1000m^3$。

其他低影响开发措施如植被缓冲带、植草沟等措施，均对区域内的径流总量和径流污染有一定的控制作用，因此也可以从绿化系统直接减排和化石能源降耗减排的角度来分析它们的碳减排效益。同时，还有蓄水池等贮存类的生物滞留设施，通过对雨水的贮存和水资源的再利用减少了城市对自来水的需求，从而进一步减少了由于生产自来水及管网配给等方面的能耗而产生的碳排放。

10.5 本 章 小 结

本章首先介绍了碳中和技术库的构建和应用。依据研究总结成果，构建四大类共 46 项备选碳中和技术。在南方某水务集团开展了上述备选技术可行性的调查问卷。结果表明，5 号水质净化厂在污水处理厂中的碳中和技术总分最高，15 号供水厂在供水处理厂中的碳中和技术总分最高，这两座水厂都适宜进行碳中和技术的示范应用。对南方某水务集团的双碳技术路径给出了原则性的建议，包括运行管理、资源循环、工艺选择、清洁能源等。

本章分节介绍了针对南方某水务集团基础条件的双碳技术路径。南方某水务集团可以从三个方面着手，按三个技术发展阶段布局，以实现碳中和的最终目标。

第一阶段为低碳运行。在 2023 年前，以节能降耗为目标进行低碳改造，包括智能管控技术、开发新型处理工艺、充分利用污水热能和沼气/污泥热能。

第二阶段为近零碳运行。在 2025 年前，以新能源利用为目标实现（近）零碳运行，安装光伏发电系统，提高清洁能源利用率。

第三阶段为负碳运行。在 2045 年前，建立以生态固碳为最终目标的负碳体系，主要途径包括碳捕获、利用与封存，以及资源化、低影响开发等。

参 考 文 献

[1] 王鹏. 市政道路雨污水管网施工工艺[J]. 智能城市, 2021, 7(7): 63-64.

[2] 王俊佳, 崔东亮. 韧性城市视角下的城市供水系统评价体系研究[J]. 城镇供水, 2021(2): 100-106, 124.

[3] 王磊之, 云兆得, 胡庆芳, 等. 国内外城市雨洪管理指标体系对比及启示[J/OL]. (2021-01-13) [2022-02-24]. http: //kns. cnki. net/kcms/detail/32. 1356. TV. 20210112. 1655. 008. html.

[4] 莫罹, 龚道孝, 高均海. 城市水系统从理念、方法到规划实践[J]. 给水排水, 2021, 57(1): 77-83.

[5] 邢玉坤, 曹秀芹, 柳婷, 等. 我国城市排水系统现状、问题与发展建议[J]. 中国给水排水, 2020, 36(10): 19-23.

[6] 王军平. 我国城市供水现状及供水系统分类[J]. 农业科技与信息, 2020(3): 107-108.

[7] 陈刚, 王琳, 王晋. 城市排水系统发展研究综述[C]//《环境工程》编委会. 《环境工程》2019年全国学术年会论文集. 北京: 工业建筑杂志社有限公司, 2019: 96-99, 148.

[8] 莫罹, 龚道孝, 徐秋阳. 论城市水系统的发展模式[J]. 净水技术, 2019, 38(8): 1-7, 63.

[9] 邵益生, 孔彦鸿, 莫罹. 城市水系统规划关键技术研究与示范[J]. 建设科技, 2017(20): 37-39.

[10] 王士龙. 城市排水系统的优化研究[D]. 鞍山: 辽宁科技大学, 2016.

[11] 侯淑芳. 城市排水系统节能优化控制[D]. 上海: 上海交通大学, 2016.

[12] 邵益生, 张志果. 城市水系统及其综合规划[J]. 城市规划, 2014, 38(Sup2): 36-41.

[13] 车伍, 杨正, 赵杨. 中国城市内涝防治与大小排水系统分析[J]. 中国给水排水, 2013, 29(16): 13-19.

[14] 王红武, 毛云峰, 高原. 低影响开发(LID)的工程措施及其效果[J]. 环境科学与技术, 2012, 35 (10): 99-103.

[15] 潘国庆, 车伍. 国内外城镇排水体制的探讨[J]. 给水排水, 2007, 43(Sup1): 323-327.

[16] 秦华鹏, 袁辉洲. 城市水系统与碳排放[M]. 北京: 科学出版社, 2014.

[17] 张玉先. 给水工程[M]. 北京: 中国建筑工业出版社, 2011.

[18] 张自杰, 林荣忱, 金儒霖. 排水工程[M]. 5版. 北京: 中国建筑工业出版社, 2015.

[19] 上海市政工程设计研究总院(集团)有限公司. 给水排水设计手册[M]. 北京: 中国建筑工业出版社, 2004.

[20] 李孟, 桑稳姣. 水质工程学[M]. 北京: 清华大学出版社, 2012.

[21] 胡子健. 中国城市建设统计年鉴[M]. 北京: 中国统计出版社, 2019.

[22] 白佳令. 重庆地区建筑碳排放核算方法研究[D]. 重庆: 重庆大学, 2017.

[23] 王向阳. 污水处理碳足迹核算及环境综合影响评价研究[D]. 北京: 北京建筑大学, 2019.

[24] 韩洪军. 水处理工程设计计算[M]. 北京: 中国建筑工业出版社, 2006.

[25] 崔玉川. 城市污水厂处理设施设计计算[M]. 北京: 化学工业出版社, 2004.

[26] MENG F, LIU G, CHANG Y. Quantification of urban water-carbon nexus using disaggregated input-output model: A case study in Beijing(China)[J]. Energy, 2019, 171: 403-418.

[27] ANDERSON V, GOUGH W A. Evaluating the potential of nature-based solutions to reduce ozone, nitrogen dioxide, and carbon dioxide through a multi-type green infrastructure study in Ontario,

Canada[J]. City and environment interactions，2020(6)：100043.

[28] SARPONG G, GUDE V G, MAGBANUA B S. Energy autarky of small scale wastewater treatment plants by enhanced carbon capture and codigestion-A quantitative analysis[J]. Energy conversion and management，2019，199：111999.

[29] D'ACUNHA B, JOHNSON M S. Water quality and greenhouse gas fluxes for stormwater detained in a constructed wetland[J]. Journal of environmental management，2019，231：1232-1240.

[30] CHEN X. Mode selection of China's urban heating and its potential for reducing energy consumption and CO_2 emission[J]. Energy policy，2014，67：756-764.

[31] CHEN S. Research on city energy conservation basing rainwater utilization[J]. Procedia environmental sciences，2012，12：72-78.

[32] 刘祝. 绿色建筑节水措施的评价及应用优化研究[D]. 重庆：重庆大学，2008.

[33] 杨宗海. 基于分级响应机制的家庭智慧节水系统设计[D]. 邯郸：河北工程大学，2018.

[34] 杨琪. 城市居民家庭生活用水过程中的能耗分析[D]. 兰州：西北师范大学，2014.

[35] 袁远. 北京市家庭生活用水规律与模拟模型研究[D]. 北京：北京化工大学，2004.

[36] 周柏青，胡梦莎. 工业循环冷却水系统降耗减排综述[J]. 工业水处理，2017，37(3)：16-20.

[37] 贾玲玉. 海绵城市建设的低影响开发技术配置优化与碳减排研究[D]. 天津：天津大学，2017.

[38] BJÖRNEBO L, SPATARI S, GURIAN P L. A greenhouse gas abatement framework for investment in district heating[J]. Applied energy，2018，211：1095-1105.

[39] DAELMAN M R, VAN VOORTHUIZEN E M, VAN DONGEN U G, et al. Methane emission during municipal wastewater treatment[J]. Water research，2012，46(11)：3657-3670.

[40] HARDISTY P E, SIVAPALAN M, BROOKS P. The environmental and economic sustainability of carbon capture and storage[J]. International journal of environmental research and public health，2011，8(5)：1460-1477.

[41] LAM K L, VAN DER HOEK J P. Low-carbon urban water systems：Opportunities beyond water and wastewater utilities？[J]. Environmental science & technology，2020，54(23)：14854-14861.

[42] MORRAL E, GABRIEL D, DORADO A D, et al. A review of biotechnologies for the abatement of ammonia emissions[J]. Chemosphere，2021，273：128606.

[43] REIFSNYDER S, CECCONI F, ROSSO D. Dynamic load shifting for the abatement of GHG emissions, power demand, energy use, and costs in metropolitan hybrid wastewater treatment systems [J]. Water research，2021，200：117224.

[44] SALA-GARRIDO R, MOCHOLI-ARCE M, MOLINOS-SENANTE M, et al. Marginal abatement cost of carbon dioxide emissions in the provision of urban drinking water[J]. Sustainable production and consumption，2021，25：439-449.

[45] TANG J, ZHANG C, SHIX. Municipal wastewater treatment plants coupled with electrochemical, biological and bio-electrochemical technologies：Opportunities and challenge toward energy self-sufficiency[J]. Journal of environmental management，2019，234：396-403.

[46] 鲍志远. 典型城市污水处理工艺温室气体排放特征及减排策略研究[D]. 北京：北京林业大学，2019.

[47] 贾澍. 智慧污水处理厂架构设计及生化处理管家系统[D]. 沈阳：沈阳建筑大学，2020.

[48] 康鹏. 污水处理厂污泥在燃煤电厂焚烧处理技术研究[D]. 保定：华北电力大学，2013.

[49] 李乔洋. 基于碳减排分析的我国城镇污泥处置现状及发展趋势研究[D]. 哈尔滨：哈尔滨工业大学，2020.

[50] 陆家缘. 中国污水处理行业碳足迹与减排潜力分析[D]. 合肥：中国科学技术大学，2019.

［51］ 马金星．不同叶轮型式的潜水排污泵设计与性能研究［D］．镇江：江苏大学，2018.

［52］ 彭智欣，徐嘉祺．智慧水务的思考［J］．中国水运（下半月），2015，15(9)：234-236.

［53］ 齐磊．污水处理厂提标改造工程及其自动化控制［D］．南京：南京邮电大学，2020.

［54］ 齐鸣，陈燕波，张辛平．基于多源信息融合的智慧污水处理厂管控平台建设与应用［J］．给水排水，2020，56(1)：120-124.

［55］ 王鹏．尾水发电在重庆市鸡冠石污水处理厂的应用［J］．中国给水排水，2010，26(6)：69-71，84.

［56］ 王志敏．城市供水系统节能控制研究［D］．哈尔滨：哈尔滨工业大学，2012.

［57］ 闻婧．沈阳市供水系统节能降耗分析与措施研究［D］．哈尔滨：哈尔滨工业大学，2017.

［58］ 肖楚汉．污水提升泵站的节能方法研究［D］．长沙：湖南大学，2014.

［59］ 杨艾馨．XX供水企业生产成本控制优化研究［D］．重庆：西南大学，2020.

［60］ 姚丹．风光互补发电在污水处理厂的研究和设计［D］．广州：华南理工大学，2011.

［61］ ROTHAUSEN S, CONWAY D. Greenhouse-gas emissions from energy use in the water sector［J］. Nature climate change, 2011, 1(4)：210-219.

［62］ HAO X D, BATSTONE D, GUEST J S. Carbon neutrality：An ultimate goal towards sustainable wastewater treatment plants［J］. Water research, 2015, 87：413-415.

［63］ HAO X D, LIU R B, HUANG X. Evaluation of the potential for operating carbon neutral WWTPs in China［J］. Water research, 2015, 87：424-431.

［64］ MCCARTY P L, BAE J, KIM J. Domestic wastewater treatment as a net energy producer-can this be achieved？［J］. Environmental science & technology, 2011, 45(17)：7100-7106.

［65］ VAN LOOSDRECHT M C M, BRDJANOVIC D. Anticipating the next century of wastewater treatment［J］. Science, 2014, 344：1452-1453.

［66］ HERNANDEZ-SANCHO F, MOLINOS-SENANTE M, SALA-GARRIDO R. Energy efficiency in Spanish wastewater treatment plants：A non-radial DEA approach［J］. Science of the total environment, 2011, 409(14)：2693-2699.

［67］ GARRIDO J M, FDZ-POLANCO M, FDZ-POLANCO F. Working with energy and mass balances：A conceptual framework to understand the limits of municipal wastewater treatment［J］. Water science and technology, 2013, 67(10)：2294-2301.

［68］ REARDON R. Separate or combined sidestream treatment：That is the question［J］. Florida water resources journal, 2014, 54-58.

［69］ FRIJNS J, HOFMAN J, NEDERLOF M. The potential of（waste）water as energy carrier［J］. Energy conversion and management, 2013, 65：357-363.

［70］ 郭超然，黄勇，朱文娟．城市污水有机物回收——捕获技术研究进展［J］．化工进展，2021，40(3)：1619-1633.

［71］ 戴晓虎．我国污泥处理处置现状及发展趋势［J］．科学，2020，72(6)：30-44.

［72］ 王学魁，赵斌，张爱群．城市污水处理厂污泥处置的现状及研究进展［J］．天津科技大学学报，2015，30(4)：1-7.

［73］ 周勇．剩余污泥的处理和处置［J］．中国资源综合利用，2007(5)：33-34.

［74］ 魏亮，金星，马丽萍．污水厂剩余污泥处理处置技术研究进展［J］．农业与技术，2021，41(8)：8106-8108.

［75］ REN Y Y, YU M, WU C F. A comprehensive review on food waste anaerobic digestion：Research updates and tendencies［J］. Bioresource technology, 2018, 247：1069-1076.

［76］ YANG L L, HUANG Y, ZHAO M X. Enhancing biogas generation performance from food wastes by high-solids thermophilic anaerobic digestion：Effect of pH adjustment［J］. International biodeterioration & biodegradation，2015，105：153-159.

[77] 郝晓地，程慧芹，胡沅胜．碳中和运行的国际先驱奥地利 Strass 污水厂案例剖析[J]．中国给水排水，2014，30(22)：1-5.

[78] 郝晓地，魏静，曹亚莉．美国碳中和运行成功案例——Sheboygan 污水处理厂[J]．中国给水排水，2014，30(24)：1-6.

[79] 黄宏伟，许烽．镇江市试点餐厨垃圾和污泥协同处理[J]．环境卫生工程，2015，23(1)：7-10.

[80] LIU J H，WANG J，DING X Y. Assessing the mitigation of greenhouse gas emissions from a green infrastructure-based urban drainage system[J]. Applied energy，2020，278：115686.

[81] 邝生鲁．全球变暖与二氧化碳减排[J]．现代化工，2007(8)：1-12.

[82] 邱林，吕素冰．中国水资源现状及发展趋向浅析[J]．黑龙江水利科技，2007(6)：94-95.

[83] 林人财，齐艳冰，范海燕．北京市居民家庭生活用水现状及影响因素分析[J]．中国农村水利水电，2021(5)：160-169.

[84] 孙伟民，吴耀国，赵晨辉．家庭节水与污水再生回用的若干方法[J]．中国给水排水，2006，22(22)：82-84.

[85] 丹麦绿色发展经验："零碳"并非童话[J]．环境监控与预警，2018，10(3)：35.

[86] NIELSEN P H，SANDINO J，LETH M. Achieving positive net energy in a nutrient removal facility：Optimizing the Ejby Molle WWTP[J]. Water practice & technology，2015，10(2)：197-204.

[87] 崔成武，方成．丹麦 Lynetten 污水处理厂运行维护与管理[J]．给水排水，2007，33(10)：37-41.

[88] 郝晓地，金铭，胡沅胜．荷兰未来污水处理新框架——NEWs 及其实践[J]．中国给水排水，2014，30(20)：7-15.

[89] 郝晓地，孟祥挺，付昆明．新加坡再生水厂能耗目标及其技术发展方向[J]．中国给水排水，2014，30(24)：7-11.

[90] 曲久辉，王凯军，王洪臣，等．建设面向未来的中国污水处理概念厂[N]．中国环境报，2014-01-07.

[91] 张海忠，何豫川，臧红霞．浅析睢县水资源开发利用现状分析及存在的问题[J]．科技与企业，2016(5)：101-102.

[92] 姬新胜，魏俊杰，段鹏．睢县水资源管理现状及改进措施[J]．河南水利与南水北调，2011(7)：65-66.

[93] 王媛媛．面向未来：中持股份睢县第三污水处理厂初探(上)[EB/OL]．(2019-09-06)[2022-02-25]．https：//www.h2o-china.com/news/296068.html.

[94] 高会鹏．睢县人的生态梦[J]．今日国土，2020(9)：25-28.

[95] 王媛媛．面向未来：中持股份睢县第三污水处理厂初探(下)[EB/OL]．(2019-09-27)[2022-02-25]．https：//www.h2o-china.com/news/296942.html.

[96] 郝昊．太湖上游城市水环境污染解析及治理对策研究[D]．西安：西安建筑科技大学，2015.

[97] 王元元，韩青，蔡梅．苏南地区水生态文明城市建设要点分析——以宜兴市为例[J]．中国水利，2015(18)：7-9.

[98] 郝昊，王晓昌，张琼华．宜兴市城市污水处理厂的水污染特征分析[J]．环境工程学报，2015，9(2)：567-571.

[99] 水利部．水利部关于加快推进水生态文明建设工作的意见[EB/OL]．(2013-01-04)[2022-02-25]．https：//wenku.baidu.com/view/a9fe03d7f08583d049649b6648d7c1c709a10bc1.html.

[100] 江苏省水利厅．《江苏省水利厅关于推进水生态文明建设的意见》解读[J]．江苏水利，2014(4)：3-4.

[101] 宜兴环科园．国内首座污水资源概念厂在宜兴开工建设[J]．江南论坛，2018(5)：44.

[102] SIEGRIST H, SALZGEBER D, EUGSTER J. Anammox brings WWTP closer to energy autarky due to increased biogas production and reduced aeration energy for N-removal[J]. Water science and technology, 2008, 57(3): 383-388.

[103] BALKEMA A J, PREISING H A, OTTERPOHL R. Indicators for the sustainability assessment of wastewater treatment systems[J]. Urban water, 2002, 4(2): 153-161.

[104] 纪楠. 城市污水处理厂综合评价指标体系和评价方法的研究[D]. 哈尔滨: 哈尔滨工业大学, 2011.

[105] 杨万成. 污水处理厂温室气体核算与减排潜力研究[D]. 邯郸: 河北工程大学, 2020.

[106] 杨世琪. 城镇污水处理系统碳核算方法与模型研究[D]. 重庆: 重庆大学, 2013.

[107] 郝晓地, 王向阳, 曹达啟. 污水有机物中化石碳排放 CO_2 辨析[J]. 中国给水排水, 2018, 34(2): 13-17.

[108] 陈珺, 王洪臣. 城市污水处理工艺迈向主流厌氧氨氧化的挑战与展望[J]. 给水排水, 2015, 51(10): 29-34.

[109] 郝晓地, 任冰倩, 曹亚莉. 德国可持续污水处理工程典范——Steinhof 厂[J]. 中国给水排水, 2014, 30(22): 6-11.

[110] 彭汉威, 杨寅生, 姚刚. 德国城市污水处理厂污泥处理的能量回收利用[J]. 中国给水排水, 2014, 30(24): 111-115.

[111] 宋姗姗, 姚杰, 陈广. 美国特大型污水处理厂处理规模和运行维护案例分析——底特律污水处理厂和斯蒂克尼污水处理厂[J]. 净水技术, 2018, 37(6): 8-15.

[112] 许国栋, 高嵩, 俞岚. 新加坡新生水(NEWater)的发展历程及其成功要素分析[J]. 环境保护, 2018, 46(7): 70-73.

[113] ZHOU H. Emergy ecological model for sponge cities: A case study of China[J]. Journal of cleaner production, 2021, 296: 126530.

[114] KAVEHEI E. Greenhouse gas emissions from stormwater bioretention basins[J]. Ecological engineering, 2021, 159: 106120.

[115] ROSS B N. Greenhouse gas emissions from advanced nitrogen-removal onsite wastewater treatment systems[J]. Science of the total environment, 2020, 737: 140399.

[116] LIU J. Assessing the mitigation of greenhouse gas emissions from a green infrastructure-based urban drainage system[J]. Applied energy, 2020, 278: 115686.

[117] 张耀华, 张旭. 低影响开发技术(LID)研究进展[J]. 城市建筑, 2020, 17(14): 139-141.

[118] 冯云姝, 田野. 精密过滤器在循环冷却水系统旁滤水处理中的应用[J]. 工业用水与废水, 2016, 47(1): 77-79.

[119] 李永广, 芦云红, 祁飞, 等. 钢铁企业敞开式净循环冷却水高浓缩节水技术[J]. 河北冶金, 2010(2): 57-59.

[120] 杨正, 李俊奇, 王文亮, 等. 对低影响开发与海绵城市的再认识[J]. 环境工程, 2020, 38(4): 10-15, 38.

[121] 任南琪. 海绵城市建设理念与对策[J]. 城乡建设, 2018(7): 6-11.

[122] 任南琪. 海绵城市建设切莫陷入误区[J]. 环境与生活, 2018(9): 78.

[123] 任南琪, 黄鸿, 王秋茹. 海绵城市的地区分类建设范式[J]. 环境工程, 2020, 38(4): 1-4.

[124] 任南琪, 张建云, 王秀蘅. 全域推进海绵城市建设, 消除城市内涝, 打造宜居环境[J]. 环境科学学报, 2020, 40(10): 3481-3483.

[125] 新全球化智库. 全球主要国家"碳中和"法律政策路线图和实施行动[EB/OL]. (2021-07-15)[2022-02-25]. https://www.sohu.com/na/477585712_532369.

[126] 中研顾问."碳中和"专题系列研究报告——碳中和对标与启示(欧盟篇)[EB/OL].(2021-07-21)[2022-02-25]. https：//huanbao. bjx. com. cn/news/20210721/1165059. shtml.

[127] EVANGELOPOULOU S，DE VITA A，ZAZIAS G. Energy System modelling of carbon-neutral hydrogen as an enabler of sectoral integration within a decarbonization pathway[J]. Energies，2019，12(13)：2551.

[128] 杨儒浦，冯相昭，赵梦雪. 欧洲碳中和实现路径探讨及其对中国的启示[J]. 环境与可持续发展，2021，46(3)：45-52.

[129] 中研顾问."碳中和"专题系列研究报告——碳中和对标与启示(德国篇)[EB/OL].(2021-07-26)[2022-02-25]. https：//www.ccpc360. com/xmzx _ 44205. html.

[130] 中研顾问."碳中和"专题系列研究报告——碳中和对标与启示(英国篇)[EB/OL].(2021-08-08)[2022-02-25]. https：//max. book118. com/html/2021/0806/8003007057003130. shtm.

[131] 陈雅如，赵金成. 碳达峰、碳中和目标下全球气候治理新格局与林草发展机遇[J]. 世界林业研究，2021，34(6)：1-6.

[132] 中研顾问."碳中和"专题系列研究报告——碳中和对标与启示(美国篇)[EB/OL].(2021-08-06)[2022-02-25]. https：//max. book118. com/html/2021/0806/6021220115003224. shtm.

[133] 秦阿宁，孙玉玲，王燕鹏，等. 碳中和背景下的国际绿色技术发展态势分析[J]. 世界科技研究与发展，2021(4)：385-402.

[134] 张瑾华，陈强远. 碳中和目标下中国制造业绿色转型路径分析[J]. 企业经济，2021(8)：36-43.

[135] 王灿，张雅欣. 碳中和愿景的实现路径与政策体系[J]. 中国环境管理，2020，12(6)：58-64.

[136] 中研顾问."碳中和"专题系列研究报告——中国碳达峰碳中和实施路径[EB/OL].(2021-08-06)[2022-02-25]. https：//max. book118. com/html/2021/0806/5012101142003323. shtm.

[137] 许俊仪，顾佰和. 水务行业如何应对碳中和带来的机遇与挑战？[EB/OL].(2021-05-20)[2022-02-25]. https：//huanbao. bjx. com. cn/news/20210520/1153620. shtml.

[138] 中华环保联合会. 北京排水集团在全国污水处理行业内首家发布碳中和规划和实施方案[EB/OL].(2021-07-30)[2022-02-25]. http：//www. 360doc. com/content/12/0121/07/52930695 _ 988841655. shtml.

[139] 刘佳. 北京排水集团蒋勇：北排集团将分三步走在 2050 年提前实现碳中和[EB/OL].(2021-07-15)[2022-02-24]. http：//www. xinhuanet. com/energy/20210.

[140] 首创股份. 布局碳中和 首创股份有话说[EB/OL].(2021-03-08)[2022-02-25]. http：//stock. 10jqka. com. cn/20210308/c627563704. shtml.

[141] 汪茵. 光大水务安雪松：碳达峰/碳中和时代下，水务企业的战略思考[EB/OL].(2021-04-14)[2022-02-24]. https：//www. h2o-china. com/news/322685. html.

[142] 刘明达，蒙吉军，刘碧寒. 国内外碳排放核算方法研究进展[J]. 热带地理，2014，34(2)：248-258.

[143] 宋宝木，秦华鹏，马共强. 污水处理厂运行阶段碳排放动态变化分析：以深圳某污水处理厂为例[J]. 环境科学与技术，2015，38(10)：204-209.

[144] 政府间气候变化专门委员会. 2006 年 IPCC 国家温室气体清单指南 第五卷：废弃物[M]. 日本：日本全球环境战略研究所，2006.

[145] 程冬茹. 汽柴油全生命周期碳排放计算[D]. 北京：中国石油大学(北京)，2016.

[146] 曾文革.《哥本哈根协议》的国际法解析[J]. 重庆大学学报(社会科学版)，2010，16(1)：24-30.

[147] 常纪文，井媛媛，耿瑜，等. 推进市政污水处理行业低碳转型，助力碳达峰、碳中和[J]. 中国环保产业，2021(6)：9-17.

[148] 雷英杰. 污水处理行业碳减排路径在哪？[EB/OL].(2021-08-04)[2022-02-24]. https：//

m. thepaper. cn/baijiahao _ 13887470

［149］ 吴金顺 . 屋顶绿化对建筑节能及城市生态环境影响的研究［D］. 邯郸：河北工程大学，2007.

［150］ 范波，颜秀勤，夏琼琼 . 污水处理厂节能降耗途径分析［J］. 中国资源综合利用，2020，38（1）：159-161.

［151］ 姜子英，潘自强，邢江，等 . 中国核电能源链的生命周期温室气体排放研究［J］. 中国环境科学，2015，35（11）：3502-3510.

［152］ 张程 . 污水处理系统碳排放规律研究与量化评价［D］. 西安：西安理工大学，2017.